Duden

# Geschäfts-korrespondenz

## Briefe, E-Mails und Kurznachrichten professionell schreiben

Von Ingrid Stephan

3., aktualisierte und komplett überarbeitete Auflage



**Dudenverlag**
Berlin

Zusätzliche Materialien zu diesem Buch wie die Downloads von Musterbriefen und Erklärvideos finden Sie unter www.duden.de/korrespondenz

Die **Duden-Sprachberatung** beantwortet Ihre Fragen zu Rechtschreibung, Zeichensetzung, Grammatik u. Ä. **montags bis freitags zwischen 09:00 und 17:00 Uhr.**
Aus Deutschland: **09001 870098** (1,99 € pro Minute aus dem Festnetz)
Aus Österreich: **0900 844144** (1,80 € pro Minute aus dem Festnetz)
Aus der Schweiz: **0900 383360** (3.13 CHF pro Minute aus dem Festnetz)
Die Tarife für Anrufe aus den Mobilfunknetzen können davon abweichen.
Den kostenlosen Newsletter der Duden-Sprachberatung können Sie unter www.duden.de/newsletter abonnieren.

**Bibliografische Information der Deutschen Nationalbibliothek**
Die Deutsche Nationalbibliothek verzeichnet diese Publikation in der Deutschen Nationalbibliografie; detaillierte bibliografische Daten sind im Internet über http://dnb.dnb.de abrufbar.


Bibliographisches Institut GmbH, Mecklenburgische Straße 53, 14197 Berlin

**Redaktionelle Leitung** Dr. Laura Neuhaus

**Herstellung** Alfred Trinnes
**Layout** Magdalene Krumbeck, Wuppertal
**Satz** Britta Dieterle, Berlin
**Umschlaggestaltung** 2issue, München
**Umschlagabbildungen** Shutterstock/4LUCK (Hand mit Stift), Shutterstock/UI (Briefumschlag), The Noun Project/Rainbow Designs (Laptop)
**Druck und Bindung** Heenemann GmbH & Co. KG,,
B essemer Straße 83-91, 12103 Berlin
Printed in Germany

ISBN 978-3-411-74213-4
Auch als E-Book erhältlich unter: ISBN 978-3-411-91387-9
www.duden.de

PEFC/04-31-1156

**PEFC zertifiziert**
Dieses Produkt stammt aus nachhaltig bewirtschafteten Wäldern und kontrollierten Quellen.

www.pefc.de

# Inhaltsverzeichnis

# 1

# Geschäftlicher Bereich

# Vorschau

**Regeln nach DIN 5008**

**Brief**

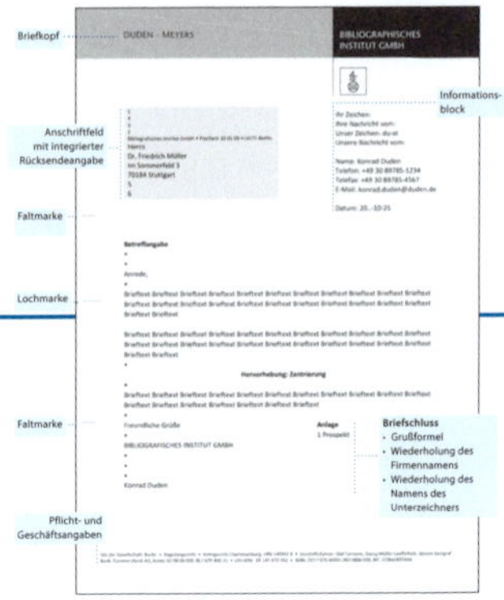


**Schreiben in Geschäftsprozessen** → Voranfragen → Anfragen →

**Schreiben in Problemsituationen** – Zahlungserinnerungen/Mahnungen – Zwischenbescheid

**Schreiben im Personalbereich** – Stellenanzeigen – Einladungen an Bewerber/-innen

**Schreiben mit Werbecharakter** – Werbebriefe – Begleitschreiben

**Schreiben zu besonderen Anlässen** – Glückwünsche – Genesungswünsche

**Schreiben ins Ausland** – Auslandsanschriften – Fremdsprachliche Textbausteine

## E-Mail

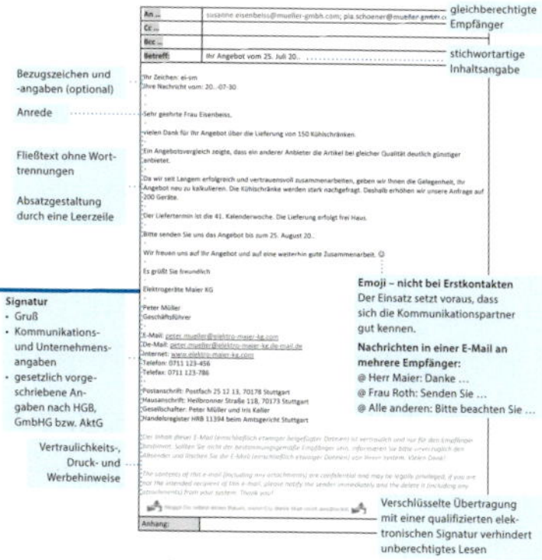


## Kurznachrichten

Herzlich willkommen bei der Briefmuster GmbH!

Ich bin ein Chatbot und darauf spezialisiert, Ihnen zu helfen, das richtige Produkt auszuwählen.

Stellen Sie mir einfach Ihre Fragen und los geht's.

Angebote → Bestellungen → Auftragsbestätigungen → Rechnungen

Mahnung wegen Lieferverzug – Zwischenbescheid – Beschwerden und Reklamationen – Zwischenbescheid

Absagen an Bewerber/-innen – Abmahnungen – Kündigung des Arbeitsvertrags

Websites und Blogs – Chats und Chatbots – Soziale Medien

Dankschreiben – Einladungen – Weihnachts- und Neujahrsgrüße – Nachrufe und Kondolenzschreiben

typografische Besonderheiten – britische und amerikanische Briefe – spanische Briefe – französische Briefe

# 1.1 Digital korrekt schreiben und versenden

Die elektronische Post ist im geschäftlichen Bereich zur Übermittlung von kurzen sachlichen und fachlichen Informationen geeignet. Eine Nachricht sollte immer nur ein Thema enthalten. Beim Schreiben einer Nachricht ist auf die technischen Gegebenheiten (z.B. Nachrichtenformat, Codierung bei der Verschlüsselung, verwendete Schriften und Dateiformate der Anlagen) des Empfängers Rücksicht zu nehmen.

## 1.1.1 E-Mail-Konventionen

Neben der Formulierung bietet die Gestaltung einer E-Mail eine Reihe von Möglichkeiten für eine eindeutige digitale Kommunikation. Wo es sinnvoll ist, können die Regeln auf andere schriftliche Kommunikationsformen, z.B. Instant-Messaging oder SMS, übertragen werden.

### Adressierung und Betreff

| | |
|---|---|
| **An …** | karin.stellmeier@abc-mannheim.com |
| **Cc …** | |
| **Bcc …** | |
| **Betreff:** | Vielen Dank |

Überlegen Sie immer, ob eine E-Mail-Antwort überhaupt notwendig ist.

Bei mehreren Empfängern sollten Sie prüfen, ob eine Hierarchie zu beachten ist.

| | |
|---|---|
| **An …** | karin.stellmeier@abc-mannheim.com; eva.ott@abc-mannheim.com |
| **Cc …** | fabian.wall@abc-mannheim.com; martina.sittel@abc-mannheim.com |
| **Bcc …** | |
| **Betreff:** | Protokoll der Besprechung vom 25. Oktober |

Von allen Empfängern im **An-Feld** wird in der Regel eine Handlung erwartet.

Die Empfänger unter **Cc …** sollen nur informiert werden.
Alle Empfänger erfahren durch die Listen, wer die E-Mail erhalten hat.

| | |
|---|---|
| **An …** | karin.stellmeier@abc-mannheim.com |
| **Cc …** | |
| **Bcc …** | tina.moser@prt-company.com; max.mueller@wkv-stuttgart.com |
| **Betreff:** | Ihr Angebot |

Aus datenschutzrechtlichen Gründen sollten externe Geschäftspartner unter **Bcc …** informiert werden.

| | |
|---|---|
| **An …** | karin.stellmeier@abc-mannheim.com |
| **Cc …** | |
| **Bcc …** | |
| **Betreff:** | Ihr Angebot |

Der Betreff sollte mit wenigen aussagekräftigen Stichpunkten formuliert werden. Anhand der Stichpunkte kann der Empfänger die Nachricht einem Thema zuordnen.

**Anrede:** In einer E-Mail kann auf die Anrede nicht verzichtet werden. Bei offiziellen E-Mails passt »Sehr geehrte Frau …«, »Sehr geehrter Herr …« oder »Sehr geehrte Damen und Herren, …« Wenn Sie die E-Mail an einen festen Teilnehmerkreis richten, können Sie in der Anrede beispielsweise »Sehr geehrte Gremien-Mitglieder, …« schreiben. Pflegen Sie mit den Adressaten einen vertraulichen Umgang, kann die Anrede etwas legerer formuliert werden: »Lieber …,«, »Liebe …,«, »Hallo …,«, »Hallo zusammen«.

Richten Sie Ihre E-Mail an mehrere Personen, sollten Sie in der Anrede die Hierarchie, Titel und akademischen Grade beachten.

**Datenschutz:** Es ist datenschutzrechtlich unzulässig, dass jeder Empfänger alle Empfängeradressen externer Geschäftspartner sehen kann. Personenbezogene Daten dürfen nur an Dritte übermittelt werden, wenn dazu eine Einwilligung vorliegt. Setzen Sie deshalb die Empfänger anstatt ins Cc-Feld in das Bcc-Feld. In innerbetrieblichen E-Mails können Sie das Cc-Feld nutzen.

**Nach DIN 5008** ist der Betreff immer anzugeben. Bei Sendungen ins Ausland sollte auf sprachliche Besonderheiten wie Akzente, Umlaute und ß verzichtet werden. Bei der Weiterleitung einer E-Mail ist zu prüfen, ob der Betreff aktualisiert werden sollte. Die Antwort sollte zumindest durch die entsprechende Abkürzung ergänzt werden:

- Antwort = **AW** (Antwort) oder **RE** (Response),
- Weiterleitung = **WG** (Weiterleiten) oder **FW** (Forward).

Die gängigen E-Mail-Programme setzen die Abkürzungen automatisch in den Betreff, wenn in den Einstellungen die entsprechende Option aktiviert ist.

**Verteiler und Verteilerlisten:** Achten Sie darauf, dass Sie nur die wirklich betroffenen Personen in den Verteiler einer E-Mail nehmen. Damit tragen Sie dazu bei, das E-Mail-Aufkommen zu reduzieren. Beim Gebrauch von Verteilerlisten sollten Sie grundsätzlich darauf achten, dass Sie die richtige Liste nutzen, dass die Liste aktuell ist und dass wirklich alle in der Liste aufgeführten Personen die E-Mail erhalten dürfen.

**Zustelloptionen:** Durch Zustelloptionen (z. B. Lesebestätigung) könnte sich der Empfänger kontrolliert oder gegängelt fühlen; auch wird ein Mehraufwand bei der Bearbeitung von Mails erzeugt. Deshalb sollten Zustelloptionen mit äußerster Sorgfalt verwendet werden. Kennzeichnen Sie nur wirklich dringende Nachrichten als »wichtig«.

**Wirksamkeit von Willenserklärungen:** Auch die allgemeinen Grundsätze zum Vertragsabschluss beziehungsweise zum Wirksamwerden von Willenserklärungen sind im E-Mail-Verkehr maßgeblich. Bei der Abgabe beispielsweise eines Angebots sind Sie an das Angebot gebunden. Wenn der Vertragspartner dem Angebot zustimmt, ist der Vertrag zustande gekommen. Ein ungeöffnetes Angebot im elektronischen Briefkasten des Empfängers gilt bereits als »erreicht«.

**Anhänge:** Achten Sie auf die Größe der angehängten Datei. Hat der Empfänger Zugriff auf einen gemeinsamen Speicherort, reicht es aus, einen Link zu verschicken. Weisen Sie in der E-Mail auf die mitgeschickte Anlage oder auf den Link hin.

Nach DIN 5008 sollten mehrere und/oder größere Dateien in einem gängigen Format komprimiert werden. Außerdem ist bei der Wahl des zu versendenden Dateiformats zu berücksichtigen, welche Rechte für die Verwendung und Weiterverarbeitung dem Empfänger eingeräumt werden sollen, z. B. nur lesende Rechte oder Kopierschutz.

**Vertraulichkeit:** Nach der DIN 5008 sollten vertrauliche und/oder rechtsverbindliche Nachrichten über einen De-Mail-Dienst abgewickelt werden. Das setzt voraus, dass sowohl der Absender als auch der Empfänger ein De-Mail-Konto bei einem der akkreditierten Dienstanbieter verfügen. Über die De-Mail wird die Identität von Absender und Adressat eindeutig nachgewiesen. Ein Austausch zwischen Diensten mit herkömmlichen E-Mail-Adressen und Diensten mit De-Mail-Adressen ist technisch nicht möglich.

**Englische Abkürzungen:** Grundsätzlich sollten E-Mails keine Abkürzungen enthalten. Trotzdem werden sie in englischen E-Mails verwendet. Die gebräuchlichsten sollten Sie deshalb kennen:

| ABKÜRZUNG | ENGLISCH | DEUTSCH |
|---|---|---|
| **ASAP** | as soon as possible | so schnell wie möglich |
| **BTW** | by the way | übrigens |
| **CUL** | see you later | wir sehen uns später |
| **EOD** | end of discussion | Ende der Diskussion |
| **FAQ** | frequently asked questions | häufig gestellte Fragen |
| **FYI** | for your information | zu Ihrer Information |
| **IDK** | I don't know | ich weiß es nicht |
| **IMO** | in my opinion | meiner Meinung nach |
| **KIT** | keep in touch | lass uns in Verbindung bleiben |
| **NAA** | not at all | überhaupt nicht |
| **OT** | off topic | passt nicht zum Thema |
| **TBD** | to be done | noch zu erledigen |

## E-Mail-Richtlinien in Unternehmen

Firmeninterne E-Mail-Richtlinien geben vor, wie das Kommunikationsmittel im Unternehmen genutzt wird, und sichern ein einheitliches Auftreten nach außen. Sie geben den Mitarbeiterinnen und Mitarbeitern Sicherheit und helfen, Fehler zu vermeiden.

Im Zentrum des »magischen Dreiecks« der geschäftlichen E-Mail-Kommunikation stehen die hauseigenen E-Mail-Richtlinien.

Jedes Unternehmen sollte seine eigenen E-Mail-Richtlinien entwickeln. Nur dann ist die gewünschte Wirkung nach innen und außen gewährleistet.

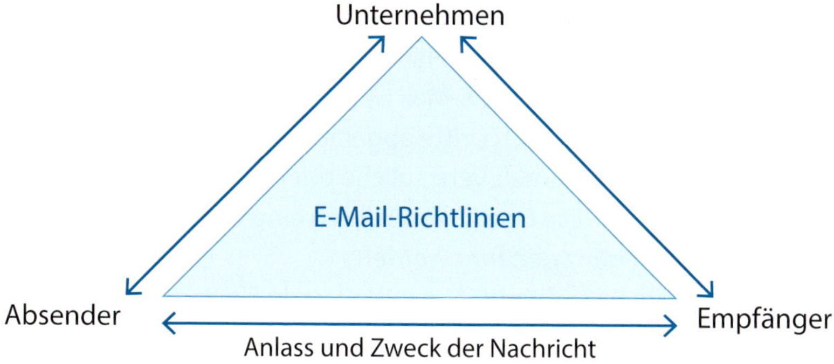


**Mögliche Regelungen:**

für den Absender

- Prüfen Sie, ob die E-Mail, die Sie gerade schreiben möchten, für diese Kommunikation das angemessene Medium ist.
- Eine E-Mail sollte immer folgende Elemente enthalten: Angabe des Betreffs, Anrede, Inhalt, Gruß und Signatur.
- Formulieren Sie einen klaren und eindeutigen Betreff. Leere Betreffzeilen sind unhöflich und landen nicht selten im SPAM-Filter. Wenn Sie Sie auf eine E-Mail antworten, aktualisieren Sie den Betreff entsprechend.
  In internen E-Mails dürfen die Abkürzungen »RS« (Rücksprache), »Info« (zur Information) und »To-do« benutzt werden, um im Betreff zu signalisieren, welche Handlung erwartet wird.
- Beginnen Sie jede E-Mail mit einer passenden Anrede.
- Orientieren Sie sich beim Formulieren des E-Mail-Textes am Anlass und am Zweck der Nachricht und daran, wie gut Sie den Empfänger / die Empfängerin kennen.
- Achten Sie auf korrekte Rechtschreibung und Satzzeichen.
- Fassen Sie sich kurz: Der E-Mail-Text sollte nicht über eine Bildschirmseite hinausgehen. Achten Sie auf eine maximale Satzlänge von 15 Wörtern. Sollte der Text doch etwas länger werden, dann strukturieren Sie ihn mit Zwischenüberschriften.
- Schreiben Sie pro Thema jeweils eine E-Mail.
- Nutzen Sie die E-Mail nur für sachliche und fachliche Informationen. Persönliche Angelegenheiten lassen sich besser in einem Gespräch klären.

- Geben Sie einen kurzen Zwischenbescheid, wenn Ihre Antwort auf eine E-Mail etwas länger dauert.
- Denken Sie daran: Eine E-Mail ist wie eine Postkarte unterwegs und kann durch Dritte abgefangen und gelesen werden! Schreiben Sie niemals vertrauliche oder gar geheime Inhalte in eine E-Mail. Die Gefahr kann durch eine Verschlüsselung auch nicht ganz gebannt werden.
- Setzen Sie keine Prioritäten – überlassen Sie das dem Empfänger.

als Empfänger

- Nutzen Sie E-Mails nicht zur Ablenkung. Definieren Sie stattdessen feste Zeiten, zu denen Sie Ihre Mails bearbeiten.
- Schalten Sie den automatischen Abruf und akustische Signale aus.
- Säubern Sie den Posteingang sofort und fassen Sie jede E-Mail möglichst nur einmal an. Nach der Posteingangsroutine ist Ihr Posteingang leer.
- Speichern Sie die geschäftlich relevanten E-Mails gleich in dem entsprechenden Vorgangsordner in Ihrer Ordnerstruktur.
- Bearbeiten Sie alle E-Mails, deren Beantwortung nicht länger als drei Minuten in Anspruch nehmen, sofort.
- Geschäftlich relevante E-Mails müssen nach HGB 10 Jahre aufbewahrt werden.

### 1.1.2 Social-Media-Konventionen

Digitale Medien gehören zur Kommunikation im Alltag. Neben dem Computer wird das Smartphone oder das Tablet zur schnellen Nachrichtenübermittelung genutzt. Unternehmen kontaktieren ihre Kunden über Chatrooms (z.B. Facebook), Messenger-Dienste (z.B. WhatsApp) oder einen Microblog (z.B. Twitter). Auch der schnelle innerbetriebliche Gedankenaustausch erfolgt nicht mehr ausschließlich über das Telefon oder durch E-Mails, sondern über Social-Media-Anwendungen, die eine zeitgleiche oder zeitversetzte Kommunikation unter Kolleginnen und Kollegen ermöglicht. Die

Kommunikation wird dadurch schneller und die Geschäftsprozesse werden effizienter.

Es gibt keine universale Netzetikette. Verhaltens- und Sprachregeln werden in unterschiedlichen Ausführungen sowohl von Nutzern als auch von Anbietern formuliert.

**Die folgenden Verhaltensregeln geben die grobe Richtung vor:**

- Die Vielfalt der Netzwerke ist groß und jede Plattform hat ihre eigene Sprache.
- Sie sollten Ihre Nachrichten im Internet genauso sorgfältig formulieren wie einen Geschäftsbrief.
- Formulieren Sie Ihre Messenger-Nachrichten empfängerorientiert, kurz und prägnant – nicht nachlässig.
- Verzichten Sie auf Abkürzungen, die Ihr Kommunikationspartner möglicherweise nicht verstehen oder falsch interpretieren könnte.
- Seien Sie immer ehrlich und freundlich.
- Achten Sie auf einen angemessenen Umgangston. Im Gegensatz zu einem direkten Gespräch können Sie schriftlich Ihre Mitteilungen nicht mit Mimik, Gestik oder Tonfall unterstreichen.
- Kritische Äußerungen sollten Sie in einem angemessenen Ton formulieren, damit sie nicht beleidigend wirken.
- Machen Sie keine Angaben zu privaten Daten Ihrer Kommunikationspartner/-innen im Netz.
- Versenden Sie Werbung nur dann, wenn Sie genau wissen, dass sie beim Leser erwünscht ist.

## Social-Media-Richtlinien in Unternehmen

Die Social-Media-Richtlinien eines Unternehmens zeigen den Beschäftigten, wie das Unternehmen im Internet wahrgenommen werden möchte, und geben allen Betroffenen Sicherheit im Umgang mit den digitalen Kommunikationsplattformen. Ein angemessenes Verhalten und eine wertschätzende Kommunikation sind wichtig, sonst ist der gute Ruf gefährdet.

Die inhaltliche Gestaltung der Richtlinien hängt sehr stark vom jeweiligen Unternehmen ab und ist auf die Unternehmenswerte und Firmenkultur abgestimmt.

**SOCIAL-MEDIA-RICHTLINIEN IM UNTERNEHMEN**

| SIND GEPRÄGT DURCH | | |
|---|---|---|
| **Unternehmenswerte** z. B. die Firmenphilosophie, den Ruf, die Qualität der Produkte | **Corporate Identity** das Erscheinungsbild nach außen und innen, z. B. durch Verhalten und Kommunikation | **Corporate Wording** Gebrauch einer einheitlichen Unternehmenssprache |
| Die Regeln werden mit dem **Betriebsrat** erstellt und als **Betriebsvereinbarung** umsetzt. | | |

↓

**Einführung und kontinuierliche Begleitung durch fachkundige Mitarbeiter/-innen**

**Inhalte der Social-Media Richtlinien sind z. B.:**

**Information:** Die Beschäftigten werden über die Funktionsweise und Wirkungsmechanismen der »Sozialen Medien« informiert. Dazu gehört auch die Beratung darüber, welche technischen Einstellungen in den Netzwerken zur Wahrung der Privatsphäre und der Sicherheit vorgenommen werden müssen.

**Ziele und Strategie:** Alle, die in der Firma arbeiten, sollten wissen, warum sich das Unternehmen in den »Sozialen Netzwerken« engagiert.

**Eigenverantwortung:** Private Mitteilungen und Äußerungen sind vor dem Veröffentlichen abzuwägen und kenntlich zu machen – auch im Hinblick darauf, dass die Beiträge im Netz sehr lange verfügbar sind.

### 1.1.3 Akronyme und Emojis

Emoticons und Emojis haben alle Bereiche der digitalen Kommunikation erobert. Sie werden in E-Mails, Chats, SMS u. Ä. verwendet.

Auch wenn es widersprüchlich klingt, so gilt die Online-Kommunikation als kommunikationsarm. Es fehlen ihr nämlich nützliche Informationen wie Gesten, Mimik oder Intonation, die in einem direkten Gespräch mehr oder weniger unbewusst und spontan eingesetzt werden. Bei der Nutzung von Social-Media-Software setzen die Absender die kleinen Bildzeichen gerne ein, um beispielsweise unernste Bemerkungen in einer Nachricht zu kennzeichnen.

#### Emoticons/Emojis:

:-) 🙂 entspricht glücklich    :-( ☹️ entspricht traurig

**Emojis erfüllen in der Online-Kommunikation vielfältige Funktionen:**

- Steht ein Emoji am Ende einer Nachricht, kommentiert und bewertet der Schreiber damit seine subjektive Sicht.

> Bei den Verhandlungen hatte ich kein gutes Gefühl. ☹️

- Ein Emoji kann auch als Ersatz für ein Wort stehen.

> Es wäre schön, wenn wir uns heute um 12:00 Uhr zum 🍽️ treffen könnten.

- Häufig sieht man auch, dass mehrere Bildzeichen am Ende einer Nachricht zur Illustration eingesetzt werden.

> Ich wünsche Ihnen einen wunderschönen Urlaub. ✈️ ☀️ 🗽 🎡

Die beiden letzten Möglichkeiten sind eher unter Kolleginnen und Kollegen üblich.

**Im geschäftlichen Bereich können Emoticons und Emojis eingesetzt werden, um**

- den Ton einer Online-Kommunikation aufzulockern,

Das Abstimmungsergebnis wurde bestätigt. 🙂

- Aussagen zu verstärken oder abzuschwächen (z. B. bei Anweisungen oder Absagen, Grüßen, Dank und Komplimenten),

Es war wie immer eine gelungene Veranstaltung. 🙂

- Missverständnisse zu vermeiden.

Es ist doch nichts passiert. 🙂

Emojis, die auf der Unicode-Kodierung basieren, werden auf allen Endgeräten einheitlich angezeigt.

**Regeln nach DIN 5008**

Emoticons und Emojis sollten nicht bei Erstkontakten verwendet werden. Sie können aber sparsam bei wiederholten Kontakten bzw. bekannten Empfängern eingesetzt werden.

Emoticons und Emojis ersetzen Satzzeichen nicht und werden hinter dem Satzschlusspunkt platziert – vorausgesetzt, sie beziehen sich auf den gesamten Satz.

Im Austausch mit ausländischen Geschäftspartnern ist zu berücksichtigen, dass die Gestaltung und Nutzung von Emoticons sowie Emojis in anderen Kulturkreisen sehr unterschiedlich sein können. Deshalb sollten bei internationalen Kontakten nur wirklich gängige Emoticons und Emojis verwendet werden.

**Beispiele:**
Dies war sicherlich eine gute Entscheidung. 😉
🙂 Über Ihre Nachricht haben wir uns sehr gefreut.
Wir gehen davon aus, dass Sie es genauso sehen ;-) …

## 1.1.4 QR-Code

QR-Code (Quick Response = schnelle Antwort) heißen die kleinen Quadrate, hinter denen sich unterschiedliche Informationen (z. B. Werbung, Fahrpläne, nähere Informationen zu einem Produkt, Adressen) verbergen. Sie werden mithilfe eines Smartphones oder Tablets eingescannt. Eine spezielle Reader-Software übersetzt den Code und zeigt eine Internet-Adresse an, über die Informationen zu einem bestimmten Thema in Form von Text, Video oder Audio angezeigt werden. Dies erspart das Erfassen von langen Internet-Adressen oder Texten.

In Briefen, Mails, Präsentationen, Visitenkarten u. v. m. leiten QR-Codes den Nutzer direkt zu passenden Informationen im Internet, wie z. B. zu einer Bedienungsanleitung oder zu einem Video zu dem Produkt, für das Sie im Brief werben.

Einen QR-Code können Sie bequem über einen QR-Code-Generator erstellen. Viele Anbieter stellen den Service kostenlos zur Verfügung. Einige Textverarbeitungsprogramme (z. B. Word 365) bieten diese Funktion als Add-Ins an.

QR-Code

Scan

Decode

(RedKoala/Shutterstock.com)

## 1.1.5 Briefe und E-Mails sicher versenden

### Schriftform

Das Bürgerliche Gesetzbuch (BGB) schreibt zwar keineswegs für alle Rechtsgeschäfte eine Form vor, so schließt der Einkauf im Supermarkt etwa im juristischen Sinne einen Kaufvertrag ein, dieser aber muss nicht eigens vereinbart werden; er entsteht automatisch durch den Kauf selbst. Uneingeschränkt rechtsgültig sind auch mündliche Verträge, die in vielen Bereichen möglich sind. Sofern es um weitreichende Konsequenzen geht, sind mündliche Verträge allerdings riskant, weil sie ganz oder in (wesentlichen) Punkten bestritten werden können.

Für bestimmte Rechtsgeschäfte verlangt das BGB die Schriftform, deren wichtigstes Charakteristikum die eigenhändige Unterschrift ist. Seit 2001 kennt das BGB daneben auch die Textform und die elektronische Form, die weniger umfassend sind und ohne eigenhändige Unterschrift auskommen.

Als **Textform** (§ 126 b BGB) gelten z. B. Kopien, Telefaxe, SMS, Dateien und E-Mails. Die Textform reicht für einen Großteil der täglichen Rechtsgeschäfte im Privaten und im Beruf aus, wenn

- die »dauerhafte Wiedergabe in Schriftzeichen« möglich ist, das heißt der entsprechende Text gespeichert werden kann – egal, ob z. B. auf Papier, Festplatte, CD oder USB-Stick,
- der Name der/des Erklärenden genannt wird; in einfachen Willenserklärungen kann das ein Name sein, in Verträgen sind es mindestens zwei,
- die Nachbildung einer Unterschrift (z. B. als Namensnennung, aber auch als Faksimile) eingefügt wurde,
- der Textabschluss eindeutig erkennbar ist, z. B. durch eine Grußformel, ein Datum, den expliziten Hinweis »Ende« oder »Dieses Schreiben ist ohne Unterschrift wirksam« (so soll verhindert werden, dass Inhalte übersehen werden können),
- die Textform für alle Beteiligten zu den erwartbaren Formen gehört (wenn in einem Mietvertrag z. B. die E-Mail-Adressen von Mieter und Vermieter genannt sind, kann der Mietvertrag auch per E-Mail gekündigt werden).

Die **elektronische Form** (§ 126a BGB) steht zwischen Text- und Schriftform: Sie verlangt zwar keine eigenhändige Unterschrift, aber eine eindeutige Identifizierungsmöglichkeit – die qualifizierte elektronische Signatur. Diese enthält eine nach der europäischen eIDAS-Verordnung (electronic Identification Authentication and trust Services) vorgeschriebene technische Verschlüsselung, womit der Absender einer E-Mail dieser zweifelsfrei zugeordnet werden und der Inhalt eines elektronischen Dokuments nicht nachträglich verändert werden kann (ohne dass dies auffiele). Rechnungen an Firmenkunden können in elektronischer Form (oder aber auf Papier) versendet werden, wenn ihre Echtheit und Lesbarkeit gewährleistet werden können.

Arbeitsverträge und befristete Mietverträge mit mehr als zwölfmonatiger Laufzeit, Arbeitszeugnisse und arbeitsrechtliche Kündigungen sowie Aufhebungsverträge, Bürgschaftserklärungen, Schuldversprechen und -anerkenntnisse dagegen bedürfen der traditionellen **Schriftform,** die einschließt, dass die Schriftstücke von Hand unterschrieben werden müssen. Die strengste Anforderung ist die notarielle Beurkundung, die zum Beispiel beim Immobilienkauf nötig ist.

Prinzipiell kann außer der Form, in der ein Schreiben abgefasst ist, auch sein **Zugangsnachweis** von entscheidender Bedeutung sein – schließlich muss der Empfänger das Schreiben auch zur Kenntnis erhalten. Das sicherste Verfahren, den Zugang nachzuweisen, sind Einschreiben. Je nach gewählter Form wird das Schreiben entweder nur dem Adressaten persönlich (bzw. einem Bevollmächtigten) ausgehändigt (»eigenhändig«), sein Einwurf in den Empfängerbriefkasten dokumentiert (»Einschreiben Einwurf«) oder der Empfang durch den Empfänger (bzw. einen Bevollmächtigten) per Unterschrift bestätigt. Bei drohendem Rechtsstreit oder Fristen (z. B. arbeitsrechtlichen Kündigungsfristen), die nur mit der rechtzeitigen Aushändigung gewahrt werden können, sind Einschreiben oft unumgänglich. In der Regel aber sind sie zu aufwendig, zu teuer und gar nicht nötig.

Dennoch ist der traditionelle Postversand im Zweifel ein sichererer Weg als zum Beispiel die E-Mail. Anders als das Sendeprotokoll von Telefaxen, das vor Gericht durchaus als Zugangsnachweis akzeptiert werden kann, gelten die Sendedaten der elektronischen Post nicht als gerichtsfähiger Beweis für den Empfang.

Durch die europäische eIDAS-Verordnung wurde das deutsche Signaturgesetz 2017 außer Kraft gesetzt. Die eIDAS regelt den Einsatz von Vertrauensdiensten und die elektronische Identifizierung. Damit wurde der rechtliche Rahmen für die EU-weite Nutzung elektronischer Unterschriften geschaffen. Über zertifizierte Anbieter können cloudbasierte Systeme (z. B. Adobe Sign, FP Sign, Docu Sign) genutzt werden, die einen vertraulichen und rechtsverbindlichen digitalen Austausch und Abschluss von Dokumenten und Verträgen ermöglichen. Mit einem qualifizierten Siegel und Zeitstempel oder durch ein elektronisches Einschreiben wird die Nachvollziehbarkeit erhöht. Jeder Teilnehmer und jeder Schritt im Prozess werden dokumentiert.

(cirquedesprit/stock.adobe.com)

**Es gibt drei Stufen der Sicherheit:**

**Die einfache elektronische Signatur:** An sie werden keine besonderen Anforderungen gestellt und sie ist für formlose Rechtsgeschäfte geeignet.

**Die fortgeschrittene Signatur:** Sie bietet gegenüber der einfachen elektronischen Signatur durch einen einmaligen Signaturschlüssel eine höhere Sicherheitsstufe.

**Die qualifizierte elektronische Signatur:** Sie ist das sicherste Signaturverfahren. Die Nutzer melden sich durch eine Online-Registrierung einmalig bei einem zertifizierten Anbieter an. Die Zertifizierungsstelle bestätigt, dass die genannte Person im Besitz des Zertifizierungsschlüssels ist. Nach der Online-Identifikation können Dokumente hochgeladen werden, die mithilfe einer Zwei-Faktor-Authentisierung und einer per SMS zugesendeten TAN signiert werden.

## De-Mail

Um eine E-Mail rechtsverbindlich und vertraulich zu versenden und zu empfangen, kann der De-Mail-Dienst genutzt werden. Das De-Mail-Gesetz regelt die sichere und rechtsverbindliche Kommunikation im Netz. Ein Konto kann bei einem akkreditierten De-Mail-Anbieter eingerichtet werden. Die Nachrichten werden ausschließlich über verschlüsselte Kanäle übertragen und verschlüsselt abgelegt.

Beim Versand einer De-Mail erhält der Absender eine zusätzlich qualifizierte signierte Bestätigung, die den Charakter eines herkömmlichen Einschreibens hat. In der Bestätigung wird dokumentiert, wann der Absender die Nachricht verschickt hat und wann sie an das Postfach des Empfängers ausgeliefert wurde. Neben dem De-Mail-Einschreiben gibt es noch weitere Optionen, wie z.B. »Persönlich«, »Absender-Bestätigt«, »Abholbestätigung«.

De-Mail-Adressen sind wie folgt aufgebaut:

empfaengerbezeichnung@anbieter.de-mail.de

## Dateien mit Kennwort sichern

Die meisten Textverarbeitungs- und PDF-Programme bieten die Möglichkeit, Dokumente mit einem Passwort zu verschlüsseln und vor unberechtigtem Zugriff zu schützen.

**Es gibt zwei Möglichkeiten, eine Datei in Word mit einem Passwort zu schützen:**

1. **Die Datei kann nur mit einem Passwort geöffnet werden.**

   In Word gehen Sie wie folgt vor:

   a) Öffnen Sie das zu schützende Dokument.
   b) Wählen Sie das Register ***Datei – Informationen – Dokument schützen***.
   c) Klicken Sie auf den Menüpunkt ***Mit Kennwort verschlüsseln***.

d) Geben Sie das gewünschte Passwort ein und klicken Sie auf ***OK***. Wiederholen Sie diesen Schritt.
e) Speichern und schließen Sie die Datei.

**So heben Sie den Kennwortschutz auf:**

a) Öffnen Sie das kennwortgeschützte Dokument.
b) Wählen Sie das Register ***Datei – Information – Dokument schützen***.
c) Klicken Sie auf den Menüpunkt ***Mit Kennwort verschlüsseln***.
d) Löschen Sie das Kennwort im Fenster und speichern Sie die Datei.

2. **Die Datei kann geöffnet werden, aber für die die Bearbeitung des Dokuments ist die Eingabe eines Passwortes notwendig.**

In Word gehen Sie wie folgt vor:

a) Öffnen Sie das zu schützende Dokument.
b) Wählen Sie das Register ***Überprüfen – Schützen – Bearbeitung einschränken***.
c) Gehen Sie im Kontextmenü ***Bearbeitung einschränken*** auf den Bereich ***2. Bearbeitungseinschränkungen*** und wählen Sie ***Keine Änderungen (Schreibgeschützt)***.
d) Klicken Sie auf ***Ja, Schutz jetzt anwenden***.
e) Geben Sie im Fenster ***Dokumentschutz anwenden*** ein Kennwort ein und bestätigen Sie die Eingabe mit ***OK***.

## 1.2 Briefe nach DIN 5008

Das Deutsche Institut für Normung e. V. (DIN) mit Sitz in Berlin wurde 1917 unter dem Namen »Normalienausschuss für den Allgemeinen Maschinenbau« als Verein gegründet. Die Organisation erarbeitet als Dienstleistung Normen und Standards für Wirtschaft, Staat und Gesellschaft. Aufgrund eines Vertrages mit der Bundesrepublik Deutschland ist das DIN als die nationale Normungsorganisation in den europäischen und internationalen Normungsorganisationen anerkannt.

DIN-Normen dienen der Rationalisierung, der Sicherheit und der Qualitätssicherung; ihre Einhaltung ist allerdings rechtlich nicht Pflicht. Alle DIN-Normen regeln nur die jeweils wichtigsten Grundlagen. In keinem der vielen Bereiche, die durch DIN normiert werden, reichen die DIN-Normen aus, um alle Zweifelsfälle zu klären.

Die **DIN 5008: Schreib- und Gestaltungsregeln für die Text- und Informationsverarbeitung** ist die wichtigste DIN-Norm für den Bürobereich. Sie regelt nicht die inhaltlichen Aspekte der Korrespondenz – sie bietet also auch keinerlei stilistische Hilfe –, sondern ausschließlich formale Belange: Sie ist nicht zuständig für das »Was«, sondern beschränkt sich auf das »Wie«.

### 1.2.1 Vorlagen für Geschäftsbriefe

Nach DIN 5008 sind bei den Vorlagen für Geschäftsbriefe zwei Formen zu unterscheiden: Form A (27 mm) mit dem hochgestellten Anschriftfeld und Form B (45 mm) mit dem tiefgestellten Anschriftfeld.

Normgerechte Vorlagen erstellen

## Form A

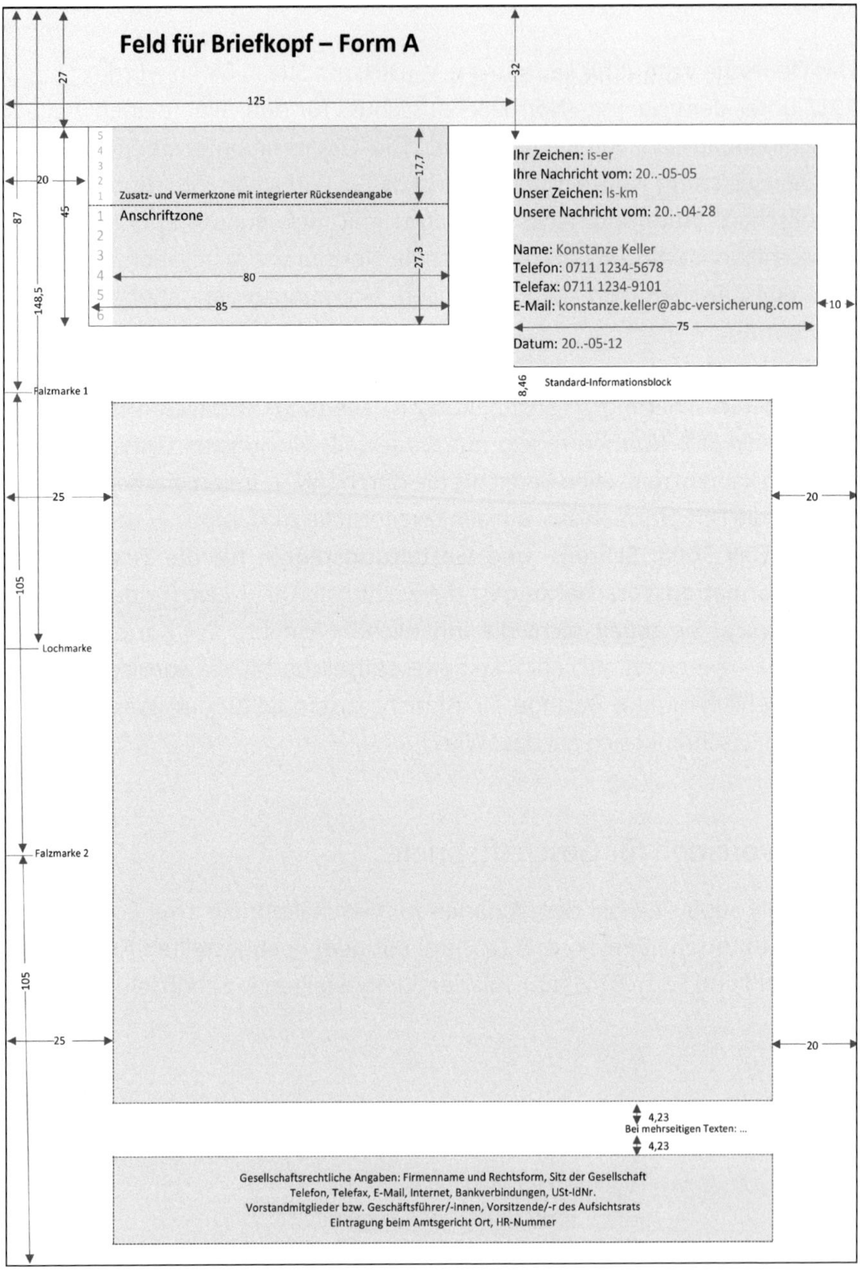
Feld für Briefkopf – Form A
27
32
125
20
87
45
148,5
Zusatz- und Vermerkzone mit integrierter Rücksendeangabe
Anschriftzone
17,7
27,3
80
85
Ihr Zeichen: is-er
Ihre Nachricht vom: 20..-05-05
Unser Zeichen: ls-km
Unsere Nachricht vom: 20..-04-28
Name: Konstanze Keller
Telefon: 0711 1234-5678
Telefax: 0711 1234-9101
E-Mail: konstanze.keller@abc-versicherung.com
10
75
Datum: 20..-05-12
8,46
Standard-Informationsblock
Falzmarke 1
25
20
105
Lochmarke
Falzmarke 2
105
25
20
4,23
Bei mehrseitigen Texten: ...
4,23
Gesellschaftsrechtliche Angaben: Firmenname und Rechtsform, Sitz der Gesellschaft
Telefon, Telefax, E-Mail, Internet, Bankverbindungen, USt-IdNr.
Vorstandmitglieder bzw. Geschäftsführer/-innen, Vorsitzende/-r des Aufsichtsrats
Eintragung beim Amtsgericht Ort, HR-Nummer

## Form B

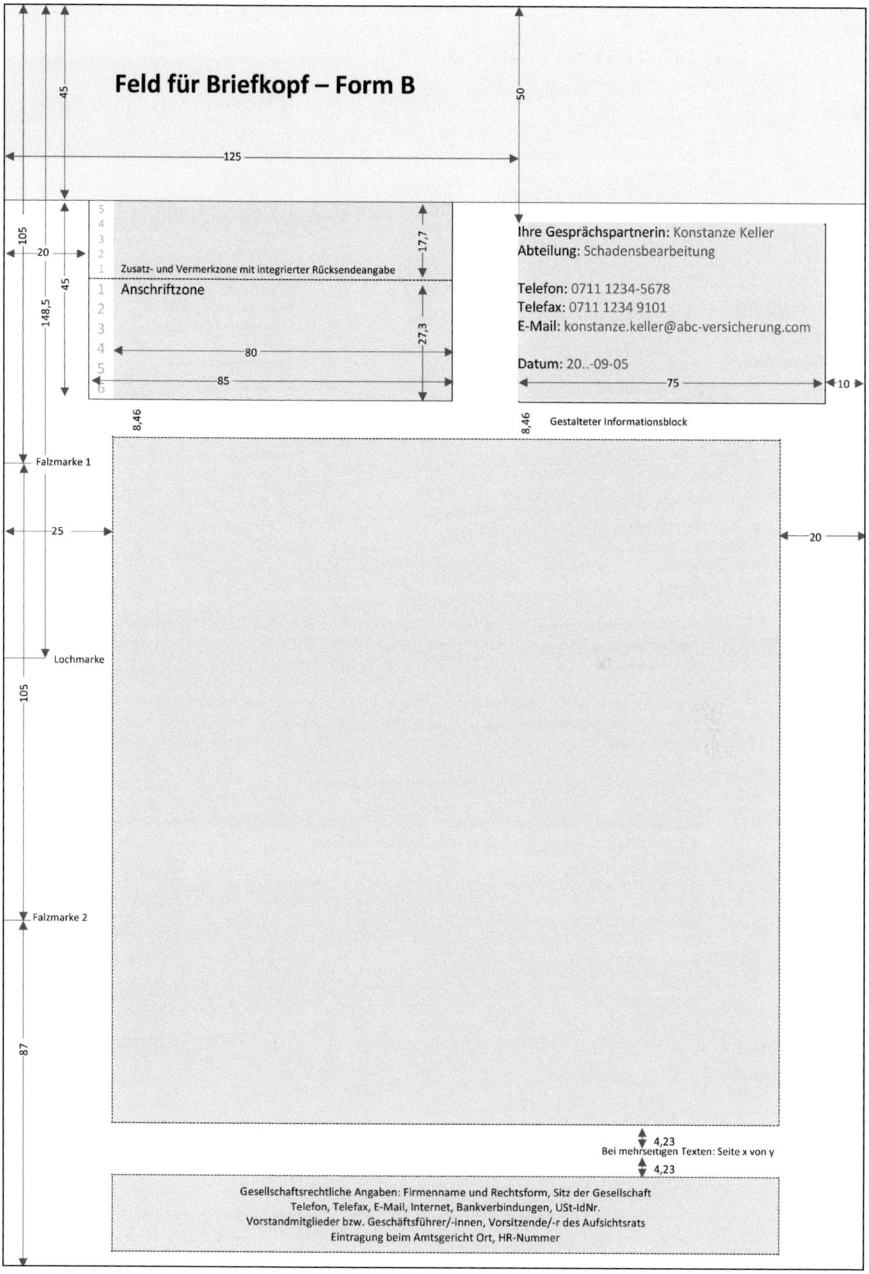
Feld für Briefkopf – Form B
125
45
50
105
20
148,5
Zusatz- und Vermerkzone mit integrierter Rücksendeangabe
17,7
Anschriftzone
27,3
80
85
Ihre Gesprächspartnerin: Konstanze Keller
Abteilung: Schadensbearbeitung
Telefon: 0711 1234-5678
Telefax: 0711 1234 9101
E-Mail: konstanze.keller@abc-versicherung.com
Datum: 20..-09-05
75
10
8,46
Gestalteter Informationsblock
Falzmarke 1
25
20
Lochmarke
Falzmarke 2
87
4,23
Bei mehrseitigen Texten: Seite x von y
Gesellschaftsrechtliche Angaben: Firmenname und Rechtsform, Sitz der Gesellschaft
Telefon, Telefax, E-Mail, Internet, Bankverbindungen, USt-IdNr.
Vorstandmitglieder bzw. Geschäftsführer/-innen, Vorsitzende/-r des Aufsichtsrats
Eintragung beim Amtsgericht Ort, HR-Nummer

Aufbau eines normgerechten Geschäftsbriefes

## 1.2.2 Aufbau eines Geschäftsbriefes

Briefkopf

DUDEN · MEYERS

BIBLIOGRAPHISCHES
INSTITUT GMBH

Informationsblock

Anschriftfeld mit integrierter Rücksendeangabe

5
4
3
2
Bibliografisches Institut GmbH • Postfach 33 01 09 •14171 Berlin
Herrn
Dr. Friedrich Müller
Im Sommerfeld 3
70184 Stuttgart
5
6

Ihr Zeichen:
Ihre Nachricht vom:
Unser Zeichen: du-st
Unsere Nachricht vom:

Name: Konrad Duden
Telefon: +49 30 89785-1234
Telefax: +49 30 89785-4567
E-Mail: konrad.duden@duden.de

Datum: 20..-10-25

Faltmarke

**Betreffangabe**
•
•
Anrede,
•
Brieftext Brieftext Brieftext Brieftext Brieftext Brieftext Brieftext Brieftext Brieftext Brieftext Brieftext Brieftext Brieftext Brieftext Brieftext Brieftext Brieftext Brieftext Brieftext Brieftext Brieftext Brieftext Brieftext Brieftext

Lochmarke

Brieftext Brieftext Brieftext Brieftext Brieftext Brieftext Brieftext Brieftext Brieftext Brieftext Brieftext Brieftext Brieftext Brieftext Brieftext Brieftext Brieftext Brieftext Brieftext Brieftext Brieftext Brieftext Brieftext Brieftext
•

**Hervorhebung: Zentrierung**

•
Brieftext Brieftext Brieftext Brieftext Brieftext Brieftext Brieftext Brieftext Brieftext Brieftext Brieftext Brieftext Brieftext Brieftext Brieftext Brieftext Brieftext Brieftext
•

Faltmarke

Freundliche Grüße
•
BIBLIOGRAFISCHES INSTITUT GMBH
•
•
•
Konrad Duden

**Anlage**
1 Prospekt

**Briefschluss**
- Grußformel
- Wiederholung des Firmennamens
- Wiederholung des Namens des Unterzeichners

Pflicht- und Geschäftsangaben

Sitz der Gesellschaft: Berlin • Registergericht • Amtsgericht Charlottenburg; HRB 149993 B • Geschäftsführer: Olaf Carstens, Georg Müller-Loeffelholz, Dennis Zentgraf
Bank: Commerzbank AG, Konto 62 08 06 000, BLZ 670 400 31 • USt-IDNr. DE 143 872 392 • IBAN: DE17 670 40031 062 0806 000, BIC: COBADEFFXXX

### 1.2.2.1 Briefkopf

Der Briefkopf enthält die Bezeichnung des Absenders. Dazu gehören der Name des Unternehmens, die Bezeichnung der Rechtsform und das Logo. Da der Geschäftsbrief ein wichtiger Imageträger eines Unternehmens ist, vermittelt eine normgerechte Gestaltung nach dem Corporate Design (CD) einen professionellen Eindruck.

### 1.2.2.2 Anschriftfeld

Das Anschriftfeld besteht aus **Zusatz- und Vermerkzone** mit integrierter Rücksendeangabe sowie der **Anschriftzone**. Inhalt des Anschriftfeldes ist die Aufschrift. Die Bestandteile der Aufschrift sind die Rücksendeangabe, Zusatzangaben und Vermerke sowie die Empfängeranschrift. Die einzelnen Bestandteile der Aufschrift dürfen keine Leerzeilen enthalten. Bei Platzmangel darf der Platz der jeweils anderen Zone mit genutzt werden.

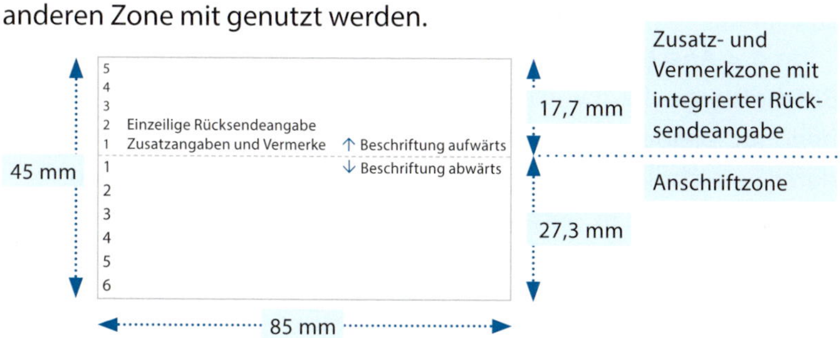


**Beispiel:**

Die Anrede wird im Akkusativ (Wenfall), d. h. mit »Herrn« bzw. »Frau« formuliert. In der Schweiz gilt auch die Form »Herr« als zulässig.

5
4 ABC-Unternehmen – Postfach 10 20 49 – 70624 Stuttgart
3 4849/xt/ow98/156
2 Nicht nachsenden!
1 Einschreiben
1 Herrn
2 Maximilian Schmidt
3 Charlottenweg 123
4 70184 Stuttgart
5
6

Normgerechte Anschriften

In der Zusatz- und Vermerkzone stehen für die Rücksendeangabe (z. B. ABC-Unternehmen • Postfach 10 20 49 • 70624 Stuttgart), Vermerke und Zusatzangaben (z. B. ABC-Unternehmen – Postfach 10 20 49 – 70624 Stuttgart, 4849/xt/ow98/156, Nicht nachsenden, Einschreiben), Ordnungsbezeichnungen des Absenders (4849/xt/ow98/156) 5 Zeilen (empfohlene Schriftgröße: 10 Punkt) zur Verfügung.

Die Rücksendeangabe wird in einer Schriftgröße von 8 Punkt geschrieben und muss an der oberen Position der Zusatz- und Vermerkzone stehen. Ist sie länger als eine Zeile, muss sie sinnvoll gekürzt werden. In Ausnahmefällen darf eine Schriftgröße von 6 Punkt verwendet werden. Bei Schriftgrößen kleiner als 10 Punkt sollte wegen der besseren Lesbarkeit eine serifenlose Schrift (z. B. Arial, Calibri) verwendet werden. Die Zusatzangaben und Vermerke stehen unterhalb der Rücksendeangabe. Beim Erstellen einer Briefvorlage ist bei der Gestaltung auf die automatische Beschriftung von unten nach oben zu achten.

In der **Anschriftzone** steht die 6-zeilige Empfängeranschrift. Die Beschriftung erfolgt von oben nach unten. Werden nicht alle 6 Zeilen benötigt, bleiben die unteren Zeilen leer. Die Angaben dürfen nicht durch Fettschrift oder Unterstreichung hervorgehoben werden.

Die Aufschrift in der Anschriftzone besteht aus der Empfängerbezeichnung, Postfach mit Hausnummer (= Abholangabe) oder Straße und Hausnummer (= Zustellangabe), Postleitzahl und Bestimmungsort.

### Inlandsanschriften

**Bei Inlandsanschriften ist zu beachten:**

- Die einfache Empfängeranschrift besteht aus den Elementen
  - Anrede im Akkusativ (Wenfall): »Herrn« oder »Frau«,
  - Straße und Hausnummer,
  - Postleitzahl und Bestimmungsort.
- Die Zusätze »An«, »An den …«, »An die …«, »zu Händen« (z. H.), »im Hause (i. H.), »in der Firma« (i. Fa.) gelten als veraltet und werden in der Anschrift nicht mehr geschrieben.

- Die Abkürzung für »außer Dienst« (a. D.) wird weiterhin für Personen, die früher ein bedeutendes Amt innehatten, geschrieben. Sie steht hinter der Berufs-, Amts- oder Ehrenbezeichnung.

**Berufs- oder Amtsbezeichnungen** (z.B. Amtmann, Rechtsanwältin, Direktor) stehen hinter »Frau« oder »Herrn«.

**Diplom- und Doktorgrade** (z.B. Dipl.-Kfm., Dipl.-Ing., Dr.) und die **Amts- und Ehrenbezeichnung »Prof.«** stehen unmittelbar vor dem Namen.

| | |
|---|---|
| 5 | |
| 4 | |
| 3 | |
| 2 | |
| 1 | Pharma-Beratung GmbH – Rotstraße 10 – 70184 Stuttgart |
| | |
| 1 | Herrn Direktor |
| 2 | Prof. Dr. Stefan Keller |
| 3 | Robert-Bosch-Straße 112 |
| 4 | 48153 Münster |
| 5 | |
| 6 | |

Bei Untermietern muss der Name des Wohnungsinhabers / der Wohnungsinhaberin unter dem Namen des Empfängers stehen.

Bei der Zustellangabe (Straße und Hausnummer) dürfen zusätzlich der Gebäudeteil, das Stockwerk oder die Wohnungsnummer, abgetrennt durch zwei Schrägstriche, angegeben werden. Vor und nach den Schrägstrichen steht ein Leerschritt.

| | |
|---|---|
| 5 | |
| 4 | |
| 3 | |
| 2 | |
| 1 | GEWO GmbH – Robert-Bosch-Straße 112 – 48153 Münster |
| | |
| 1 | Frau |
| 2 | Kerstin Sonntag |
| 3 | bei Caroline Steiner |
| 4 | Tannenweg 10 // W 24 |
| 5 | 70124 Stuttgart |
| 6 | |

**Unternehmensanschriften stehen in der Reihenfolge**

- Firmenbezeichnung (z. B. Maschinenfabrik, Großhandlung)
- Name des Unternehmens
  (z. B. Müller & Schmidt GmbH & Co. KG)
- Abteilung oder Unternehmensbereich
- Ansprechpartner/-in
- Straße und Hausnummer oder Postfach und Postfachnummer
- Postleitzahl und Bestimmungsort

Fehlt eine Angabe, folgen die nachfolgenden Elemente ohne Leerzeile.

**Bachelor- und Mastergrade** stehen hinter dem Namen.
Die üblichen Abkürzungen sind

- B. A. (Bachelor of Arts),
- B. Sc. (Bachelor of Science),
- M. A. (Master of Arts, Magister/Magistra Artium),
- M. Sc. (Master of Science).

| | |
|---|---|
| 5 | |
| 4 | |
| 3 | |
| 2 | |
| 1 | Maschinen Schneider – Rotstraße 10 – 70184 Stuttgart |
| 1 | Maschinenfabrik |
| 2 | Müller & Schmidt GmbH & Co. KG |
| 3 | Frau Daria Cornelius M. Sc. |
| 4 | Robert-Bosch-Straße 112 |
| 5 | 48153 Münster |
| 6 | |

**Einzelunternehmer/-innen,** die ins Handelsregister eingetragen sind, erhalten den Zusatz e. K. (eingetragene Kauffrau, eingetragener Kaufmann) bzw. e. Kfr. (eingetragene Kauffrau) oder e. Kfm. (eingetragener Kaufmann).

| | |
|---|---|
| 5 | |
| 4 | |
| 3 | |
| 2 | GR Rainer Rehm e. K. – Schlossstraße 2 – 56068 Koblenz |
| 1 | Bei Umzug mit neuer Anschrift zurück! |
| 1 | Bürohaus |
| 2 | Katharina Sellermann e. Kfr. |
| 3 | Frau Daria Cornelius M. Sc. |
| 4 | Breitkopfstraße 29 |
| 5 | 04317 Leipzig |
| 6 | |

**Persönliche Briefe** werden in Unternehmen ungeöffnet an die Beschäftigten weitergegeben. Dies ergibt sich durch die Zusätze »Persönlich« und/oder »Vertraulich«, die Reihenfolge (Personenname vor dem Namen des Unternehmens) oder durch die betriebliche Postordnung.

Koch & Kleist GmbH – Postfach 10 10 29 – 24099 Kiel
Persönlich

Herrn
Dipl.-Ing. Reinhard Petermann
Bauunternehmung Schäffler GmbH
Postfach 13 45 67
70138 Stuttgart

In vielen Unternehmen und Organisationen gibt es die interne Regel, wonach Briefe weder von der Poststelle noch von einer Bürokraft geöffnet werden dürfen, wenn der Personenname vor dem Namen des Unternehmens steht. Rechtlich bindend ist dies nicht. Wo es um wirklich vertrauliche Inhalte geht, muss die Anschrift mit dem Vermerk »Persönlich«, »Vertraulich« oder »Eigenhändig« versehen werden. Dann darf der Brief nur vom Empfänger bzw. der Empfängerin geöffnet werden.

**Längere Empfängerbezeichnungen** können sinngemäß auf zwei Zeilen aufgeteilt werden.

Unternehmen oder Behörden mit großem Postvolumen haben eine **Großkunden-Postleitzahl.** Die Anschrift hat weder Angaben zu Postfach bzw. Straße und Hausnummer.

Maschinen Schneider – Rotstraße 10 – 70184 Stuttgart

Landesamt
für Besoldung und Versorgung
Abteilung Beihilfe
70333 Stuttgart

**Vorab per Fax**

Seit der Einführung DSGVO (Datenschutzgrundverordnung) erfreut sich das Telefax wieder großer Beliebtheit. Grund dafür ist die sichere Datenübertragung über das Telefonnetz.

Es empfiehlt sich in diesem Fall, die Versendungsart im Anschriftfeld anzugeben, je nachdem entweder »Telefax« oder, wenn das Original noch per Post versendet werden soll, »Vorab per Telefax«.

| | |
|---|---|
| 5 | |
| 4 | |
| 3 | |
| 2 | Maschinen Schneider – Rotstraße 10 – 70184 Stuttgart |
| 1 | Vorab per Fax: 0651 58993-122 |
| 1 | Kanzlei |
| 2 | Dr. Dickel und Partner |
| 3 | Herrn Dr. Dickel |
| 4 | Saarstraße 140 |
| 5 | 54200 Trier |
| 6 | |

**Postfachnummern** gliedert man von rechts beginnend in Zweiergruppen, die durch einen kleinen Zwischenraum getrennt sind: 1 23, 42 31 86.

### 1.2.2.3 Informationsblock

Der Informationsblock ersetzt die Bezugszeichenzeile. Nach DIN 5008 wird zwischen dem Standard-Informationsblock und dem gestalteten Informationsblock unterschieden. Der Standard-Informationsblock besteht aus den Leitwörtern »Ihr Zeichen«, »Ihre Nachricht vom«, »Name«, »Telefon«, »Telefax«, »E-Mail« und »Datum«. Die angegebene Reihenfolge sollte eingehalten werden. Nach den Bezugszeichen und nach den Kommunikationsangaben wird zur optischen Gliederung eine Leerzeile eingefügt.

Beim gestalteten Informationsblock dürfen grundsätzlich Leitwörter in der Vorlage ergänzt, weggelassen oder verändert werden. Die Angaben sollten mit Leerzeilen gruppiert werden. Mögliche Leitwörter sind »Ihr/-e Gesprächspartner/-in«, »Abteilung«, »Mein Zeichen«, »Bearbeiter/-in«, »Geschäftszeichen«, »Vorgangsnummer«, »Kundennummer«, »Freecall« u. Ä.

| STANDARDINFORMATIONSBLOCK | GESTALTETER INFORMATIONSBLOCK |
|---|---|
| Ihr Zeichen: re-ko<br>Ihre Nachricht vom: 2020-06-29<br>Unser Zeichen: mi-lo<br>Unsere Nachricht vom: 2020-06-24<br>•<br>Name: Mia Meyer<br>Telefon: +49 7191 12-334<br>Telefax: +49 7191 12-556<br>E-Mail: mia.meyer@mydream.com<br>•<br>Datum: 2020-07-01 | Vorgangsnummer: 3948/18<br>Ihre Ansprechpartnerin: Mia Mayer<br>•<br>Telefon: +49 7191 12-334<br>Telefax: +49 7191 12-556<br>E-Mail: mia.mayer@ mydream.com<br>Internet: de.mydream.com<br>•<br>Datum: 2020-07-01 |
| Die Angaben folgen direkt nach dem Leitwort. Sie sind in der gleichen Schriftart und -größe wie der Brieftext zu schreiben. | Die Angaben sind – ausgehend vom längsten Leitwort – mit angemessenem Abstand von mindestens einem Leerzeichen an einer neuen Fluchtlinie auszurichten. Sie sind in der gleichen Schriftart und Schriftgröße wie der Brieftext zu schreiben. Die Leitwörter können in einer verkleinerten Schriftgröße dargestellt werden. |

Im Informationsblock sollte das Datum immer numerisch in der absteigenden Form **JJJJ-MM-TT** (z. B. 2021-12-03) angegeben werden.

Nach den Leitwörtern »Ihr Zeichen« und »Unser Zeichen« stehen u. A. die Bezugsangaben der Beteiligten. Die Kürzel werden in der Regel aus den ersten zwei bis drei Buchstaben der Nachnamen gebildet und kleingeschrieben. Das Kürzel der/des Ranghöchsten oder, bei gleichem Rang, der/des Hauptverantwortlichen, wird zuerst geschrieben. Getrennt werden die Kürzel mit einem Bindestrich. Waren an dem Schreiben mehrere Verfasser/-innen beteiligt, werden ihre Kürzel durch Schrägstrich getrennt. Bezugsangaben können sich auch aus anderen Zeichen zu unternehmensspezifischen Kürzeln zusammensetzen (z. B. R 1/3000).

**Beispiel:**
**Die Vorgesetzte heißt »Stephan« und der Sachbearbeiter »Merck«.**
Unser Zeichen: **ste-me**

**Neben Frau Stephan und Herrn Merck ist Frau Sommer an der Erstellung des Briefes beteiligt:**
Unser Zeichen: so/ste-me

### 1.2.2.4 Betreff/Teilbetreff

Der Betreff ist eine stichwortartige Inhaltsangabe und wird ohne Schlusspunkt an der Fluchtlinie geschrieben. Er darf durch Fettschrift und/oder Farbe hervorgehoben werden. Bei längeren Betreffangaben ist der Text sinngemäß auf mehrere Zeilen zu verteilen. Vor und nach der Betreffangabe stehen jeweils zwei Leerzeilen.

Beim Versand von vertraulichen oder sensiblen Unterlagen in Briefhüllen oder Versandtaschen mit Sichtfenster ist darauf zu achten, dass der Wortlaut des Betreffs auch durch Verrutschen der Sendung nicht lesbar ist. Dies können Sie verhindern, indem Sie den Abstand vor der Betreffangabe um ein bis zwei Zeilen vergrößern.

Die Betreffangabe sollte immer so formuliert sein, dass sie die Aufmerksamkeit der Lesenden auf sich zieht. Statt einfach »Angebot« zu schreiben, sollte der Nutzen des Warenangebots prägnant beschrieben werden. Die Betreffangabe, als Aufforderung formuliert, kann bei den Lesenden Interesse wecken und zum Weiterlesen motivieren.

## Versandhülle C4 mit Sichtfenster

DUDEN · MEYERS · ARTEMIS & WINKLER
CORNELSEN SCRIPTOR

BIBLIOGRAPHISCHES
INSTITUT GMBH

Mecklenburgische Straße 53
74197 Berlin

Bibliografisches Institut GmbH – Postfach 33 01 09 – 14171 Berlin
Persönlich
Herrn
Dr. Friedrich Müller
Im Sommerfeld 3
70184 Stuttgart

Ihr Zeichen:
Ihre Nachricht vom:
Unser Zeichen: du-st
Unsere Nachricht vom:

Name: Konrad Duden
Telefon: +49 30 89785-1234
Telefax: +49 30 89785-4567
E-Mail: konrad.duden@duden.de

Datum: 20..-10-25

Hier zwischen Informationsblock und Betreffangabe statt 2 Leerzeilen 3 bis 4 Leerzeilen einfügen.

**Betreffangabe**

Anrede,

Brieftext Brieftext Brieftext Brieftext Brieftext Brieftext Brieftext Brieftext Brieftext Brieftext Brieftext Brieftext Brieftext Brieftext Brieftext Brieftext Brieftext Brieftext Brieftext Brieftext Brieftext Brieftext Brieftext Brieftext

Brieftext Brieftext Brieftext Brieftext Brieftext Brieftext Brieftext Brieftext Brieftext Brieftext Brieftext Brieftext Brieftext Brieftext Brieftext Brieftext Brieftext Brieftext Brieftext Brieftext Brieftext Brieftext Brieftext Brieftext

**Hervorhebung: Zentrierung**

Brieftext Brieftext Brieftext Brieftext Brieftext Brieftext Brieftext Brieftext Brieftext Brieftext Brieftext Brieftext Brieftext Brieftext Brieftext Brieftext Brieftext Brieftext

Freundliche Grüße

BIBLIOGRAFISCHES INSTITUT GMBH

i. A. Susanne Stephan

**Anlage**
1 Prospekt

Hausanschrift:
Bouchéstraße 12 // Haus 8 und 11
12435 Berlin

Sitz der Gesellschaft: Berlin
Registergericht Charlottenburg
HRB 149993 B

Geschäftsführerin:
Marion Winkenbach

Bankverbindung:
Commerzbank AG
IBAN DE17 6704 0031 0620 8060 00
BIC COBADEFFXXX
USt.-IdNr. DE 143872392

**Teilbetreff**
Der Teilbetreff ist eine kurze Inhaltsangabe innerhalb des Brieftextes zu einem Briefteil. Er beginnt immer an der Fluchtlinie, endet mit einem Punkt und darf durch Fettschrift und/oder Farbe hervorgehoben werden. Der nachfolgende Text schließt unmittelbar an.

**Beispiel:**

...

•

**Thema 1** Text eines Briefteils Text eines Briefteils Text eines Briefteils Text eines Briefteils Text eines Briefteils Text eines Briefteils Text eines Briefteils Text eines Briefteils Text eines Briefteils Text eines Briefteils.

•

**Thema 2** Text eines Briefteils Text eines Briefteils Text eines Briefteils Text eines Briefteils Text eines Briefteils Text eines Briefteils Text eines Briefteils Text eines Briefteils.

•

**Thema 3** Text eines Briefteils Text eines Briefteils Text eines Briefteils Text eines Briefteils Text eines Briefteils Text eines Briefteils Text eines Briefteils Text eines Briefteils Text eines Briefteils Text eines Briefteils Text eines Briefteils Text eines Briefteils Text eines Briefteils Text eines Briefteils

•

...

### 1.2.2.5 Anrede

Die Anrede beginnt an der Fluchtlinie und folgt dem Betreff in einem Abstand von zwei Leerzeilen. Nach der Anrede steht ein Komma; das erste Wort des nachfolgenden Textes schreibt man klein, sofern es kein Substantiv oder ein Anredepronomen ist. Zwischen Anrede und Brieftext steht eine Leerzeile.

Gestalten Sie die Anrede empfängerorientiert. Richtet sich das Schreiben an eine Einzelperson, sind als Anreden das neutrale »Sehr geehrte(r)« und das vertraulichere »Liebe(r)« am gebräuchlichsten. Eine korrekte, aber nicht ganz so förmliche bzw. vertrauliche Anrede ist »Sehr geehrte(r), liebe(r) ...« oder »Guten Tag, liebe(r)«.

Die moderneren Varianten wie »Guten Tag« und »Hallo« sind möglich, wobei die Anrede »Hallo« von manchen Personen als zu distanzlos oder nicht besonders wertschätzend empfunden werden kann.

Die Anrede »Hallo« ist in E-Mails weit verbreitet. Auch unter Geschäftsleuten, die sich siezen, ist sie – anders als in Briefen – weithin akzeptiert, sofern deren Umgangston nicht ganz so förmlich ist.

In der Schweiz steht nach der Anrede kein Komma; der Brieftext wird mit einem Großbuchstaben begonnen.

Bei Schreiben an hochgestellte Persönlichkeiten ist es ratsam, sich über die korrekte Adressierung und Anrede dieser Personen zu informieren. Über die Internetadresse www.protokoll-inland.de des Bundesministeriums des Innern können Sie sich zuverlässig informieren.

**Beispiele:**

| | |
|---|---|
| **Unser Gespräch gestern**<br>•<br>•<br>Guten Tag, Frau Dr. Hammer,<br>•<br>vielen Dank … | **Projekt »Neue Medien im Unternehmen«**<br>•<br>•<br>Liebe Kolleginnen und Kollegen,<br>•<br>wir haben noch einiges zu klären, … |
| **Ein Sommerfest für Groß und Klein**<br>•<br>•<br>Sehr geehrte Frau Mai,<br>sehr geehrter Herr Kurz,<br>•<br>am … feiern wir unser … | **Umweltschutz im Regierungsbezirk Stuttgart**<br>•<br>•<br>Sehr geehrte Frau Regierungspräsidentin,<br>•<br>wir wenden uns heute mit einem besonderen Anliegen an Sie … |

| **Informationsveranstaltung zur Bebauung des Stein-Areals** | **Ihre neue Homepage ist fertig** |
|---|---|
| • | • |
| • | • |
| Sehr geehrte Bürgermeister*innen, sehr geehrte Bürger*innen, | Hallo, Herr Seibert, |
| • | • |
| die Bauarbeiten haben begonnen … | nach unserem letzten Gespräch haben wir uns gleich an die Arbeit gemacht und Ihre Ideen umgesetzt. |

## Anschrift und Anrede in besonderen Fällen

### DIPLOMGRADE

| ANSCHRIFT | ANREDE |
|---|---|
| In der Anrede wird das Diplom **nicht** geschrieben. | |
| Herrn<br>Dipl.-Ing. Uwe Clas | Sehr geehrter Herr Clas, |

### AKADEMISCHE GRADE

| ANSCHRIFT | ANREDE |
|---|---|
| • Der Doktortitel wird abgekürzt »Dr.« oder im Plural »Drs.«<br>• Der Fachbereich, in dem der Doktortitel erworben wurde, kann in der Anschrift angegeben werden – in der Anrede entfällt er.<br>• Wenn jemand mehrere Doktortitel hat, wird in der Anrede nur einer genannt. | |
| Herrn<br>Dr. med. Jan Ohl | Sehr geehrter Herr Dr. Ohl, |
| Frau<br>Dr. Dr. Ina Voss | Sehr geehrter Frau Dr. Voss, |
| Frau<br>Dr. med. Dr. phil. Ina Voss | |
| Drs. Mei Seng und Mia Fleer<br>Drs. Mei Seng & Mia Fleer | Sehr geehrte Frau Dr. Seng,<br>sehr geehrte Frau Dr. Fleer, |

## AMTS- UND EHRENBEZEICHNUNGEN

| ANSCHRIFT | MÖGLICHE ANREDEN |
|---|---|
| • Die Amts- und Ehrenbezeichnung »Professor/-in« wird formal nicht unterschieden.<br>• In der Anrede entfällt bei Professor/-innen der Doktorgrad.<br>• »Professor/-in« darf in der Anschrift abgekürzt (Abk.: Prof.) werden, in der Anrede wird Professor/-in ausgeschrieben. | |
| Herrn<br>Prof. Dr. Till Frei | Sehr geehrter Herr Professor Frei,<br>Sehr geehrter Herr Professor, |
| Rektorin der XY-Universität<br>Frau Prof. Dr. Eva Sell | Sehr geehrte Frau Professorin Sell,<br>Sehr geehrte Frau Professorin,<br>Sehr geehrte Frau Professor Sell,<br>Sehr geehrte Frau Professor,<br>Sehr geehrte Frau Rektorin,<br>Euer/Eure Magnifizenz, *(selten, traditionell)* |
| Rektor der XY-Universität<br>Herrn Professor Dr. Till Frei | Sehr geehrter Herr Professor Frei,<br>Sehr geehrter Herr Professor<br>Sehr geehrter Herr Rektor,<br>Euer/Eure Magnifizenz, *(selten, traditionell)* |

## DIPLOMATINNEN UND DIPLOMATEN

<table>
<tr><th>ANSCHRIFT</th><th>MÖGLICHE ANREDEN</th></tr>
<tr><td colspan="2">• Im diplomatischen Schriftverkehr hat sich bei bestimmten Ehrentiteln der Dativ (Wemfall: »Seiner«) in der Anschrift erhalten; der Akkusativ (Wenfall: »Seine«) ist jedoch ebenfalls korrekt.<br>• Botschafter/-innen, Konsul/-innen und Gesandte, die ihre Länder in der Bundesrepublik Deutschland vertreten, werden offiziell mit »Exzellenz« angeredet.<br>• Botschafter/-innen, Botschaftsrät/-innen, Generalkonsul/-innen und Konsul/-innen der Bundesrepublik Deutschland werden mit ihrer Amtsbezeichnung angesprochen.</td></tr>
<tr><td>Seiner Exzellenz<br>Herrn Uri Hänny<br>Botschafter von … / der … /<br>des … (Land)<br><br>Seine Exzellenz<br>Herrn Uri Hänny<br>Boschafter von … / der … /<br>des … (Land)</td><td>Euer/Eure Exzellenz,<br>Sehr geehrter Herr Botschafter;</td></tr>
<tr><td>Ihrer Exzellenz<br>Frau Editha Platte<br>Botschafterin von … / der … /<br>des … (Land)<br><br>Ihrer Exzellenz<br>Frau Editha Platte<br>Botschafterin von … / der … /<br>des … (Land)</td><td>Euer/Eure Exzellenz<br>Sehr geehrte Frau Botschafterin,</td></tr>
<tr><td>Herrn<br>Konstantin Drachenfels<br>Botschafter der Bundesrepublik<br>Deutschland</td><td>Sehr geehrter Herr Botschafter,</td></tr>
<tr><td>Frau<br>Gabriele Vandon<br>Botschafterin der Bundesrepublik<br>Deutschland</td><td>Sehr geehrte Frau Botschafterin,</td></tr>
</table>

| FAMILIENNAMEN MIT EHEMALIGEN ADELSBEZEICHNUNGEN | |
|---|---|
| **ANSCHRIFT** | **MÖGLICHE ANREDEN** |
| • Mit der Weimarer Verfassung wurden 1919 nicht nur adelsrechtliche Privilegien, sondern auch die entsprechenden Titel des Adels aufgehoben. Ehemalige Adelsbezeichnungen sind heute nach Gesetz ein Teil des Familiennamens. Sie werden daher, anders als Titel, dem Vornamen nachgestellt (zum Beispiel: Herrn Gustav Baron von Wiesental). Diese Form ist in jedem Fall richtig und kann etwa von Ämtern bedenkenlos gewählt werden. Gesellschaftlich üblich sind jedoch oft andere Formen.<br>• Wer sichergehen will, die von der Adressatin bzw. dem Adressaten gewünschte Form zu treffen, sollte sich entweder im »Genealogischen Handbuch des Adels«, das in vielen Bibliotheken einzusehen ist, informieren oder telefonisch im Sekretariat der Adressatin / des Adressaten nachfragen. | |
| *gesetzlich:*<br>Herrn<br>Peter von Hansen<br><br>*gesellschaftlich:*<br>Herrn<br>Peter von Hansen | *gesetzlich:*<br>Sehr geehrter Herr von Hansen;<br><br>*gesellschaftlich:*<br>Sehr geehrter Herr v. Hansen, |
| *gesetzlich:*<br>Frau<br>Hetty Freifrau von Stein<br><br>*gesellschaftlich:*<br>Freifrau<br>Hetty v. Stein | *gesetzlich:*<br>Sehr geehrte Frau Freifrau v. Stein,<br><br>*gesellschaftlich:*<br>Sehr geehrte Freifrau v. Stein,<br>Sehr geehrte Frau v. Stein,<br><br>vor allem in Süddeutschland:<br>Sehr geehrte Frau Baronin Stein, |
| *gesetzlich:*<br>Herrn<br>Dr. Wolfgang Graf von Niebelfels<br><br>*gesellschaftlich:*<br>Graf<br>Dr. Wolfgang v. Nebelfels | *gesetzlich:*<br>Sehr geehrter Herr Dr. Graf von Niebelfels,<br><br>*gesellschaftlich:*<br>Sehr geehrter Dr. Graf v. Niebelfels, |

## MEHRERE ADRESSATEN

| ANSCHRIFT | MÖGLICHE ANREDEN |
|---|---|
| • In der Geschäftskorrespondenz wird die Reihenfolge der Anrede durch die Hierarchie bestimmt (Vorgesetzte werden zuerst genannt); die Reihenfolge nach Geschlecht (zuerst (Dame[n], dann Herr[n]) gilt nur im Privaten.<br>• Die Anrede »Eheleute« ist heute unüblich. Bei Paaren werden grundsätzlich die Namen beider genannt.<br>• Die Reihenfolge in der Anschrift und Anrede kann nach dem Grad der Bekanntschaft gewählt werden. | |
| Kanzlei<br>Meier & Schulze<br>Dr. Ulf Meier und Jan Schulze<br><br>Herren Rechtsanwälte<br>Dr. Ulf Maier und Jan Schulze | Sehr geehrter Herr Dr. Maier,<br>sehr geehrter Herr Schulze, |
| Herrn und Frau<br>Dipl.-Ing. Jörg Jansen<br>Dr. Mira Moll | Sehr geehrter Herr Jansen,<br>sehr geehrte Frau Dr. Moll, |
| Herrn und Frau<br>Udo Sander<br>Dr. Petra Spies | *(Udo Sander ist ein Duz-Freund, seine Frau nicht)*<br>Lieber Udo, liebe Frau Dr. Spies,<br>Lieber Udo, sehr geehrte Frau Dr. Spies, |
| Eva und Hans Richter | Sehr geehrte Frau Richter,<br>sehr geehrter Herr Richter, |
| Frau Eva Richter und<br>Herrn Hans Richter | Sehr geehrte Frau Richter, sehr geehrter Herr Richter, |
| Herrn Hans Richter<br>Frau Eva Richter | *(bei Bekannten)*<br>Lieber Herr Richter,<br>liebe Frau Richter, |
| Herrn und Frau<br>Hans Richter und Eva Richter<br><br>Familie<br>Hans und Eva Richter | *(bei Freunden)*<br>Liebe Eva, lieber Hans, |

| | |
|---|---|
| Familie<br>Joe, Eva, Ben und Kim Ebel | Liebe Eva, lieber Joe, liebe Kim, lieber Ben,<br>Liebe Familie Ebel, |

## ÖFFENTLICHER DIENST

<table>
<tr><th>ANSCHRIFT</th><th>MÖGLICHE ANREDEN</th></tr>
<tr><td colspan="2">• Bei Briefen an Behörden sollte in der Anschrift die Dienststelle genannt werden.<br>• Soweit bekannt, werden auch der Name und die Amtsbezeichnung des Adressaten aufgeführt; die Amtsbezeichnung kann bei den niedrigeren Diensträngen in der Anrede entfallen.<br>• Bei allen höheren Beamten sollte man die Amtsbezeichnung ergänzen.<br>• Es ist immer die offizielle Amtsbezeichnung zu wählen (nicht: Bundesverkehrsministerin, sondern: Bundesministerin für Verkehr, Bau und Stadtentwicklung)</td></tr>
<tr><td>Stadtverwaltung Waiblingen<br>Einwohnermeldeamt</td><td>Sehr geehrte Damen und Herren,</td></tr>
<tr><td>Stadtverwaltung Waiblingen<br>Einwohnermeldeamt<br>Frau Amtsrätin Katja Enders</td><td>Sehr geehrte Frau Enders,<br>Sehr geehrte Frau Amtsrätin Enders,<br>(selten, förmlich)<br>Sehr geehrte Frau Amtsrätin,<br>(selten, förmlich)</td></tr>
<tr><td>Otto-Hahn-Gymnasium<br>Herrn Oberstudiendirektor<br>Frank Baum</td><td>Sehr geehrter Herr Oberstudiendirektor Baum,</td></tr>
<tr><td>Generalstaatsanwältin<br>Prof. Dr. Silke Römer<br><br>Prof. Dr. Silke Römer<br>Generalstaatsanwältin</td><td>Sehr geehrte Frau Generalstaatsanwältin,</td></tr>
<tr><td>Herrn Oberstaatsanwalt<br>Holger Hoffmann<br><br>Herrn<br>Holger Hoffmann<br>Oberstaatsanwalt</td><td>Sehr geehrter Herr Oberstaatsanwalt,</td></tr>
</table>

### POLITISCHE ÄMTER UND WAHLÄMTER

| ANSCHRIFT | MÖGLICHE ANREDEN |
|---|---|
| Herrn Landrat<br>Michael Eckes<br><br>Herrn<br>Michael Eckes<br>Landrat des Landkreises … | Sehr geehrter Herr Landrat, |
| Bürgermeisterin der Stadt …<br>Frau Anita Seeger<br><br>Frau Bürgermeisterin<br>Anita Seeger | Sehr geehrte Frau Bürgermeisterin, |
| Mitglied des Bundestages<br>Herrn Dr. Gert Pütz<br><br>Herrn<br>Dr. Gert Pütz, MdB | Sehr geehrter Herr Abgeordneter, |
| Präsidenten des Deutschen Bundestags<br>Herrn Dr. Hans Maier | Sehr geehrter Herr Bundestagspräsident, |
| Frau<br>Dr. Ira Knoll<br>Bundesministerin für Verkehr, Bau und Stadtentwicklung<br><br>Bundesministerin für Verkehr, Bau und Stadtentwicklung<br>Frau Dr. Ira Knoll | Sehr geehrte Frau Bundesministerin,<br>Sehr geehrte Frau Ministerin, |

## KIRCHLICHE ÄMTER

| ANSCHRIFT | MÖGLICHE ANREDEN |
|---|---|
| **Römisch-katholische Kirche**<br>Bei Kardinälen werden akademische Grade nicht genannt. | |
| Seiner Heiligkeit<br>Papst Franziskus | Euer/Eure Heiligkeit,<br>Heiliger Vater, |
| Seiner Eminenz<br>dem Hochwürdigsten Herrn<br>Jost Kardinal Leis | Euer/Eure Eminenz,<br>Sehr geehrter Herr Kardinal, |
| Seiner Exzellenz<br>dem Hochwürdigsten Herrn<br>Erzbischof (Bischof, Weih-<br>bischof) von …<br>Peter Roman | Euer/Eure Eminenz, |
| Seiner Gnaden<br>dem Hochwürdigsten Herrn<br>Prälaten<br>Friedhelm Fehr | Euer/Eure Gnaden,<br>Sehr geehrter Herr Prälat, |
| H. H. *(Abk. für Hochwürden Herr)*<br>Dekan<br>Ignaz Rohr | Euer/Eure Hochwürden,<br>Sehr geehrter Herr Dekan, |
| Sr. Gnaden<br>dem Hochwürdigen Abt<br>von …<br>Josef Neff | Euer/Eure Gnaden,<br>Sehr geehrter Herr Abt, |
| Wohlehrwürdige<br>Frau Äbtissin<br>(Name des Klosters) | Wohlehrwürdige Frau Äbtissin,<br>Sehr geehrte Frau Äbtissin, |

| **Evangelische Kirche** | |
|---|---|
| Frau Bischöfin<br>Henriette Hoch | Sehr geehrte Frau Bischöfin, |
| Herrn Kirchenpräsidenten<br>Karl Oberhauser | Sehr geehrter Herr Kirchenpräsident, |
| Herrn Pfarrer<br>Simon Deike | Sehr geehrter Herr Pfarrer,<br>Sehr geehrter Herr Deike, |
| Frau Vikarin<br>Lena Reiterer | Sehr geehrte Frau Vikarin,<br>Sehr geehrte Frau Reiterer, |

## PATEIFUNKTIONÄR/-INNEN

| ANSCHRIFT | MÖGLICHE ANREDEN |
|---|---|
| Parteifunktionär/-innen hohen Ranges werden mit ihrer Funktionsbezeichnung angesprochen. | |
| Ortsverein der …<br>*(Name der Partei)* | Sehr geehrte Damen und Herren, |
| Vorsitzende der …<br>*(Name der Partei)*<br>Frau Petra Müller<br><br>Frau<br>Petra Müller<br>Vorsitzende des Landesverbandes der … | Sehr geehrter Frau Müller,<br>Sehr geehrte Frau Vorsitzende, |
| Generalsekretär der …<br>*(Name der Partei)*<br>Herrn Jörg Sorge<br><br>Herrn<br>Jörg Sorge<br>Generalsekretär der …<br>*(Name der Partei)* | Sehr geehrter Herr Generalsekretär, |

### 1.2.2.6 Brieftext

Gute und passende Formulierungen in der Geschäftskorrespondenz sind das eine, stimmiges Aussehen ist das andere. Für ein professionelles Erscheinungsbild reicht es, einige Gestaltungsregeln zu beachten.

Normgerechte Brieftexte

**Schriften**

Schmuck- und Schreibschriften sind für die Geschäftskorrespondenz nicht geeignet. Sie können aber beispielsweise für private Einladungen durchaus passend wirken. Sie können für Briefe Schriften mit Serifen (das sind die »Füßchen«, kleine Verstärkungen an den Enden der einzelnen Buchstabenstriche), zum Beispiel die »Times New Roman«, wählen. Da die meisten Briefe elektronisch erstellt und zunehmend auch am Bildschirm gelesen werden, sollten Sie aber wegen der besseren Lesbarkeit serifenlose Schriften, zum Beispiel »Arial« oder »Calibri«, verwenden.

**Schriftgröße**

Die Schriftgröße in Briefen sollte 10 bis 12 Punkt betragen.

**Zeilenabstand**

Der Brieftext wird in der Regel im Zeilenabstand 1 geschrieben. Der Zeilenabstand kann erhöht werden (z. B. 1,5) wenn es sich um kurze Briefe handelt. Ein größerer Zeilenabstand sollte etwa 130 % betragen. Das heißt, bei 11 Punkt Schriftgröße wäre ein Zeilenabstand von 14 Punkt geeignet. Falls die Briefinhalte mehr Platz erfordern, ist der Brieftext auf zwei oder mehrere Seiten aufzuteilen. Dabei ist darauf zu achten, dass auf der letzten Seite mindestens ein kompletter Absatz steht – geringstenfalls jedoch zwei Zeilen.

**Sinnabsätze**

Ein übersichtlicher Brieftext ist in Sinnabsätze gegliedert. Nach DIN 5008 steht zwischen zwei Absätzen immer eine Leerzeile:

**Beispiel:**

•

Brieftext Brieftext Brieftext Brieftext Brieftext Brieftext Brieftext Brieftext Brieftext Brieftext Brieftext Brieftext Brieftext Brieftext Brieftext Brieftext Brieftext Brieftext Brieftext Brieftext Brieftext Brieftext Brieftext Brieftext

•

Brieftext Brieftext Brieftext Brieftext Brieftext Brieftext Brieftext Brieftext Brieftext Brieftext Brieftext Brieftext Brieftext Brieftext Brieftext Brieftext Brieftext Brieftext Brieftext Brieftext

•

### Seitennummerierung

Im Brief beginnt die Seitennummerierung auf der zweiten Seite, sie steht mittig am oberen Rand (bei Blankoseiten auf der fünften Zeile, bei Seiten mit Briefkopf mindestens mit einer Leerzeile darunter), vor und nach der Seitenzahl steht ein Gedankenstrich.

– 2 –

Dass eine weitere Seite folgt, soll – mit einer Leerzeile Abstand vom Text – mit drei Punkten am rechten unteren Seitenrand signalisiert werden:

•

...

•

Alternativ kann auch die automatische Funktion des Textverarbeitungsprogramms verwendet werden, die die einzelne Seitenzahl und die Gesamtseitenzahl angibt. Dann allerdings beginnt die Nummerierung bereits auf der ersten Seite und sie steht am unteren Seitenrand, meist rechts und mindestens durch ein Leerzeichen vom Text sowie vom Feld für Geschäftsangaben getrennt.

- 
- Seite 2 von 3
- 

**Hervorhebungen**
Wichtige Textteile im Brief können durch Zeichen- oder Absatzformatierung hervorgehoben werden.

- Hervorhebung »Einrückung«
- Hervorhebung »Zentrierung«
- Hervorhebung »Zeichen- und Zeichengruppen«

**Flattersatz oder Blocksatz**
Kurze Briefe sollten im Flattersatz geschrieben werden: Durch die Worttrennung haben alle Wortzwischenräume den gleichen Abstand und es entsteht am rechten Rand ein »Flattersatz«. Der Text sollte tatsächlich »flattern«, das heißt, nur längere Wörter sollten getrennt werden. Wählen Sie hingegen zum Randausgleich die Funktion »Blocksatz«, können unschöne größere Löcher im Text entstehen. Deshalb ist vor der Anwendung von Blocksatz unbedingt die Worttrennung durchzuführen.

Mehr als zwei Worttrennungen in Folge am rechten Rand sind unschön, mehr als drei sollten vermieden werden.

### 1.2.2.7 Briefschluss

Der Briefschluss folgt der letzten Zeile des Brieftextes mit einer Leerzeile und beginnt mit der Grußformel.

**Grußformel**
Die Standard-Grußformel »Mit freundlichen Grüßen« wird zunehmend durch weniger förmliche Varianten ersetzt.

- Freundliche Grüße
- Freundliche Grüße nach Berlin
- Freundliche Grüße in das schöne Allgäu
- Beste Grüße
- Herzliche Grüße

- Schöne Grüße
- Liebe Grüße
- Herzlichst
- Ich grüße Sie und wünsche Ihnen ein schönes Wochenende
- Ich grüße Sie und wünsche Ihnen eine erfolgreiche Woche

**Einfacher Briefschluss**

| BRIEFSCHLUSS | ERLÄUTERUNG |
|---|---|
| •<br>Mit freundlichen Grüßen<br>•<br>Motorenwerke<br>Hoffmann & Immenhofen GmbH<br>•<br>•<br>•<br>Reinhard Hoffmann | Der Briefschluss beginnt mit der Grußformel ohne Satzzeichen (z. B. Komma, Punkt, Ausrufezeichen). Danach folgt in der Regel die Bezeichnung des Unternehmens oder Behörde. Der folgende Abstand von drei Leerzeilen zur maschinenschriftlichen Wiederholung der Unterschrift richtet sich nach der Größe der handschriftlichen Unterschrift. Längere Firmennamen können auf zwei Zeilen aufgeteilt werden. |

**Zusätze (i. A., i. V., ppa. )**

Die Zusätze i. A., i. V. und ppa. geben Auskunft darüber, wie weit die Vollmachten der unterzeichnenden Person reichen. Geschäfte, die den Umfang der Vollmacht einer Person überschreiten, sind im Außenverhältnis, das heißt Dritten gegenüber, grundsätzlich rechtlich bindend. Niemand kann also später ein Geschäft rückgängig machen, indem er darauf hinweist, er selbst oder sein Mitarbeiter habe seine Kompetenzen überschritten. Mitarbeiter/-innen, die über ihre Vollmacht hinaus handelten, können vom Arbeitgeber aber grundsätzlich zum Schadenersatz herangezogen werden.

Der Zusatz **i. A. (im Auftrag)** kennzeichnet eine Einzelvollmacht und gilt für einmalige Handlungen. Sie muss nicht schriftlich erteilt werden.

Der Zusatz **i. V. (in Vertretung)** kennzeichnet eine Art Vollmacht und gilt bis auf Widerruf für den Abschluss von Geschäften und muss durch den Zusatz »i. V.« gekennzeichnet werden.

Der Zusatz **ppa. (per procura)** ist eine schriftlich erteilte Handlungsvollmacht, die ins Handelsregister eingetragen werden muss. Die Abkürzung »ppa.« steht vor dem Namen. Auf den Zusatz kann verzichtet werden, wenn der Brief keinen Inhalt mit rechtlichen Konsequenzen haben kann. Das gilt bei besonderen Schreiben wie z. B. zum Geburtstag, zur Hochzeit oder bei Weihnachts- und Neujahrsgrüßen.

Der Zusatz »nach Diktat verreist« gilt heute als unüblich, wenn nicht gar als unhöflich. Mit dem Zusatz »f. d. R.« (für die Richtigkeit), der keinerlei Vollmacht beinhaltet, versichert die Unterzeichnende / der Unterzeichnende, den Brieftext exakt so wiederzugeben, wie ihn die/der Schreibende verfasst hat. Auch dieser Zusatz ist eher unüblich, vielen Empfänger/-innen sogar unbekannt.

| BRIEFSCHLUSS | ERLÄUTERUNG |
|---|---|
| •<br>Freundliche Grüße nach Berlin<br>•<br>PINTA<br>Druckerei und Verlagshaus KG<br>•<br>i. A.<br>•<br>Manfred Schulze | Die Zusätze i. A., i. V. und ppa. können entweder vor der handschriftlichen Unterschrift oder vor der maschinenschriftlichen Wiedergabe des Namens stehen. |
| •<br>Freundliche Grüße nach Berlin<br>•<br>PINTA<br>Druckerei und Verlagshaus KG<br>•<br>i. A. Manfred Schulze<br>•<br>Manfred Schulze | Die Zusätze i. A., i. V. und ppa. können entweder maschinenschriftlich oder handschriftlich geschrieben werden. |

| BRIEFSCHLUSS | ERLÄUTERUNG |
|---|---|
| •<br>Freundliche Grüße<br>•<br>Sicherheits-Service-Agentur GmbH<br>•<br>•<br>•<br>ppa. Mia May        i. V. Tom Kahn | Wenn ein Brief von mehreren Personen unterschrieben wird, unterschreibt der Ranghöchste oder, bei gleichem Rang, die/der Hauptverantwortliche links und die weitere Person rechts. |
| •<br>Freundliche Grüße<br>•<br>Event-Agentur Reichert<br>*für Jasmin Reichert, Geschäftsführerin*<br>•<br>Karin Baum<br>•<br>Karin Baum<br>Sekretariat | Kann der Absender nicht selbst unterschreiben, ist es möglich, dass die beauftragte Person mit dem Zusatz »für« unterschreibt. Er beinhaltet keinerlei Vollmacht. Die unterzeichnende Person versichert lediglich, den Brieftext exakt so wiederzugeben, wie ihn der/die Urheber/-in formuliert hat.<br><br>Der Zusatz »***Dieses Schreiben wurde maschinell erstellt und ist auch ohne Unterschrift gültig***« ist eine weitere Möglichkeit, die überwiegend im elektronischen Schriftverkehr genutzt wird. |

## Anlagenvermerk

Der Anlagenvermerk folgt der maschinenschriftlichen Wiederholung der Unterschrift mit einer Leerzeile oder nach der Grußformel mit mindestens drei Leerzeilen Abstand. Das Wort »Anlage(n)« darf durch Fettschrift hervorgehoben werden.

Sind die Anlagen im Brieftext genannt, kann auf die Auflistung der Anlagen verzichtet werden.

| • | • |
|---|---|
| Freundliche Grüße nach Berlin | Freundliche Grüße |
| • | • |
| PINTA<br>Druckerei und Verlagshaus KG | SONNENBURG GmbH<br>Tagungshotel |
| • | • |
| i. A. Manfred Schulze | i. V. Katharina Rosenberg |
| • | • |
| Manfred Schulze | Katharina Rosenberg |
| • | • |
| **Anlagen**<br>1 Probedruck<br>1 Kostenvoranschlag | **Anlage(n)** |

Der Anlagevermerk kann bei 125 mm von linken der Blattkante – auf Höhe der Grußformel – geschrieben werden.

| Beste Grüße nach Stuttgart | **Anlage** |
|---|---|
| • | 1 Handout |
| STEFFAN-CONSULTING | |
| • | |
| • | |
| • | |
| Peter Steffan | |

**Hinweis auf Anlagen im Brieftext**
Die Formulierung »… in der/als Anlage senden wir Ihnen …« gilt als Floskel und sollte im Brieftext vermieden werden.

### Alternative Formulierungen:

- Sie erhalten heute …
- Wir haben Ihnen die Kostenaufstellung erstellt und mitgeschickt.
- Wie gewünscht erhalten Sie …
- Wie besprochen sende ich Ihnen …

**Verteilvermerk**

Erhält eine weitere Person oder mehrere Personen eine Kopie des Schriftstücks, ist dies im Verteilvermerk zu berücksichtigen. Das Wort »Verteiler« darf durch Fettschrift hervorgehoben werden. Der Verteilvermerk folgt dem Anlagenvermerk nach einer Leerzeile. Bei Platzmangel darf die Leerzeile entfallen. Der Verteilvermerk kann auch bei 125 mm von der linken Blattkante begonnen werden.

---

Beste Grüße nach Stuttgart<br>
•<br>
STEFFAN-CONSULTING<br>
•<br>
•<br>
•<br>
Peter Steffan

**Anlage**<br>
1 Handout<br>
•<br>
**Verteiler**<br>
Kim Sommer<br>
Lars Rehm

---

### 1.2.2.8 Pflicht- und Geschäftsangaben

**Pflichtangaben**

Auch wenn jede Unternehmensrechtsform eigenen Anforderungen gerecht zu werden hat – die einzuhalten zwingend vorgeschrieben ist –, so gilt grundsätzlich für alle, dass aus der Korrespondenz der Absender eindeutig hervorzugehen hat, das heißt Firmenname samt Rechtsform, Anschrift des Firmensitzes, gegebenenfalls Handelsregisternummer und das zuständige Registergericht sowie der Name des oder der Verantwortlichen, zum Beispiel des Freiberuflers / der Freiberuflerin oder der Kleingewerbetreibenden, der Geschäftsführer/-innen, Vorstandsmitglieder oder Aufsichtsratsvorsitzenden.

Diese Angaben sollen Geschäftspartnern die Möglichkeit geben, sich schon beim Beginn der Geschäftsbeziehung über die wesentlichen Verhältnisse eines Unternehmens zu informieren. Insbesondere beim ersten Kontakt sind sie unerlässlich. Verstöße gegen die Angabepflicht können zu empfindlichen Strafen führen.

Als Geschäftskorrespondenz gelten alle schriftlichen Mitteilungen – unabhängig davon, ob sie per traditioneller Post, per Fax,

E-Mail oder sonstigen Medien übermittelt werden –, die an einen oder mehrere Empfänger gerichtet sind, z. B.

- Angebote und Kostenvoranschläge,
- Auftrags- und Anfragebestätigungen,
- Quittungen,
- Rechnungen,
- Bestellformulare.

In der Kommunikation innerhalb eines Unternehmens und seiner Filialen oder Niederlassungen, auf Liefer- und Empfangsscheinen oder Abholbenachrichtigungen sowie in Werbeschriften, Postwurfsendungen und Anzeigen können die Pflichtangaben entfallen. Unproblematisch ist es auch, wenn in einer bestehenden Geschäftsbeziehung, in der die Pflichtangaben bereits hinreichend ausgetauscht wurden, einzelne Nachrichten formlos übermittelt werden.

Eine Besonderheit sind die Pflichtangaben auf Rechnungen; hier gelten weitere Vorschriften.

Zu den Pflichtangaben gehören die gesellschaftsrechtlichen Angaben bei Kapitalgesellschaften. Welche Informationen auf den Briefvordruck gehören, hängt von der Rechtsform des Unternehmens ab. Für jede Rechtsform gelten andere gesetzliche Vorschriften.

Unternehmen, die ins Handelsregister eingetragen sind, müssen nach den gesetzlichen Vorschriften (z. B. §§ 37 a, 125 a, 177 a HGB) auf bestimmten Geschäftspapieren über die wesentlichen Verhältnisse des Unternehmens informieren.

### Zu den Pflichtangaben zählen:

- die genaue Firmenbezeichnung und der Firmenname nach Handelsregistereintragung
- die Bezeichnung der Rechtsform ( z. B. GmbH, AG)
- rechtliche Vertreter (Familienname und mindestens ein ausgeschriebener Vorname)
- Sitz der Gesellschaft (anzugeben ist der satzungsmäßige Hauptsitz)
- Registergericht des Sitzes der Gesellschaft

- Registernummer
- nach steuerrechtlichen Vorgaben auch Steuernummer (Abk.: Steuer-Nr.) und Umsatzsteuer-Identifikationsnummer (Abk.: USt-IdNr.)

### Steuernummer

Steuernummern werden für Privatpersonen oder Firmen vom zuständigen Finanzamt vergeben. Die Steuernummern werden wie vorgegeben geschrieben (mit oder ohne Schrägstrich).

**Beispiel:**
Steuer-Nr. 38/496/2009

### Umsatzsteuer-Identifikationsnummer

Insbesondere für grenzüberschreitende Geschäfte innerhalb der Europäischen Union wurde die Umsatzsteuer-Identifikationsnummer eingeführt, die das Bundeszentralamt für Steuern (BZSt) mit Sitz in Bonn erteilt (und bei Zweifeln an der Gültigkeit auch überprüft). Länge und Aufbau sind je nach Land unterschiedlich; nach den beiden Buchstaben des Länderkürzels folgen maximal zwölf weitere Zeichen (Buchstaben oder Ziffern), die nicht gegliedert werden.

**Beispiele:**
USt-IdNr. DE 874028843
USt-IdNr. AT 113256043

### Handelsregisternummer

Die Handelsregisternummern (HR) – Abteilung A (HRA) für Einzelkaufleute und Personenhandelsgesellschaften (z. B. offene Handelsgesellschaft, Abkürzung OHG) und Abteilung B (HRB) für Kapitalgesellschaften (z. B. GmbH oder AG) – gehören bei bestimmten Unternehmensrechtsformen zu den Pflichtangaben in der Geschäftskorrespondenz. Sie werden vom zuständigen Registergericht vergeben und haben keine vorgegebene Ziffernzahl. Die Kürzel HRA und HRB werden mit einem Leerzeichen von der Registernummer getrennt.

**Beispiele:**
Amtsgericht Lüdenscheid HRB 6687
Amtsgericht Kiel HRA 25665

## Geschäftsangaben

Geschäftsangaben sind Informationen über

- die Geschäftsräume,
- Angaben zu Sprech- und Geschäftszeiten,
- Kontoverbindungen und
- Kommunikationsmittel des Unternehmens.

Sie stehen in der Regel in der Fußzeile der Vorlage.

Zertifizierte Unternehmen können einen Hinweis zur Zertifizierung im Kopf oder Fuß der Briefvorlage vornehmen. Es muss klar zu erkennen sein, worauf sich die Zertifizierung bezieht.

**Beispiel für die Pflicht- und Geschäftsangaben:**

Büro-Design Keller GmbH
Rotebühlstraße 128
70184 Stuttgart

Telefon: +49 711 123-0
Telefax: +49 711 123-15
E-Mail: info@bd-keller.de
Internet: www.bd-keller.de

Geschäftsführer:
Kerstin Keller
Leonhard Keller

Sitz: Stuttgart
USt-IdNr. DE 39488677
Amtsgericht Stuttgart
HRB 1949

Bankverbindung: Baden-Württembergische Bank Stuttgart – IBAN DE54 6002 0030 9858 5894 00 – BIC SOLADEST601

*Wir sind zertifiziert … Unser Umweltmanagement nach DIN ISO 14001:2015 sowie unser Handel mit Büromöbel nach DIN ISO 9001:2015*

*Die Pflichtangaben sind in blauer Schrift gekennzeichnet.*

### 1.2.2.9 Werbliche Elemente

Werbliche Elemente wie »PS« oder »Übrigens« sollten mit mindestens einer Leerzeile am Ende des Briefes – vor den Pflicht- und Geschäftsangaben – geschrieben werden. Die Leitwörter dürfen durch Fettschrift hervorgehoben werden. Danach folgt ein Doppelpunkt, der ebenfalls in Fettschrift formatiert wird.

Die Abkürzung PS steht für »Postskriptum« (lateinisch = nachträglich Geschriebenes). Es wird heute nur noch als Stilmittel eingesetzt, z. B. für persönliche Grüße an einen Dritten oder als werbliches Element.

**Beispiel:**

| | |
|---|---|
| Beste Grüße nach Stuttgart | **Anlage** |
| • | 1 Handout |
| STEFFAN-CONSULTING | |
| • | |
| • | |
| • | |
| Peter Steffan | |
| • | |

**PS:** Besuchen Sie uns auf der PSI in Düsseldorf vom 26.10.20.. bis 28.10.20... Wir freuen uns auf Sie!

QR-Code generieren und platzieren

**QR-Code**

Zur schnellen Digitalisierung der Kommunikationsdaten kann in die Fußzeile ein entsprechender QR-Code (siehe Kapitel 1.1.4 QR-Code) aufgenommen werden.

**Beispiel:**

| | | | |
|---|---|---|---|
| Büro-Design Keller GmbH | Telefon: +49 711 123-0 | Geschäftsführer: | Sitz: Stuttgart |
| Rotebühlstraße 128 | Telefax: +49 711 123-15 | Kerstin Keller | USt-IdNr. DE 39488677 |
| 70184 Stuttgart | E-Mail: info@bd-keller.de | Leonhard Keller | Amtsgericht Stuttgart |
| | Internet: www.bd-keller.de | | HRB 1949 |

Bankverbindung: Baden-Württembergische Bank Stuttgart – IBAN DE54 6002 0030 9858 5894 00 – BIC SOLADEST601

*Wir sind zertifiziert … Unser Umweltmanagement nach DIN ISO 14001:2015 sowie unser Handel mit Büromöbel nach DIN ISO 9001:2015*

Der Messetermin in der PS-Nachricht kann zusätzlich als QR-Code in den Briefschluss – zur schnellen Übernahme in den digitalen Terminkalender – aufgenommen werden. Der QR-Code ist auf 125 mm zu positionieren.

**Beispiel:**

| | |
|---|---|
| Beste Grüße nach Stuttgart | **Anlage** |
| • | 1 Handout |
| STEFFAN-CONSULTING | |
| • | |
| • | |
| • | |
| Peter Steffan | |
| • | |

**PS:** Besuchen Sie uns auf der PSI in Düsseldorf vom 26.10.20.. bis 28.10.20... Wir freuen uns auf Sie!

## 1.3 E-Mails – Aufbau nach DIN 5008

Normgerechter Aufbau einer E-Mail

Für die Gestaltung von geschäftlichen E-Mails gelten die Schreib- und Gestaltungsregeln für die Text- und Informationsverarbeitung (DIN 5008). Durch diese Regelungen wird erreicht, dass der Nachrichtentext gut lesbar ankommt. Weiterhin ist bei der Übermittlung auf die technischen Gegebenheiten der Empfängerin / des Empfängers Rücksicht zu nehmen – insbesondere beim Nachrichtenformat, bei der Codierung, bei der Verschlüsselung, bei den verwendeten Schriften und Dateiformaten der Anlagen.

## Aufbau einer E-Mail

| | |
|---|---|
| **An ...** | susanne.eisenbeiss@mueller-gmbh.com; pia.schoener@mueller-gmbh.c |
| **Cc ...** | |
| **Bcc ...** | |
| **Betreff:** | Ihr Angebot vom 25. Juli 20.. |

Ihr Zeichen: ei-sm
Ihre Nachricht vom: 20..-07-30

Sehr geehrte Frau Eisenbeiss,

vielen Dank für Ihr Angebot über die Lieferung von 150 Kühlschränken.

Ein Angebotsvergleich zeigte, dass ein anderer Anbieter die Artikel bei gleicher Qualität deutlich günstiger anbietet.

Da wir seit Langem erfolgreich und vertrauensvoll zusammenarbeiten, geben wir Ihnen die Gelegenheit, Ihr Angebot neu zu kalkulieren. Die Kühlschränke werden stark nachgefragt. Deshalb erhöhen wir unsere Anfrage auf 200 Geräte.

Der Liefertermin ist die 41. Kalenderwoche. Die Lieferung erfolgt frei Haus.

Bitte senden Sie uns das Angebot bis zum 25. August 20..

Wir freuen uns auf Ihr Angebot und auf eine weiterhin gute Zusammenarbeit. ☺

Es grüßt Sie freundlich

Elektrogeräte Maier KG

Peter Müller
Geschäftsführer

E-Mail: peter.mueller@elektro-maier-kg.com
De-Mail: peter.mueller@elektro-maier-kg.de-mail.de
Internet: www.elektro-maier-kg.com
Telefon: 0711 123-456
Telefax: 0711 123-786

Postanschrift: Postfach 25 12 13, 70178 Stuttgart
Hausanschrift: Heilbronner Straße 118, 70173 Stuttgart
Gesellschafter: Peter Müller und Iris Keller
Handelsregister HRB 11394 beim Amtsgericht Stuttgart

*Der Inhalt dieser E-Mail (einschließlich etwaiger beigefügter Dateien) ist vertraulich und nur für den Empfänger bestimmt. Sollten Sie nicht der bestimmungsgemäße Empfänger sein, informieren Sie bitte unverzüglich den Absender und löschen Sie die E-Mail (einschließlich etwaiger Dateien) von Ihrem System. Vielen Dank!*

*The contents of this e-mail (including any attachments) are confidential and may be legally privileged, if you are not the intended recipient of this e-mail, please notify the sender immediately and the delete it (including any attachments) from your system. Thank you!*

Stopp! Du rettest einen Baum, wenn Du diese Mail nicht ausdruckst

| | |
|---|---|
| Anhang: | |

gleichberechtigte Empfänger

stichwortartige Inhaltsangabe

Bezugszeichen und -angaben (optional)

Anrede

Fließtext ohne Worttrennungen

Absatzgestaltung durch eine Leerzeile

**Signatur**
- Gruß
- Kommunikations- und Unternehmensangaben
- gesetzlich vorgeschriebene Angaben nach HGB, GmbHG bzw. AktG

Vertraulichkeits-, Druck- und Werbehinweise

**Emoji – nicht bei Erstkontakten**
Der Einsatz setzt voraus, dass sich die Kommunikationspartner gut kennen.

**Nachrichten in einer E-Mail an mehrere Empfänger:**
@ Herr Maier: Danke ...
@ Frau Roth: Senden Sie ...
@ Alle anderen: Bitte beachten Sie ...

Verschlüsselte Übertragung mit einer qualifizierten elektronischen Signatur verhindert unberechtigtes Lesen

## 1.3.1 Feld »An« – E-Mail-Adresse

Für den geschäftlichen Bereich ist eine seriös wirkende und eindeutige E-Mail-Adresse erforderlich. Der Aufbau der E-Mail-Adresse richtet sich nach den Vorgaben des jeweiligen Anbieters und des Unternehmens. Die E-Mail-Adresse ist in der Regel nach dem Muster vorname.nachname@unternehmen.com oder empfängerbezeichnung@anbieter.de gegliedert.

Bei der Nutzung von akkreditierten Diensteanbietern (siehe Kapitel 1.1.5 Briefe und E-Mails sicher versenden) wird die E-Mail-Adresse durch einen Namenszusatz des Anbieters (z. B. De-Mail = … .de-mail. …) ergänzt.

Einzelunternehmen ist zu empfehlen, eine eigene E-Mail-Domain nach dem Muster vorname@nachname.de oder empfängerbezeichnung@eigene-domain.de zu wählen. Damit sind ein professioneller Auftritt nach außen und ein höherer Sicherheitsstandard gewährleistet.

Beispiele für:

| E-MAIL-ADRESSEN | DE-MAIL-ADRESSEN |
|---|---|
| service@elektroshop.com | beratung@office-management.com |
| info@office-management.eu | antonia.klein@<br>office-management.de-mail.de |
| kai.sommer@<br>office-management.de | kai.sommer@<br>office-management.de-mail.de |

Eine E-Mail kann an eine oder mehrere Personen gerichtet sein. Stehen die Adressat/-innen im »An«-Feld, dann sind sie gleichberechtigt. Die Reihenfolge der E-Mail-Adressen richtet sich nach der Hierarchie, den Verantwortlichkeiten oder bei flachen Hierarchien nach dem Alphabet. In der Regel wird von allen Empfänger/-innen eine Handlung erwartet.

Mehrere Empfänger/-innen lassen sich in eine Verteilergruppe zusammenfassen. Diese können Sie selbst in einem E-Mail-Programm anlegen oder Sie nutzen bereits zentral erstellte Listen. Bei der Nutzung von Verteilerlisten ist darauf zu achten, dass auch wirklich die richtige Liste genutzt wird, die genutzte Liste aktuell ist und alle in der Liste aufgeführten Personen wirklich diese E-Mail erhalten sollen. Bei kollektiven Anreden kann es dazu kommen, dass sich niemand zuständig fühlt.

### 1.3.2 Felder »Cc« und »Bcc«

Das »Cc« steht für carbon copy (engl. für »Kohledurchschlag«), sinngemäß einfach für »Kopie«. Empfänger, die im Cc-Feld stehen, erhalten die E-Mail zur Information.

Die Empfänger/-innen, deren Adressen in dieses Feld eingetragen sind, sind für alle anderen Empfänger/-innen sichtbar; sie werden über einen Sachverhalt informiert, ohne dass von ihnen selbst eine Handlung erwartet wird. Es ist darauf zu achten, dass die genannten Personen im E-Mail-Text keine Arbeitsaufträge erhalten. Im geschlossenen Kreis Ihres Unternehmens, Ihrer Behörde oder Ihres Teams kann die Funktion verwendet werden.

Datenschutzrechtlich ist es unzulässig, die Cc-Funktion für mehrere Empfänger/-innen eines offenen Kreises zu verwenden, wie beispielweise für Werbemails, Newsletter oder Pressemitteilungen. Dabei spielt es keine Rolle, ob Sie privat oder geschäftlich kommunizieren. Sie geben damit persönliche Daten weiter, was nach der DSGVO nur innerhalb sehr enger Grenzen zulässig ist und gegen das Grundrecht auf informationelle Selbstbestimmung verstoßen kann. Sinnvoller ist es, die Bcc-Funktion zu verwenden.

Das »Bcc« steht für blind carbon copy (engl. für »Blinddurchschlag«), also Blindkopie. Die Adressen derjenigen Empfänger, die in der Bcc-Zeile aufgenommen wurden, bleiben für alle anderen Empfänger/-innen unsichtbar. In der normalen Geschäftskorrespondenz wird diese Funktion eher selten verwendet.

Es gehört zum guten Ton, dass Sie den Absender einer E-Mail, die Sie weiterleiten, darüber informieren, an wen die E-Mail weitergeleitet wurde.

### 1.3.3 Betreff

In der geschäftlichen E-Mail-Korrespondenz ist der Betreff von zentraler Bedeutung und muss im E-Mail-Kopf immer angegeben werden. Das erste Wort der Betreffangabe wird großgeschrieben, ein Satzschlusspunkt wird nach dem Betreff nicht gesetzt.

Formulieren Sie den Betreff mit wenigen aussagekräftigen Stichpunkten kurz und prägnant. Anhand der Stichpunkte kann der Empfänger die Nachricht einem Thema zuordnen. Vorangestellte intern geregelte Bearbeitungshinweise (z. B. To-do, Info, Aufgabe, Projekt, Name des Unternehmens) erleichtern innerhalb eines geschlossenen Kreises von Empfänger/-innen die Zuordnung und Bearbeitung der eingehenden E-Mails.

Bei Kontakten ins Ausland sollten Sie auf sprachliche Besonderheiten wie Akzente, Umlaute und ß verzichten.

**Beispiele:**

| **Betreff:** | **Info:** Die neue Werbekampagne ist fertig |
|---|---|

| **Betreff:** | **Mayer & Co.:** Bitte ein neues Angebot erstellen |
|---|---|

| **Betreff:** | **Aufgabe:** Die Werbekampagne für das Produkt |
|---|---|

Antworten Sie auf eine E-Mail per Antwortfunktion, dann steht in der neuen E-Mail der alte Betreff mit vorangestelltem »Re.« (»Zurück«) oder »AW:« (»Antwort«). So kann der Empfänger sofort erkennen, dass die E-Mail Teil eines bereits begonnenen Dialogs ist. Aktualisieren Sie den Betreff entsprechend Ihrer Nachricht, damit auch später noch eine E-Mail inhaltlich zugeordnet werden kann.

**Beispiel:**

| DIALOG OHNE AKTUALISIERUNG | DIALOG MIT AKTUALISIERUNG |
|---|---|
| 1. Anfrage Vertriebstraining | 1. Anfrage – Vertriebstraining |
| 2. Re: Anfrage Vertriebstraining | 2. Angebot – Vertriebstraining |
| 3. Re: Re: Anfrage Vertriebstraining | 3. Auftragsbestätigung – Vertriebstraining – 5. September 2020 |
| 4. Re: Re: Re: Anfrage Vertriebstraining | 4. Hotelreservierung – Vertriebstraining – 5. September 2020 |

### 1.3.4 E-Mail-Anhänge

Mit einer E-Mail können ein oder mehrere Anhänge verschickt werden. Bevor Sie E-Mail-Anhänge hochladen, sollten Sie Folgendes beachten:

- Wie groß ist die angehängte Datei?
- Kann das Datei-Format vom Empfänger / von der Empfängerin gelesen und weiterverarbeitet werden?
- Hat der Empfänger / die Empfängerin das notwendige Programm in der richtigen Version, um die Datei öffnen zu können?
- Enthält die Datei Makros oder andere ausführbare Programme, die eventuell geblockt werden?
- Handelt es sich um vertrauliche Anhänge?
- Hat der Empfänger / die Empfängerin Zugriff auf einen gemeinsamen Speicherort, sodass es ausreicht, einen Link zu verschicken?

### 1.3.5 Bezugszeichen und -angaben

Da die geschäftliche Korrespondenz hauptsächlich elektronisch durchgeführt wird, ist es zum schnelleren Verständnis sinnvoll, Bezugszeichen und -angaben – analog zum Geschäftsbrief – aufzunehmen. Die individuell benötigten Angaben (Ihr Zeichen, Ihre Nachricht vom, Unser Zeichen, Unsere Nachricht vom) stehen am Anfang einer E-Mail und sind durch zwei Leerzeilen von der Anrede abzusetzen. Nicht benötigte Leitwörter entfallen.

<table>
<tr><td>Betreff:</td><td>Fertigstellung des Geschäftsberichts der ITTW-Gruppe</td></tr>
<tr><td colspan="2">Ihr Zeichen: er-iw<br>Ihre Nachricht vom: 20..-02-09<br>Unser Zeichen: fr-ko<br>Unsere Nachricht vom: 20..-02-05<br>•<br>•<br>Sehr geehrte …,<br>•</td></tr>
</table>

### 1.3.6 Anrede

Die Anrede ist ein fester Bestandteil einer geschäftlichen E-Mail. Sie beginnt an der Fluchtlinie und wird durch eine Leerzeile vom folgenden Text getrennt. Es gelten die Regeln zur Anrede im Geschäftsbrief (siehe Kapitel 1.2.2.5 Anrede).

### 1.3.7 Layout und Text

Die E-Mail ist ein gleichwertiger Ersatz des Geschäftsbriefes und sollte dem Corporate Design des Unternehmens angepasst werden. Dies betrifft vor allem die Schriftart, -größe und -farbe, die in den Einstellungen des genutzten E-Mail-Programmes für alle Nutzer/-innen eines Unternehmens einheitlich vorgenommen werden können.

Der Text ist in einem einzeiligen Abstand als Fließtext zu schreiben, d. h. ohne einen gewollten Zeilenumbruch und ohne Worttrennungen. Der Zeilenumbruch wird durch die Software des Empfängers gesteuert und der entsprechenden Fenstergröße angepasst. Dabei könnte es zu störenden Umbrüchen kommen, die die Lesbarkeit beeinträchtigen würden. Gliedern Sie den E-Mail-Text in Sinnabsätze. Gestalten Sie einen Absatz mit einer Leerzeile. Achten Sie auf die Einhaltung der Regeln zur deutschen Rechtschreibung und Zeichensetzung sowie auf die in der Branche üblichen Konventionen. Hervorhebungen im E-Mail-Text sollten Sie sparsam verwenden. Empfehlenswert ist die Fettschrift. Vermeiden sollten Sie die Dauergroßschreibung, da sie als »Anschreien« interpretiert werden könnte. Setzen Sie keine Satzzeichen (z. B. Ausrufezeichen) mehrfach hintereinander.

In E-Mail-Texten darf auf die Anwendung von geschützten und bedingten Zeichen sowie die Unterscheidung von Kurz- und Langstrich verzichtet werden.

Die E-Mail ist ein kommunikationsarmes Medium. Gefühle und Befindlichkeiten müssen in stärkerem Maße in Worte gefasst werden. Um die Formulierung optisch zu unterstützen, können auch in der Geschäftskorrespondenz unter bestimmten Voraussetzungen (siehe Kapitel 1.1.3) Emoticons oder Emojis eingesetzt gesetzt werden.

Weitere Anleihen aus dem Netz-Jargon und Abkürzungen aus der Chat-Sprache sollten Sie im geschäftlichen Umfeld vermeiden.

Stehen mehrere Personen im »An-Feld«, denen Sie in der E-Mail-Nachricht z. B. Arbeitsaufträge erteilen, können Sie zur Vereinfachung der Ansprache im Textverlauf die Form @ **Name**: verwenden. Diese Einheit ist durch Fettschrift hervorzuheben.

**Beispiel:**

...

- @ **Frau Sommer:** Bitte senden Sie mir die o. g. Unterlagen so schnell wie möglich zu. Die Informationen werden für das nächste Arbeitspaket gebraucht.
- @ **Herr Müller:** Ihre Ausarbeitung zum Qualitätsmanagement ist druckfertig.
- @ **Frau Keller:** Wir benötigen noch eine weitere Person, die bei der Vorbereitung der Abschlussveranstaltung mithilft.
- ...

### 1.3.8 E-Mail-Abschluss

Der E-Mail-Abschluss (auch Signatur genannt) kann als elektronischer Textbaustein hinzugefügt werden oder fest in eine E-Mail-Vorlage integriert sein. Er enthält den Gruß sowie die Kommunikations- und Geschäftsangaben. Die E-Mail- und/oder Internet-Adresse muss angegeben werden. Inhalt und Reihenfolge der Kommunikationsangaben richten sich nach den betrieblichen Erfordernissen. Die gesetzlich vorgeschriebenen Angaben nach HGB, GmbHG bzw. AktG sind grundsätzlich in den Abschluss aufzunehmen.

Innerbetrieblich könnten die Angaben auf die Kommunikationsangaben beschränkt werden. Dies würde aber bedeuten, dass bei jeder nach außen versandten E-Mail erneut der entsprechende Textbaustein zugesteuert werden müsste.

## Beispiele: Signaturen

| **Externe Signatur** |
|---|
| Freundliche Grüße<br>•<br>Kasten Keller GmbH<br>•<br>i. V. Susanne Müller<br>•<br>E-Mail: susanne.mueller@keller-gmbh.com<br>Internet: www.keller-gmbh.com<br>Telefon: 0711 123-456<br>Telefax: 0711 123-789<br>•<br>Postanschrift: Postfach 10 10 30, 7010 Stuttgart<br>Hausanschrift/Sitz: Industriestraße 40, 70184 Stuttgart<br>Geschäftsführer: Dr. Jens Baumann, Dr. Katharina Sorg<br>Handelsregister HRB 84793 beim Amtsgericht Stuttgart<br>•<br>*Der Inhalt dieser E-Mail (einschließlich etwaiger beigefügter Dateien) ist vertraulich und nur für den Empfänger bestimmt. Sollten Sie nicht der bestimmungsgemäße Empfänger sein, informieren Sie bitte unverzüglich den Absender und löschen Sie die E-Mail (einschließlich etwaiger beigefügter Dateien) von Ihrem System. Vielen Dank!*<br>•<br>*The content of this e-mail (including any attachment) is confidential and may be legally privileged. If you are not the intended recipient of this e-mail, please notify the sender immediately and then delete it (including any attachments) from your system. Thank you!* |

| **Interne Signatur** |
|---|
| •<br>Freundliche Grüße<br>•<br>Karsten Keller GmbH<br>•<br>i. V. Susanne Müller<br>•<br>E-Mail: susanne.mueller@keller-gmbh.com<br>Internet: www.keller-gmbh.com<br>Telefon: +49 711 123-456<br>Telefax: + 49 711 123-789 |

| **Private Signatur** |
|---|
| •<br>Freundliche Grüße nach Berlin<br>•<br>Frau Chris Solange<br>•<br>E-Mail: chris.solange@intermail.com<br>Internet: www.chris-solange.com<br>Skype: chris.solange<br>Telefon: +49 711 123-456<br>Telefax: + 49 711 123-789 |

Ist aus dem Namen nicht ersichtlich, welche Anrede in einem Antwortschreiben verwendet werden soll, kann die Signatur durch »Herr« oder »Frau« ergänzt werden.

**Beispiel:**
Frau Chris Solange
Herr Chris Solange

Die Signatur ist nicht mehr als ein einfacher Text und könnte im Zweifelsfall auch gefälscht sein. Ganz anders verhält es sich bei der »De-Mail« und einer qualifizierten elektronischen Signatur (siehe Kapitel 1.1.5 E-Mails sicher versenden). Über komplexe Authentisierungsverfahren können E-Mails den gleichen Rechtsstatus wie mit einer persönlichen Unterschrift bekommen.

## 1.4 Schreiben in Geschäftsprozessen

### 1.4.1 Anfragen

Der erste Geschäftskontakt beginnt oft mit einer Anfrage. Sie ist formfrei und kann schriftlich, mündlich, telefonisch oder elektronisch erfolgen. Um Missverständnisse zu vermeiden, empfiehlt sich eine schriftliche Anfrage. Das Schreiben sollte repräsentativ nach der Corporate Identity des Unternehmens gestaltet sein.

Anfragen werden versendet, um verschiedene Angebote zu erhalten und auf dieser Grundlage durch einen Angebotsvergleich den geeigneten Anbieter auswählen zu können. Dabei ist es nützlich, die Anfragen nach einer standardisierten Liste mit Fragen zum Produkt oder zur Leistung zu erstellen. Für den Absender ist die Anfrage stets unverbindlich.

**Tipps zur Formulierung**

- Der Betreff gibt einen wichtigen Hinweis darauf, wer im angeschriebenen Unternehmen für die Anfrage zuständig ist. Deshalb sollten Sie die genaue Bezeichnung des Produkts oder der Dienstleistung in Ihren Betreff aufnehmen.
- Die Anrede »Sehr geehrte Damen und Herren« wirkt sehr unpersönlich und sollte nur verwendet werden, wenn Sie die zuständige Person nicht ausfindig machen können.
- Schreiben Sie Ihrem möglichen Lieferanten/Dienstleister, woher Sie seine Adresse haben. Das könnte für ihn interessant sein.
- Stellen Sie kurz Ihr Unternehmen vor, damit der Adressat beim Lesen der Anfrage Ihr Unternehmen gleich einordnen kann.
- Nennen Sie den Grund Ihrer Anfrage, z. B. weil Sie durch eine stark ansteigende Nachfrage nach einem Produkt einen weiteren Lieferanten für bestimmte Produktionsteile suchen.

Im geschäftlichen Bereich wird zwischen allgemeinen und bestimmten Anfragen unterschieden.

**Allgemeine Anfrage**

Mit einer allgemeinen Anfrage verschaffen Sie sich einen ersten Überblick über die Produktpalette oder die Dienstleistungen des Anbieters. Dies sind Prospekte, Kataloge, Preislisten, Referenzen oder die Bitte um einen Vertreterbesuch.

| CHECKLISTE – ALLGEMEINE ANFRAGE | | |
|---|---|---|
| **1.** | Formulieren Sie einen konkreten Betreff. | ☐ |
| **2.** | Verwenden Sie eine personalisierte Anrede. | ☐ |
| **3.** | Beschreiben Sie, wie der Kontakt zustande kam (Informationsquelle). | ☐ |
| **4.** | Beschreiben Sie in einer kurzen Selbstdarstellung Ihr Unternehmen – vor allem bei einem Erstkontakt. | ☐ |
| **5.** | Bitten Sie um Kataloge, Prospekte und sonstiges Informationsmaterial. | ☐ |
| **6.** | Fragen Sie nach einer Preisliste, Preisstaffeln und Verkaufs- und Lieferbedingungen. | ☐ |
| **7.** | Weisen Sie auf eine erwünschte längerfristige Zusammenarbeit hin. | ☐ |
| **8.** | Bedanken Sie sich im Voraus. | ☐ |

## Beispiel: Allgemeine Anfrage

Brief **muster** GmbH

Briefmuster GmbH – Postfach 10 20 30 – 70180 Stuttgart
Papierwerk
Berg & Walther GmbH
Herrn Mirko Berg
Robert-Bosch-Straße 18
70184 Stuttgart

Ihr Zeichen:
Ihre Nachricht vom:
Unser Zeichen: es-sb
Unsere Nachricht vom:

Name: Silke Bauernfreund
Telefon: 0711 123-49
Telefax: 0711 123-50
E-Mail: silke.bauernfreund@briefmuster-gmbh.com

Datum: 20..-00-00

**Informationsmaterial zu Ihrem Unternehmen und Ihren Produkten**

Sehr geehrter Herr Berg,

Ihre umweltfreundlichen Papiere, die Sie uns auf der Messe „Paperworld" vorgestellt hatten, haben uns neugierig gemacht.

Unser Unternehmen ist eine Einzelhandelskette für Bürobedarf mit zwölf Standorten in Deutschland. Wir suchen schon seit einiger Zeit einen neuen Lieferanten für Druckpapiere und würden gern mit Ihnen ins Geschäft kommen.

> Wir benötigen eine breite Auswahl an Papieren mit Weißgraden von ISO 70 bis ISO 100. Außerdem sollten die Papiere nach DIN 6738 uneingeschränkt alterungsbeständig sein.

Ein wichtiges Entscheidungskriterium sind auch die Lieferungs- und Zahlungsbedingungen. Gewähren Sie bei einer bestimmten Auftragssumme Mengenrabatte?

Bitte senden Sie uns Ihren Katalog mit aktueller Preisliste und Muster zu.

Wir sind gespannt und freuen uns auf Ihre Unterlagen.

Freundliche Grüße

Briefmuster GmbH

*Silke Bauernfreund*

i. A. Silke Bauernfreund

Pflicht- und Geschäftsangaben

### Bestimmte Anfrage

Mit einer bestimmten Anfrage fordern Sie einen Geschäftspartner auf, über ein bestimmtes Produkt oder eine Dienstleistung ein Angebot abzugeben. Um möglichst genaue und vergleichbare Angebote zu erhalten, sollten Sie die Anfrage sorgfältig und detailliert formulieren. Auch in der Betreffzeile sollte möglichst konkret stehen, um welches Produkt es in der Anfrage geht. Das hilft bei der Unterscheidung von Spam und erleichtert dem Adressaten die Zuordnung.

| CHECKLISTE – BESTIMMTE ANFRAGE | | |
|---|---|---|
| **1.** | Spezifizieren Sie im Betreff genau, worum es geht und für welches Produkt oder für welche Dienstleistung Sie ein Angebot wünschen. Sind Sie bereits Kunde, geben Sie die Kundennummer an. | ☐ |
| **2.** | Verwenden Sie eine personalisierte Anrede. | ☐ |
| **3.** | Handelt es sich um einen Erstkontakt, stellen Sie ihr Unternehmen kurz vor. | ☐ |
| **4.** | Informieren Sie den Anbieter, wie Sie auf ihn aufmerksam wurden. | ☐ |
| **5.** | Geben Sie den Grund Ihrer Anfrage an. | ☐ |
| **6.** | Machen Sie detaillierte Angaben zur gewünschten Ware (z. B. Menge, Qualität, Farbe) oder Dienstleistung (z. B. Umfang, Termin, Qualität). | ☐ |
| **7.** | Machen Sie genaue Angaben zu gewünschten Lieferfristen und -terminen. | ☐ |
| **8.** | Fragen Sie evtl. nach Verpackungsart und -kosten. | ☐ |
| **9.** | Bitten Sie um die Nennung der Zahlungsbedingungen und fragen Sie, welche Skontokonditionen angeboten werden. | ☐ |
| **10.** | Fragen Sie nach den Stornobedingungen. | ☐ |
| **11.** | Handelt es sich bei der Anfrage zu technischen Geräten, fragen Sie nach Garantieleistungen oder nach der Wartung. | ☐ |
| **12.** | Fragen Sie nach Serviceleistungen, falls Hilfe nötig ist. | ☐ |

| CHECKLISTE – BESTIMMTE ANFRAGE | | |
|---|---|---|
| **13.** | Nennen Sie eventuell einen Termin für die Abgabe des gewünschten Angebots. | ☐ |
| **14.** | Geben Sie an, wann Sie die Ware oder Dienstleistung benötigen. | ☐ |
| **15.** | Fragen Sie, wie lange das Angebot gültig ist. | ☐ |
| **16.** | Informieren Sie den Anbieter, in welcher Form Sie das Angebot möchten ( z. B. per E-Mail oder Brief) | ☐ |
| **17.** | Geben Sie evtl. einen Hinweis auf den künftigen Bedarf. | ☐ |
| **18.** | Falls Sie den Anbieter nicht kennen, bitten Sie um Referenzen und weitere Informationen. | ☐ |
| **19.** | Bedanken Sie sich im Voraus. | ☐ |

## Beispiel: Bestimmte Anfrage

| An ... | frank.koerner@bueroland.com |
|---|---|
| Cc ... | |
| Bcc ... | |
| Betreff: | Anfrage nach Büromaterial |

Sehr geehrter Herr Körner,

Ihr Unternehmen wurde uns als zuverlässiger und preiswerter Lieferant von Büromaterial empfohlen.

Wir sind ein Unternehmen mit 80 Mitarbeiter/-innen und benötigen monatlich etwa folgende Mengen an Büroartikeln:

2000 Blatt Kopierpapier
10 Aktenordner
400 Briefumschläge

sowie in unregelmäßigen Abständen Toner für Kopierer und Drucker und Moderationsmaterial (Stifte, Kleber, Flipchart-Papier, A0-Papier für Moderationstafel).

Bitte nennen Sie uns Ihre Preise und Rabatte, die Sie uns bei einer Lieferung innerhalb von 24 Stunden, frei Haus, anbieten können.

Sie erhalten unsere Einkaufsbedingungen, die wir allen Aufträgen zugrunde legen.

Wenn Sie weitere Informationen benötigen, rufen Sie Frau Susanne Marx an. Sie erreichen sie unter der Telefonnummer 0711 123-49.

Es grüßt Sie freundlich

Seminare GmbH

i. A. Katja Bentfeld

E-Mail: katja.bentfeld@seminare-gmbh.com
Internet: www.seminare-gmbh.com
Telefon: 0711 901-134
Telefax: 0711 901-135

Postanschrift: Postfach 11 12 13, 70085 Stuttgart
Hausanschrift: Industriestraße 10 -14, 70184 Stuttgart
Gesellschafter: Dr. Annette Scherer, Dipl.-Kaufm. Jens Thomas
Handelsregister HRB 79299 beim Amtsgericht Stuttgart

| Anhang: | Einkaufbedingungen.pdf |
|---|---|

### Textbausteine für Anfragen

| | |
|---|---|
| **Einstieg:** | • Unser Geschäftspartner … hat Sie als zuverlässigen Lieferanten für … empfohlen.<br>• Unser Außendienstmitarbeiter / unsere Außendienstmitarbeiterin informierte uns über Ihr Interesse an …<br>• Ihr Web-Auftritt hat uns neugierig gemacht.<br>• Ihr Messeauftritt und die Vorträge zu Ihren Produkten haben uns beeindruckt.<br>• Ihre Bewertungen im Internet sind sehr positiv. Deshalb … |
| **Hauptteil:** | • Wir sind ein Unternehmen/Internetshop/Hersteller/Marktführer mit … Mitarbeiter/-innen und benötigen …<br>• Da wir weitere Filialen im In- und Ausland eröffnen, suchen wir …<br>• Unser Artikel … wird sehr stark nachgefragt. Deshalb suchen wir …<br>• Bitte senden Sie uns ein Angebot über … – gern auch per E-Mail – an die folgende Adresse: …<br>• Senden Sie uns bitte Ihr kostenloses und unverbindliches Angebot bis zum …<br>• Wir bitten um ein kostenloses, unverbindliches Angebot mit Angabe Ihrer Rabatte sowie Ihrer Lieferzeit …<br>• Wenn uns die Qualität und die Preise Ihrer Produkte überzeugen, werden wir auch in Zukunft gern regelmäßig mit Ihnen zusammenarbeiten. |
| **Schluss:** | • Ihre Fragen beantwortet gern Frau/Herr … unter der Telefonnummer …<br>• Vielen Dank schon jetzt für Ihre Unterlagen.<br>• Schon im Voraus herzlichen Dank für Ihr Angebot!<br>• Wir freuen uns auf Ihr Angebot.<br>• Herzlichen Dank im Voraus für Ihre Mühe.<br>• Vielen Dank im Voraus. |

## 1.4.2 Voranfragen und Antworten auf Voranfragen

**Voranfragen**

Wenn die Anfrage für den Interessenten sehr aufwendig ist oder wenn die Ausarbeitung des Angebots für den möglichen Anbieter sehr viel Arbeit macht, kann man zunächst eine Voranfrage an verschiedene Anbieter versenden. Damit wird geklärt, welche Anbieter überhaupt bereit und in der Lage sind, ein Angebot auszuarbeiten.

| CHECKLISTE – VORANFRAGE | | |
|---|---|---|
| **1.** | Ist die Empfängeranschrift/E-Mail richtig gestaltet und positioniert? | ☐ |
| **2.** | Ist das Absendedatum korrekt geschrieben (JJJJ-MM-TT)? | ☐ |
| **3.** | Wird eine personalisierte Anrede verwendet? | ☐ |
| **4.** | Wird evtl. beschrieben, wie man auf den Anbieter aufmerksam geworden ist? | ☐ |
| **5.** | Wird das eigene Unternehmen vorgestellt? | ☐ |
| **6.** | Werden die Art und der Umfang des bevorstehenden Auftrags genau beschrieben? | ☐ |
| **7.** | Wird die Art der Ware oder der Dienstleistung verständlich dargestellt? | ☐ |
| **8.** | Wird ein Terminplan, beispielsweise zur Angebotsabgabe oder zum Liefertermin, vorgeschlagen? | ☐ |
| **9.** | Wird der Anbieter gefragt, ob er zur Angebotsabgabe bereit ist? | ☐ |
| **10.** | Ist ein Termin genannt, bis zu dem die Antwort vorliegen muss? | ☐ |

Wenn Sie Ihre Anforderungen listenartig aufführen, kann der Anbieter diese bei der Beantwortung der Reihe nach durchgehen.

## Beispiel: Antwort auf Voranfrage

| | |
|---|---|
| **An ...** | kirsten.benner@pc-service.com |
| **Cc ...** | |
| **Bcc ...** | |
| **Betreff:** | Voranfrage nach 12 PCs |

Sehr geehrte Frau Benner,

von einem Geschäftspartner erhielten wir eine Empfehlung für Ihr Unternehmen. Wir beabsichtigen, in Waiblingen eine Filiale unseres Inkasso-Unternehmens einzurichten, und benötigen für die neuen Arbeitsplätze Personalcomputer.

Bitte unterbreiten Sie uns ein Angebot für 12 PCs. Unsere Erwartungen:

- Netzwerklösung für alle PCs
- Datensicherheitseinrichtung (Streamer)
- Flachbildschirme, 24 Zoll
- Laserdrucker
- Betriebssystem: Windows 10 Pro
- Textverarbeitungssoftware
- Einbindung unserer Kundendatenbanken sowie unserer Buchhaltungssoftware (Details gerne auf Anfrage)
- Schulung unserer Mitarbeiter/-innen

Wir freuen uns über ein Angebot bis zum 10. Juli 20... Sollte es Ihnen nicht möglich sein, uns ein Angebot auszuarbeiten, sind wir Ihnen für eine kurze Nachricht dankbar.

Es grüßt Sie freundlich

Inkasso-Gesellschaft Schneider

Brigitte Schneider

E-Mail: brigitte.schneider@inkasso-schneider.com
Internet: www.inkasso-schneider.com
Telefon: 0711 123-984
Telefax: 0711 123-985

Postanschrift: Postfach 10 34 19, 70048 Stuttgart
Hausanschrift: Heilbronner Straße 123, 70184 Stuttgart
Gesellschafter: Brigitte Schneider, Pierre Pasdeloup
Handelsregister HRB 79299 beim Amtsgericht Stuttgart

| | |
|---|---|
| Anhang: | Schneider-Inkasso-Broschuere.pdf |

**Antworten auf Voranfragen**

Mit der Voranfrage klärt der Interessent, welche Anbieter für ihn infrage kommen. Damit er sich ein klares Bild von Ihrer Leistungsfähigkeit machen kann, sollten Sie alle Fragen möglichst genau beantworten. Die Antwort auf eine Voranfrage ist Information und Selbstdarstellung zugleich; sie sollte daher immer auch einige Worte über das eigene Unternehmen, die Angebotspalette oder die Leistungsfähigkeit und vor allem über die Leistungsbereitschaft enthalten.

Wenn Sie in der Absage nur schreiben: »Wir können zurzeit keine weiteren Aufträge annehmen«, dann ist die Aussicht auf eine zweite Voranfrage sehr gering. Bedauern Sie ausdrücklich, dass Sie nur dieses Mal kein Angebot abgeben können, und erklären Sie Ihre Bereitschaft für die Zukunft.

| CHECKLISTE – ANTWORT AUF EINE VORANFRAGE | | |
|---|---|---|
| **ZUSAGE** | | |
| 1. | Wird Interesse an dem Auftrag gezeigt? | ☐ |
| 2. | Sind alle Detailfragen aus der Voranfrage (bei Unklarheiten telefonisch nachfragen) beantwortet? | ☐ |
| 3. | **Ist die Leistungsfähigkeit Ihres Unternehmens nachweisbar beschrieben?** | ☐ |
| | • Bestätigen Sie ggf. Ihre Kernkompetenz und weisen Sie auf etwaige Spezialkompetenzen hin. | ☐ |
| | • Nennen Sie Referenzen: Kunden, die ausgeführte Arbeiten ähnlicher Art in Anspruch genommen haben. | ☐ |
| | • Schicken Sie passendes Informationsmaterial mit. | ☐ |
| | • Geben Sie grob Lieferzeiten bzw. den frühestmöglichen Beginn und Abschlusstermin an. | ☐ |

| CHECKLISTE – ANTWORT AUF EINE VORANFRAGE | | |
|---|---|---|
| **ABSAGE** | | |
| **1.** | Wird das Interesse des anfragenden Unternehmens ausreichend gewürdigt? | ☐ |
| **2.** | Ist der Grund der Absage authentisch beschrieben? | ☐ |
| **3.** | Haben Sie Ihr Bedauern über die Absage zum Ausdruck gebracht? | ☐ |
| **4.** | Geben Sie eventuell einen Hinweis auf mögliche Alternativen. | ☐ |
| **5.** | Signalisieren Sie Ihre prinzipielle Bereitschaft, in Zukunft Angebote auszuarbeiten. | ☐ |
| **6.** | Schicken Sie – trotz der Absage – Informationsmaterial mit. | ☐ |

## Beispiel: Antwort auf Voranfrage

**Briefmuster GmbH**

Briefmuster GmbH – Postfach 10 20 30 – 70180 Stuttgart
Wohnbau eG
Frau Sabine Galaer
Postfach 10 20 30
71332 Waiblingen

Ihr Zeichen: ga-si
Ihre Nachricht vom: 20..-06-12
Unser Zeichen: bo-de
Unsere Nachricht vom:

Name: Leo Bormann
Telefon: 0711 123-49
Telefax: 0711 123-50
E-Mail: leo.bormann@briefmuster-gmbh.com

Datum: 20..-08-18

**Ihre Voranfrage über rund 290 Vorsatzrollläden**

Sehr geehrte Frau Galaer,

vielen Dank für Ihr Interesse an unseren Produkten. Wir haben unsere Kapazitäten geprüft und freuen uns, dass wir Ihren Auftrag zuverlässig und schnell ausführen können.

Unser Unternehmen besteht seit 2013 und entwickelt sich zunehmend zum Marktführer: Unsere Kunden schätzen uns wegen unserer Zuverlässigkeit und Innovationskraft. Wesentliche Neuerungen wurden von uns entwickelt.

Durch unsere neue Fertigungshalle sind wir in der Lage, Aufträge in einem größeren Umfang auszuführen. Unsere Referenzliste zeigt Ihnen, dass wir in Ihrer Branche bereits große Aufträge abgewickelt haben.

Gern erstellen wir Ihnen ein ausführliches Angebot.

Freundliche Grüße

Briefmuster GmbH

*Leo Bormann*

Leo Bormann

**Anlagen**
1 Referenzliste
1 Unternehmensbroschüre

**Pflicht- und Geschäftsangaben**

## 1.4.3 Angebote

Ein Angebot kann unaufgefordert an mögliche Kunden geschickt werden (»Blindangebot«), es kann aber auch auf Anfrage erstellt sein.

Es gibt keine Vorschriften, in welcher Form ein Angebot erstellt werden muss, aber es ist sinnvoll, sich nach einem inhaltlichen Konzept zu richten, damit man nichts Wichtiges vergisst: Das Angebot auf eine Anfrage hin soll genau auf die Fragen des Kunden eingehen, das Blindangebot muss so genau und umfassend sein, dass der Kunde keine weiteren Informationen einholen muss.

**Tipps zur Formulierung**

- Verwenden Sie klare Begriffe, die Ihre Produkte/Leistungen beschreiben. Im Zweifelsfall erklären Sie die verwendeten Fachbegriffe.
- Vermeiden Sie übertriebene Anpreisungen Ihrer Produkte/Dienstleistungen.
- Beschreiben Sie Ihre Produkte/Dienstleistungen klar und deutlich. Verschleiern Sie nichts, was später zu Missverständnissen führen könnte.
- Geben Sie dem Kunden das Gefühl, dass Sie ein gutes Angebot für seinen Wunsch bzw. eine gute Lösung für sein Problem haben.
- Falls Sie den Wünschen des Kunden nicht ganz entsprechen können, beschreiben Sie mögliche Varianten.
- Fügen Sie in Ihren Brief/Ihre E-Mail ein Bild ein, wenn der Brieftext dadurch verständlicher wird.

| CHECKLISTE – ANGEBOT | | |
|---|---|---|
| 1. | **Bezug auf die Anfrage:** Geben Sie die Bezugszeichen und das Datum der Anfrage, auf die sich Ihr Angebot bezieht, an. | ☐ |
| 2. | **Betreff:** Nennen Sie bei angeforderten und größeren Aufträgen die Angebotsnummer mit Datum. | ☐ |
| 3. | **Erstkontakt:** Handelt es sich um einen Erstkontakt, stellen Sie ihr Unternehmen kurz vor und beschreiben Sie die Kernkompetenz(en) Ihres Unternehmens. | ☐ |

| | | |
|---|---|---|
| 4. | **Einleitung:** Bedanken Sie sich in der Einleitung für das Interesse. Bei einem Blindangebot formulieren Sie einen interessanten Einleitungstext, der das Interesse des Kunden weckt. | ☐ |
| 5. | **Angaben zum Produkt / zur Dienstleistung:** Art, Beschaffenheit, Güte, Menge und Preis (inkl./exkl. USt.) | ☐ |
| 6. | **MwSt./USt.:** Bei Endverbrauchern bzw. Privatpersonen sollten Sie den Nettopreis, die MwSt. und den Bruttopreis angeben. Geht das Angebot an ein Unternehmen, ist es üblich, Nettopreise anzugeben, da die MwSt. aus Sicht der Buchhaltung ein durchlaufender Posten ist. | ☐ |
| 7. | **Rechtliches:** Weisen Sie auf die Allgemeinen Geschäftsbedingungen hin und/oder geben Sie die genauen Verkaufs- und Zahlungsbedingungen an. | ☐ |
| 8. | **Befristung des Angebots:** Abhängig von der Form des Angebots (Brief, Fax, E-Mail) kann der Anbieter innerhalb der üblichen Fristen erwarten, dass das Angebot angenommen wird. Sie können das Angebot auch zeitlich begrenzen, z. B. durch den Satz »Das Angebot ist bis zum … gültig.« | ☐ |
| 9. | **Einschränkung des Angebots:** Sie sind ohne Einschränkung an Ihr Angebot gebunden. Eingrenzen können Sie Ihr Angebot beispielsweise durch die Zusätze »unverbindlich«, »freibleibend«, »so lange der Vorrat reicht«, »ohne Gewähr«, »unverbindlich« oder »Preis vorbehalten«. Eine andere Möglichkeit, die Sie nutzen können, ist die ausdrückliche Einschränkung einzelner Angebotsteile. | ☐ |
| 10. | **Ansprechpartner/-in:** Nennen Sie einen Ansprechpartner bzw. eine -partnerin mit Kontaktdaten, an den/die sich der Kunde bei Fragen wenden kann. | ☐ |
| 11. | **Vollständigkeit:** Sind Sie auf alle Fragen und Wünsche des Kunden eingegangen? | ☐ |
| 12. | **Anlagen:** Weisen Sie auf die Anlage bzw. besonders wichtige Teile in der Anlage (z. B. auf eine bestimmte Seite in einem beiliegenden Prospekt) hin. | ☐ |

## Beispiel: Angebote:

**Brief muster GmbH**

Briefmuster GmbH – Postfach 10 20 30 – 70180 Stuttgart
Le Fromage
Herrn Julien Lefèvre
Markstraße 4
54570 Densborn

Ihr Zeichen: le
Ihre Nachricht vom: 20..-07-12
Unser Zeichen: da-gd
Unsere Nachricht vom:

Name: Dorit Amann
Telefon: 0711 123-49
Telefax: 0711 123-50
E-Mail: dorit.amann@briefmuster-gmbh.com

Datum: 20..-07-13

**Angebot Nr. 375 – Ladeneinrichtung und Lagersysteme**

Sehr geehrter Herr Lefèvre,

vielen Dank für das freundliche Telefongespräch. Wie besprochen, erhalten Sie heute unser Angebot über:

| Menge | Produktbeschreibung | Preis in EUR |
|---|---|---|
| 2 | Verkaufstheken „Visa", je 3 m lang mit Vitrine und Kühlmaschine gemäß unserem Prospekt | 8.300,00 |
| 4 | Lagerregale Typ 230, 5 × 2, 30 mit je 7 Einlegeböden | 2.600,00 |
| | **Summe netto** | **10.900,00** |
| | + 19 % MwSt. | 2.071,00 |
| | **Gesamtpreis brutto** | **12.971,00** |

Wir können Ihnen die Ware ab der 37. Kalenderwoche 20.. frei Haus liefern. Den Zahlungseingang auf unserem Konto erwarten wir innerhalb von 14 Tagen nach Lieferung. Bei Zahlungseingang 14 Tage nach Lieferung können Sie 2 % Skonto vom Nettowarenwert abziehen. Bitte beachten Sie auch unsere mitgeschickten Verkaufs- und Lieferbedingungen.

Dieses Angebot gilt bis zum 1. September 20..

Freundliche Grüße

Briefmuster GmbH

Dorit Amann

**Anlage**

Pflicht- und Geschäftsangaben

### Textbausteine für Angebote

| | |
|---|---|
| **Einstieg:** | • Vielen Dank für Ihre Anfrage. Unser Produkt … ist für … besonders geeignet.<br>• Herzlichen Dank für die Ihre Anfrage und Ihr Vertrauen. Speziell für Ihre Anforderungen haben wir folgendes Angebot ausgearbeitet: …<br>• Wir freuen uns, dass Sie an unseren Produkten interessiert sind. Gern machen wir Ihnen das folgende Angebot: …<br>• Danke für Interesse an unseren Produkten … Wir bieten Ihnen an: |
| **Hauptteil:** | • Sie erhalten heute unser Angebot über …<br>• Sie erhalten unser detailliertes Angebot, das wir nach Ihren Wünschen ausgearbeitet haben.<br>• Wir bieten Ihnen die folgenden Produkte zu den genannten Preisen an:<br>• Nach Ihrer Spezifikation haben wir folgendes Angebot ausgearbeitet:<br>• Wir bieten Ihnen … an:<br>• Unser Angebot für Sie:<br>• Bestellen Sie bis zum …, können wir bis zum … frei Haus liefern.<br>• Den Zahlungseingang auf unserem Konto erwarten wir 30 Tage nach Lieferung.<br>• Bitte zahlen Sie innerhalb von 14 Tagen.<br>• Wenn Sie uns bis zum … den Rechnungsbetrag zahlen, bieten wir Ihnen … Skonto.<br>• Bei Zahlungseingang 14 Tage nach Lieferung können Sie 2 % Skonto vom Nettowarenwert abziehen.<br>• Bitte beachten Sie: Das Angebot gilt nur, solange der Vorrat reicht.<br>• Unsere Mitarbeiter/-innen beraten Sie gern. Unseren Kundenservice erreichen Sie montags bis freitags zwischen … Uhr und … Uhr unter der Telefonnummer … |

| | |
|---|---|
| **Schluss:** | • Wir freuen uns, dass Sie auf die langjährige Kompetenz der … im Bereich … setzen.<br>• Wir freuen uns, wenn unser Angebot Ihren Wünschen entspricht. Ihre Fragen beantworte ich Ihnen gern.<br>• Unser günstiges Angebot können wir bis zum … aufrechterhalten.<br>• Wir freuen uns, wenn Sie in Zukunft zu unseren zufriedenen Kunden zählen.<br>• Wir hoffen, dass unser Angebot Sie überzeugt, und freuen uns auf Ihren Auftrag. |

## 1.4.4 Kostenvoranschlag

Ein Kostenvoranschlag ist eine fachmännische Berechnung von voraussichtlichen Kosten und klar von einem Angebot zu unterscheiden. Im Gegensatz zum Angebot ist der Kostenvoranschlag in Umfang und Höhe für den Unternehmer nicht bindend.

Der genannte Preis für die beschriebene Leistung kann vom Unternehmer überschritten werden. Handelt es sich um eine unwesentliche Überschreitung der veranschlagten Gesamtsumme von bis zu 20 %, so muss dies in der Regel vom Kunden akzeptiert werden.

Ist eine Überschreitung darüber hinaus zu erwarten, so muss der Unternehmer dem Kunden dies unverzüglich mitteilen und dem Kunden sogar den entstandenen Schaden ersetzen, wenn die Mehrkosten vermeidbar gewesen wären oder wenn er den Kostenvoranschlag schuldhaft zu niedrig erstellt hat. Bei wesentlicher Überschreitung steht dem Kunden ein außerordentliches Kündigungsrecht zu.

Das Unternehmen kann ein Entgelt für die Erstellung eines Kostenvoranschlags nur verlangen, wenn zuvor eine entsprechende Vereinbarung getroffen wurde – das gilt in der Regel auch für Ausarbeitungen, die einen besonderen Aufwand erfordern.

## Beispiel: Kostenvoranschlag

Brief muster GmbH

Briefmuster GmbH – Postfach 10 20 30 – 70180 Stuttgart
Herrn
Dipl.-Ing. Marius Klier
Wohnbau Regio eG
Postfach 17 24 88
10976 Berlin

Ihr Zeichen: mk-mb
Ihre Nachricht vom: 20..-04-17
Unser Zeichen: jl-fo
Unsere Nachricht vom:

Name: Max Fortmann
Telefon: 0711 123-49
Telefax: 0711 123-50
E-Mail: max.fortmann@briefmuster-gmbh-com

Datum: 20..-05-10

**Kostenvoranschlag**
**Objekt: Wohnanlage Berliner Allee, 13088 Berlin**

Sehr geehrter Herr Klier,

vielen Dank für Ihre Anfrage. Sie erhalten den folgenden Kostenvoranschlag:

| Position | Beschreibung | Preis in EUR |
|---|---|---|
| 1 | Demontage und Entsorgung von 360 Kunststofffenstern | 24.660,00 |
| 2 | Produktion und Lieferung von 240 Dreh-Kipp-Fenstern, 2-fach-Verglasung, 2-fach-Verglasung, 120 cm × 100 cm, Oregon-Pinie, farbig lackiert (RAL 1724) | 92.880,00 |
| 3 | Produktion und Lieferung von 120 Dreh-Kipp-Fenstern, 1-fach-Verglasung, 100 cm × 80 cm, Oregon-Pinie, farbig lackiert (RAL 1724), Wärmeschutzverglasung nach DIN EN 673 | 27.960,00 |
| 4 | Einbau der Fenster Position 2 | 17.520,00 |
| 5 | Einbau der Fenster Position 3 | 7.560,00 |
| | **Gesamtpreis (netto)** | **170.580,00** |

Wir freuen uns über Ihren Auftrag.

Freundliche Grüße

*Max Fortmann*

Max Fortmann

**Pflicht- und Geschäftsangaben**

## 1.4.5 Bestellungen

Eine Bestellung ist eine Aufforderung an einen Hersteller, Händler oder Dienstleister, Güter oder Dienstleistungen zu den angegebenen Bedingungen zu liefern bzw. zu erbringen. Ist ein verbindliches Angebot vorausgegangen, wird der Kaufvertrag durch die Bestellung begründet. Bei einem unverbindlichen Angebot kommt der Kaufvertrag erst durch die Auftragsbestätigung zustande.

Die Abgabe einer Bestellung ist an keine Formvorschrift gebunden. Sie kann schriftlich, mündlich oder telefonisch erfolgen. Um Irrtümer und Missverständnisse zu vermeiden, empfiehlt sich bei mündlichen und telefonischen Bestellungen eine schriftliche Bestätigung.

Bestellungen sollten alle wichtigen Angaben zur Ware sowie die Liefer- und Zahlungsbedingungen enthalten. Nur so können Sie Meinungsverschiedenheiten und daraus resultierenden Erfüllungsstörungen vorbeugen.

| CHECKLISTE – BESTELLUNG | | |
|---|---|---|
| 1. | **Betreffangabe:** Gestalten Sie die Betreffangabe so präzise wie möglich. Beziehen Sie sich eventuell auf ein vorausgegangenes Angebot und geben Sie die Angebotsnummer an. | ☐ |
| 2. | **Dank:** Bedanken Sie sich für das Angebot. Handelt es sich um ein sehr aufwendig erstelltes Angebot, würdigen Sie die Mehrarbeit entsprechend. | ☐ |
| 3. | **Aufforderung:** Erteilen Sie Ihren Auftrag deutlich. Beziehen Sie sich auf das Angebot und wiederholen Sie gegebenenfalls wichtige Punkte. | ☐ |

| 4. | **Angaben zur Ware/Dienstleistung:**<br>• Name des Produktes<br>• Art, Beschaffenheit und Güte (z. B. Artikelnummer, Größe, Gewicht, Farbe, Qualität)<br>• genaue Angabe von Mengen, Packungseinheiten, Verpackung<br>• Preis und Preisabzüge<br>• Lieferbedingungen (z. B. Termine, Abruf, Teillieferung)<br>• Zahlungsbedingungen<br>• Änderungs- und Sonderwünsche | ☐ |
|---|---|---|

Wenn sich die Bestellung auf ein Angebot bezieht und der Besteller die Verkaufs- und Lieferungsbedingungen des Verkäufers ohne Änderung akzeptiert, dann genügt die Angabe von Menge und Preis.

### Textbausteine für Bestellungen

| | |
|---|---|
| **Einstieg:** | • Vielen Dank für Ihr detailliertes Angebot Nr. … vom …<br>• Sie haben in Ihrem Angebot alle Details beschrieben und aufwendig bebildert. Dafür danken wir Ihnen ganz herzlich. |
| **Hauptteil:** | • Wie vereinbart bestellen wir …<br>• Wir bestellen … |
| **Schluss:** | • Können wir mit einer schnellen Lieferung rechnen?<br>• Bitte melden Sie sich, falls noch etwas geregelt werden müsste. |

## Beispiel: Bestellung

| | |
|---|---|
| **An ...** | karin.seeger@computerservice-kg.de |
| **Cc ...** | |
| **Bcc ...** | |
| **Betreff:** | Auftrag über 1 Surface |

Bezugszeichen *Bezug auf das Angebot*

Ihr Zeichen: cs-ks
Ihre Nachricht vom: 20..-03-08

Guten Tag, Frau Seeger,

vielen Dank für Ihr Angebot Nr. 001266428 vom 8. März 20..

Wir bestellen 1 Surface mit einem 10-Zoll-Display mit Touchscreen mit folgenden Leistungsmerkmalen:

Genaue Beschreibung der Ware

- Tablet mit Dual Core Intel Pentium Gold Prozessor
- 10-Zoll-Display mit 1800 x 1200 Bildauflösung
- 522 g, extrem leicht
- schnelle 128 GB SSD
- USB-C-Schnittstelle
- 5 Megapixel HD-Kamera auf der Vorderseite
- rückseitig HD-Kamera mit 8 Megapixel
- Dolby Audio Premium
- bis zu 9 Stunden Akkulaufzeit
- Intel-HD-Graphics 61
- verstellbarer Klappständer
- mit Windows 10 Home im S-Modus 864-bit

Hinweis auf Mehrwertsteuer ist vorhanden.

Preis: **599,00 €** inklusive Mehrwertsteuer

Können wir mit einer schnellen Lieferung rechnen?

Da die Liefer- und Zahlungsbedingen aus dem Angebot unverändert akzeptiert werden, genügt die Angabe von Menge und Preis.

Es grüßt Sie freundlich

Gromer GmbH

Berrit Simonis
Technischer Einkauf

E-Mail: berrit.simonis@gromer-gmbh.de
Internet: www.gromer-gmbh.de
Telefon: 0711 123-456
Telefax: 0711 123-457

Postanschrift: Postfach 10 15, 70049 Stuttgart
Hausanschrift/Sitz: Königstraße 128, 70182 Stuttgart
Gesellschafter: Ricarda Schmidt, Karsten Wilhelm
Handelsregister HRB 459004 beim Amtsgericht Stuttgart

| | |
|---|---|
| Anhang: | |

## 1.4.6 Ablehnung von Bestellungen

Bestellungen, die innerhalb der Bindungsfrist auf ein verbindliches, persönliches Angebot hin vorgenommen wurden, dürfen nicht abgelehnt werden.

Nicht jede Bestellung muss auch ausgeführt werden. Eine Bestellung ablehnen können Sie zum Beispiel,

- wenn sie nicht mit dem Angebot übereinstimmt,
- wenn ohne vorheriges Angebot bestellt wurde,
- wenn das Angebot unverbindlich war,
- wenn die Bindungsfrist des Angebots abgelaufen ist.

| CHECKLISTE – ANTWORT AUF EINE VORANFRAGE | | |
|---|---|---|
| **1.** | Ist das Datum der Bestellung angegeben? | ☐ |
| **2.** | Ist der Gegenstand der Bestellung mit genauer Bezeichnung beschrieben? | ☐ |
| **3.** | Bedanken Sie sich für die Bestellung. | ☐ |
| **4.** | Drücken Sie Ihr Bedauern aus, dass der Auftrag nicht ausgeführt werden kann. | ☐ |
| **5.** | Nennen Sie eine Begründung der Ablehnung. | ☐ |
| **6.** | Weisen Sie auf andere Möglichkeiten (Ersatzware, Katalog, Prospekt) hin oder unterbreiten Sie ein neues Angebot. | ☐ |

**Textbausteine für die Ablehnung von Bestellungen**

- Ihre Bestellung können wir nicht mehr zu den Bedingungen unseres unverbindlichen Angebotes ausführen.
- Die Bindungsfrist unseres Angebotes ist inzwischen abgelaufen. Bitte …
- Alternativ können wir Ihnen folgendes Angebot machen: …
- Als Ersatz empfehlen wir Ihnen folgende Produkte: …

## Beispiel: Ablehnung einer Bestellung

Brief muster GmbH

Briefmuster GmbH – Postfach 10 20 30 – 70180 Stuttgart
werkhaus
Herrn Paul Kaiser
Hohe Straße 56
71522 Backnang

Ihr Zeichen:
Ihre Nachricht vom: 20..-08-14
Unser Zeichen: ek
Unsere Nachricht vom:

Name: Sören Eckberg
Telefon: 0711 123-49
Telefax: 0711 123-50
E-Mail: soeren.eckberg@briefmuster-gmbh.com

Datum: 20..-06-19

**Ihr Auftrag vom 14. Juni 20..**

Sehr geehrter Herr Kaiser,

Ihre Bestellung über 300 Bohr- und Fräswerkzeuge können wir zu den von Ihnen genannten Bedingungen nicht mehr ausführen. Die Bindungsfrist unseres Angebots ist am 31. Mai 20.. abgelaufen, die von Ihnen genannten Preise sind daher nicht mehr gültig.

Wegen der gestiegenen Materialpreise waren wir gezwungen, unsere Preise um durchschnittlich etwa 5 % zu erhöhen. Die geänderten Preise können Sie dem mitgeschickten neuen Angebot entnehmen.

Wir würden uns freuen, wenn Sie uns auch auf dieser Grundlage den Auftrag erteilen.

Freundliche Grüße

Briefmuster GmbH

Sören Ekberg
Abteilungsleiter Verkauf

**Anlage**

Pflicht- und Geschäftsangaben

## 1.4.7 Widerruf einer Bestellung

Bestellungen können Sie noch in letzter Minute widerrufen. Voraussetzung für die Wirksamkeit des Widerrufs ist, dass er vor oder gleichzeitig mit der Bestellung beim Lieferanten eintrifft. Für den Widerruf bieten sich E-Mail oder Fax an. Auch der telefonische Widerruf ist möglich, er sollte aber unbedingt durch einen schriftlichen Widerruf ergänzt oder schriftlich bestätigt werden. Empfehlenswert ist es, sich den Namen des Gesprächspartners geben zu lassen und sich im schriftlichen Widerruf auf ihn zu beziehen.

| CHECKLISTE – WIDERRUF EINER BESTELLUNG | | |
|---|---|---|
| **1.** | Sind das Datum und die Nummer der Bestellung angegeben? | ☐ |
| **2.** | Wird gegebenenfalls Bezug auf einen bereits telefonisch erfolgten Widerruf genommen? Ist der Ansprechpartner/die Ansprechpartnerin genannt, mit dem/der Sie telefoniert hatten? | ☐ |
| **3.** | Formulieren Sie eine Erklärung Ihres Widerrufs. | ☐ |
| **4.** | Geben Sie Ihrem Bedauern Ausdruck. | ☐ |
| **5.** | Bitten Sie um Verständnis. | ☐ |
| **6.** | Bitten Sie um eine schriftliche Bestätigung Ihres Widerrufs. | ☐ |

**Textbausteine für Widerrufe**

- Es ist uns ein Fehler passiert. Leider müssen wir unsere Bestellung stornieren.
- Am … bestellten wir bei Ihnen … Wir widerrufen diese Bestellung.
- Soeben haben wir Ihren Mitarbeiter / Ihre Mitarbeiterin … telefonisch darüber informiert, dass wir unsere Bestellung vom … Nr. … stornieren müssen.
- Bitte bestätigen Sie uns den Widerruf der Bestellung schriftlich.
- Vielen Dank für Ihr Verständnis.

## Beispiel: Widerruf einer Bestellung

| **An …** | petra.kaufmann@knapp-ohg.com |
|---|---|
| **Cc …** | |
| **Bcc …** | |
| **Betreff:** | Stornierung der Bestellung Nr. 4098/20 vom 20..-04-29 |

Unser Zeichen: schu
Unsere Nachricht vom: 20..-04-19

Guten Tag, Frau Kaufmann,

ich storniere unsere Bestellung über Adressaufkleber und Fensterbriefumschläge, die ich heute auf dem Postweg an Sie verschickte.

Die Bestellung war wegen einer falschen Auskunft unseres Warenwirtschaftssystems aufgegeben worden. Es tut mir sehr leid, dass ich Ihnen diese Umstände mache, und ich hoffe auf Ihr Verständnis.

Bitte bestätigen Sie mir die Stornierung schriftlich. Vielen Dank.

Es grüßt Sie freundlich

Keller & Wagner GmbH

Marlene Schuster

E-Mail: marlene.schuster@keller-wagner-gmbh.com
Internet: www.keller-wagner-gmbh-com
Telefon: 0711 123-345
Telefax: 0711 123-346

Postanschrift: Postfach 13 39 19, 70048 Stuttgart
Hausanschrift: Königstraße 123, 70184 Stuttgart
Gesellschafter: Ramona Semmler, Kathrin Kummer
Handelsregister HRB 44299 beim Amtsgericht Stuttgart

| Anhang: | |
|---|---|

## 1.4.8 Auftragsbestätigungen

Schriftliche Auftragsbestätigungen sind nicht vorgeschrieben. Sie sind aber sinnvoll, weil sie sowohl dem Verkäufer als auch dem Käufer Sicherheit geben.

**In folgenden Fällen ist eine Auftragsbestätigung zu empfehlen:**

- bei einer abgeänderten Bestellung,
- bei zu später Bestellung,
- bei einer Bestellung ohne vorangegangenes Angebot,
- bei einem freibleibenden Angebot,
- wenn der Kunde erst nach Ablauf einer längeren Frist die Lieferung wünscht,
- wenn der Kunde ausdrücklich eine Auftragsbestätigung wünscht.

Die Auftragsbestätigung darf von den vorab verhandelten Vereinbarungen nicht abweichen. Andernfalls gilt sie als ein neues Vertragsangebot des Verkäufers, das durch den Käufer erneut bestätigt werden muss.

| CHECKLISTE – AUFTRAGSBESTÄTIGUNG | | |
|---|---|---|
| **1.** | **Wann?** Bestätigen Sie einen Auftrag / eine Bestellung umgehend. | ☐ |
| **2.** | **Dank:** Bedanken Sie sich für den Auftrag / für die Bestellung. | ☐ |
| **3.** | **Datum der Bestellung:** Schreiben Sie, wann Sie den Auftrag / die Bestellung erhalten haben, oder geben Sie im Informationsblock unter »Ihre Nachricht vom« das Datum des eingegangenen Auftrags an. | ☐ |
| **4.** | **Was?** Bestätigen Sie alle Punkte des Auftrags / der Bestellung: Bezeichnung der bestellten Ware, Preise, Mengen und Größen sowie zusätzliche Absprachen | ☐ |
| **5.** | **Lieferung:** Geben Sie einen Liefertermin an und nennen Sie dem Kunden eine Kontaktperson. Teilen Sie mit, auf welcher Grundlage die Lieferung erfolgt. | ☐ |

| | | |
|---|---|---|
| 6. | **AGB:** Verweisen Sie – möglichst dezent – auf die Allgemeinen Geschäftsbedingungen. Dann sind Sie auf der sicheren Seite. | ☐ |
| 7. | **Anreize:** Geben Sie Anreize für weitere Bestellungen. | ☐ |

## Textbausteine für Auftragsbestätigungen

| | |
|---|---|
| **Einstieg:** | • Vielen Dank für Ihre Bestellung.<br>• Vielen Dank für Ihr Vertrauen in unsere Produkte. Wir bestätigen …<br>• Vielen Dank für Ihren telefonischen Auftrag, den wir gern bestätigen.<br>• Wir freuen uns, dass wir Sie von der Qualität unserer Produkte überzeugen konnten. |
| **Hauptteil:** | • Wir haben Ihre Bestellung an die Versandabteilung weitergeleitet.<br>• Die Lieferung wird wunschgemäß zum … erfolgen.<br>• Die Lieferung erfolgt in der … Kalenderwoche ohne weitere Ankündigung frei Haus.<br>• Die Lieferung erfolgt nach Zahlungseingang<br>• Wir werden Sie informieren, sobald die Lieferung versandfertig ist.<br>• Unsere Allgemeinen Geschäftsbedingungen befinden sich auf der Rückseite. |
| **Schluss:** | • Wir werden Ihren Auftrag zuverlässig, pünktlich und in bester Qualität ausführen.<br>• Gern sind wir auch in Zukunft Ihr erfahrener Partner. |
| **PS:** | • Schon jetzt bieten wir Ihnen auf die nächste Bestellung einen Treuerabatt von 10 %. |

## Beispiel: Auftragsbestätigung

**Brief muster GmbH**

Briefmuster GmbH – Postfach 10 20 30 – 70180 Stuttgart
Hotel Grabenbruch
Herrn Dieter Funke
Robert-Bosch-Straße 112
48153 Münster

Ihr Zeichen: df-gt
Ihre Nachricht vom: 20..-11-04
Unser Zeichen: bb-sa
Unsere Nachricht vom: 20..-11-05

Name: Beate Boddenbinder
Telefon: +49 711 123-49
Telefax: + 49 711 123-50
E-Mail: b.boddenbinder@briefmuster-gmbh.com

Datum: 20..-11-05

**Auftragsbestätigung zu Angebot Nr. 7898-11 D vom 30. Oktober 20..**

Sehr geehrter Herr Funke,

herzlichen Dank für Ihren Auftrag, den wir Ihnen gerne bestätigen:

| Artikel-Nr. | Artikelbezeichnung | Anzahl | Preis in EUR pro Stück |
|---|---|---|---|
| 45 342 | Tischverkleidungen, Höhe 0,70 m, fertige Breite 11,80 m, Material „Blue Moon" von KAB-231, doppelt gerafft | 5 | 189,00 |
| 45 344 | Gardinen, lichtundurchlässig, Höhe 1,50 m, fertige Breite 1,20 m, Material „Venezia" von Hüsch GmbH, einfach gerafft | 4 | 234,00 |
| Bitte beachten Sie unsere Allgemeinen Geschäftsbedingungen auf der Rückseite. | | | |

Die Preisangabe ist ohne Mehrwertsteuer. Sie erhalten die Ware fertig genäht und mit Befestigungsbändern versehen. Diese Konfektionierung ist im Stückpreis bereits enthalten. Wie vereinbart liefern wir die Ware am 29. November 20.. frei Haus.

Vielen Dank für Ihr Vertrauen. Wir freuen uns auf eine gute Zusammenarbeit.

Freundliche Grüße

Briefmuster GmbH

Beate Boddenbinder

**PS:** Schon jetzt bieten wir Ihnen auf die nächste Bestellung einen Treuerabatt von 10 %.

Pflicht- und Geschäftsangaben

## 1.4.9 Versandanzeigen

Mit einer Versandanzeige bestätigt der Lieferant, dass er die Ware an den Kunden abgesandt hat oder dass sie zu einem bestimmten Zeitpunkt verschickt werden wird.

**Eine Versandanzeige ist üblich**

- bei Sendungen in größeren Mengen,
- bei Sendungen, die in mehreren Stücken gleichzeitig verschickt werden,
- bei Teillieferungen oder Abrufbestellungen,
- wenn ein spezieller Versandweg mitgeteilt werden soll,
- wenn der Kunde ausdrücklich darum gebeten hat.

| CHECKLISTE – VERSANDANZEIGE | | |
|---|---|---|
| **1.** | Ist das Bestelldatum angegeben? | ☐ |
| **2.** | Sind weitere Angaben zur Ware notwendig? | ☐ |
| **3.** | Wurde die genaue Warenbezeichnung mit Artikelnummer verwendet? | ☐ |
| **4.** | Sind Anzahl und Bezeichnung der Teile, die zum genannten Termin geliefert werden, korrekt? | ☐ |
| **5.** | Wird der genaue Liefertermin genannt? | ☐ |
| **6.** | Ist der vorgesehene Versandweg genau beschrieben? | ☐ |
| **7.** | Sind eventuell Angaben zur Versicherung der Ware zu machen? | ☐ |

**Textbausteine für Versandanzeigen**

- Vielen Dank für Ihre Bestellung Nr. … vom …
- Wir haben Ihre bestellte Ware heute an Sie versandt: …
- Unsere Versandabteilung hat die folgenden Artikel aus Ihrer Bestellung vom … heute verschickt: …
- Die bestellten … werden am … bei Ihnen eintreffen.
- Die Lieferung erfolgt durch unseren Spediteur.
- Die Montage … ist im Kaufpreis nicht enthalten.

## Beispiel: Versandanzeige

| | |
|---|---|
| **An ...** | karoline.winter@hansa-moebelcenter.com |
| **Cc ...** | |
| **Bcc ...** | |
| **Betreff:** | Ihre Bestellung Nr. 1722 vom 14. März 20.. |

Ihr Zeichen: kw-go 1722
Ihre Nachricht vom: 20..-03-14

Sehr geehrte Frau Winter,

nochmals vielen Dank für Ihren Auftrag!

Wir haben heute die bestellten Polstergarnituren per Spedition an Sie versandt:

3 Garnituren „Rotunda“, Stoff „Gran Sasso“, bestehend aus

- je einem Sofa 1,45 m,
- einem Sofa 2,00 m und
- zwei Sesselelementen.

Die Garnituren werden durch die Spedition SEC, Hausmannallee 2, 25575 Beringstedt, am 5. April 20.. angeliefert.

Die mit dem gleichen Auftrag bestellten 4 Esstische „Hanseat“ mit je 6 Stühlen werden am 15. April 20.. an Sie verschickt.

Freundliche Grüße

Möbel Krafft GmbH

Frank Deichmann

E-Mail: frank.deichmann@moebel-krafft.de
Internet: www.moebel-krafft.de
Telefon: 06131 8273-733
Telefax: 06131 8273-100

Postanschrift: Postfach 23 22 21, 55089 Mainz
Hausanschrift: Am Ostergraben, 112, 55128 Mainz
Gesellschafter: Claudia Hofer, Theo Rieder
Handelsregister HRB 49299 beim Amtsgericht Mainz

| | |
|---|---|
| Anhang: | |

### 1.4.10 Rechnungen

Eine Rechnung kann in Papierform oder als elektronisches Dokument übermittelt werden. Die steuerliche Anerkennung von Rechnungen ist an bestimmte Bedingungen geknüpft. Bei elektronischer Übermittlung muss die Echtheit der Rechnung durch eine adäquate Aufbewahrung überprüfbar sein, die den Grundsätzen zur ordnungsgemäßen Führung von Büchern, Aufzeichnungen und Unterlagen in elektronischer Form sowie zum Datenzugriff (GoBD) entspricht.

Für Rechnungen besteht eine gesetzliche (HGB, AO, UStG) Aufbewahrungsfrist von 10 Jahren. Die Aufbewahrungsfrist läuft nicht ab Rechnungsdatum, sondern ab dem Ende des Kalenderjahres. Wird eine Rechnung mit einem E-Mail-Begleitschreiben als Anhang verschickt, muss die Rechnung in elektronischer Form aufbewahrt werden. Es genügt nicht, die Rechnung auszudrucken.

Rechnungspflichtangaben müssen in allen Rechnungen mit einem Gesamtbetrag von mehr als 250,00 € netto enthalten sein, damit die in der Rechnung enthaltene Umsatzsteuer abgezogen werden kann.

Bauhandwerker, die für Privatkunden Leistungen an Grundstücken und Gebäuden erbringen, müssen den Kunden an die gesetzliche Aufbewahrungsfrist erinnern. Für Privatpersonen gilt eine Aufbewahrungsfrist von 2 Jahren für Quittungen und Kaufbelege.

Selbstständige erstellen für die von ihnen erbrachten Tätigkeiten und die Materialkosten Honorarrechnungen. Es sind die gleichen gesetzlichen Vorgaben und die formalen Pflichtangaben wie für Rechnungen zu beachten.

In der folgenden Checkliste sind alle Anforderungen an eine ordnungsgemäße Rechnung enthalten:

| CHECKLISTE – RECHNUNG | | |
|---|---|---|
| 1. | **Name und Anschrift des Rechnungsstellers:** Sind der vollständige Name und die Anschrift des Unternehmens oder der Freiberuflerin / des Freiberuflers enthalten? Die Postfachadresse steht in der Rücksendeangabe des Anschriftfeldes. Die Hausanschrift steht in der Fußzeile unter den Pflichtangaben. (siehe Kapitel 1.2.2.8 Pflicht- und Geschäftsangaben) Inkorrekte Angaben können dazu führen, dass das Finanzamt die Vorsteuer einbehält. | ☐ |
| 2. | **Steuernummer (Abkürzung: St.-Nr.)/Umsatzsteuer-Identifikationsnummer (Abkürzung: USt-IdNr.):** Die St.-Nr. (Freiberufler/-in) oder USt-IdNr. (Unternehmen) ist eine Pflichtangabe und muss auf der Rechnung stehen. Am besten geben Sie beides an. | ☐ |
| 3. | **Name und Anschrift des Rechnungsempfängers:** Sind der Name und die Anschrift des Empfängers / der Empfängerin postalisch richtig geschrieben und positioniert? (siehe Kapitel 1.2.2.2 Anschriftfeld) | ☐ |
| 4. | **Ausstellungsdatum und fortlaufende Nummer:** Enthält die Rechnung das Rechnungsdatum und eine Rechnungsnummer? Die Rechnungsnummer muss Teil des Ausgangsrechnungszahlenkreises des Ausstellers sein. | ☐ |
| 5. | **Termin/Zeitraum der Lieferung, Leistung oder des Vorkasse-Entgelts:** Sind die Angaben (Monatsangabe) im Brieftext berücksichtigt? Diese Angaben sind auch dann notwendig, wenn das Lieferdatum mit dem Rechnungsdatum übereinstimmt. | ☐ |
| 6. | **Ware/Leistung:** Sind Menge und Art der Lieferung oder Umfang und Art der Leistung beschrieben? Gegenüber dem Finanzamt muss die Beschreibung der Ware bzw. Leistung verständlich sein. | ☐ |

| | | |
|---|---|---|
| 7. | **Rechnungsbetrag:**<br>• Ist das Netto-Entgelt (nach Steuersätzen aufgeschlüsselt) oder – wenn Sie nicht umsatzsteuerpflichtig sind – das Brutto-Entgelt ausgewiesen?<br>• Ist der anzuwendende Umsatzsteuersatz ausgewiesen? Bei einer Umsatzsteuerbefreiung muss ein Hinweis erfolgen.<br>• Ist der Umsatzsteuerbetrag errechnet und angegeben? Falls die Rechnung unterschiedliche Umsatzsteuersätze enthält, müssen für die einzelnen Positionen die jeweiligen Steuersätze angegeben werden.<br>• Ist der Bruttobetrag ersichtlich? | ☐ |
| 8. | **Skonto und Preisnachlässe:** Beschreiben Sie die Bedingungen, unter denen Sie Skonto und Preisnachlässe gewähren. | ☐ |
| 9. | **Unterschrift:** Rechtlich gesehen muss die Rechnung nicht unterschrieben werden. | ☐ |

Eingehende Rechnungen sollten nicht nur auf die rechnerische Richtigkeit, sondern auch auf Vollständigkeit geprüft werden. Schicken Sie eine fehlerhafte Rechnung umgehend mit der Bitte um Korrektur zurück. Das Finanzamt könnte eine von fehlerhaften Eingangsrechnungen einbehaltene Vorsteuer nachträglich zurückverlangen.

### Tipps zur Formulierung

- Formulieren Sie knapp und achten Sie auf Übersichtlichkeit.
- Listen Sie Ihre Produkte und Leistungen verständlich und vollständig auf.
- Gestalten Sie die Zusammensetzung des Rechnungsbetrags nachvollziehbar.
- Legen Sie einen Zahlungstermin fest.

## Beispiel: Rechnung

Brief muster GmbH

Name und Anschrift des Leistungsempfängers sind notwendige Angaben.

Name und Anschrift des Rechnungsstellers sind notwendige Angaben.

Briefmuster GmbH – Postfach 10 20 30 – 70180 Stuttgart

Herrn
Konstantin Sommer
Mahnstraße 19
64646 Heppenheim

Ihr Zeichen: so
Ihre Nachricht vom: 20..-10-15
Unser Zeichen: du-br
Unsere Nachricht vom:

Name: Marie Jordan
Telefon: 0711 123-49
Telefax: 0711 123-50
E-Mail: marie.jordan@briefmuster-gmbh-com
Internet: www.briefmuster-gmbh.com

Datum: 20..-12-06

Rechnungsnummer und -datum sind notwendige Angaben.

**Rechnung Nr. 109044/20..**

**Ihre Kundennummer:** 498 499
**Ihre Bestellungsnummer:** 949899
**Lieferscheindatum:** 20..-11-30

Diese Angaben sind nicht notwendig, aber zweckmäßig.

Wie vereinbart berechnen wir für die Ausführung, Lieferung und Einbau im Monat November 20..:

| **Menge** | **Beschreibung** | **Preis in EUR** |
|---|---|---|
| 1 | Einbaugarderobe Buche furniert, geölt<br>Maße: 219 cm × 163 cm × 50 cm mit drei Schubladen<br>und einer Schiebetür mit Spiegel (Rahmenkonstruktion auf Buche) | 1.890,00 |
| | + 19 % MwSt. | 359,10 |
| | **Rechnungsbetrag** | **2.249,10** |

Nettobetrag, MwSt.-Satz und Bruttobetrag sind zwingend.

Bitte überweisen Sie den Rechnungsbetrag bis spätestens 28. Dezember 20.. ohne Abzug.

Notwendige Angabe, weil Privatkunde

Wir weisen darauf hin, dass Sie diese Rechnung nach dem Umsatzsteuergesetz, § 14 b, zwei Jahre lang aufbewahren müssen. Die Aufbewahrungsfrist beginnt mit dem Beginn des nächsten Kalenderjahres.

Herzlichen Dank für Ihren Auftrag.

QR-Code mit automatischem Zugang zum bargeldlosen Zahlungsverkehr ist sinnvoll.

Briefmuster GmbH
Musterstraße 100
70000 Stuttgart

Telefon: +49 30 123-0
Telefax: +49 30 123-10
E-Mail: info@briefmuster-gmbh.com
Internet: www.briefmuster-gmbh.com

Geschäftsführer:
Dr. Marion Weißer
Dr. Max Zimmer

Sitz Stuttgart
USt-IdNr. DE 3994988
Amtsgericht Stuttgart
HRB 71837

Bankverbindung: Baden-Württembergische Bank Stuttgart – IBAN DE54 6002 0030 0848 4994 45 -BIC SOLADEST602

Notwendige Pflichtangaben

Geschäftsangaben sind nicht notwendig, aber zweckmäßig.

Notwendige Pflichtangaben

## Beispiel: Honorarrechnung

Brief muster GmbH

Es muss entweder die Umsatzsteueridentifikationsnummer oder alternativ die Steuernummer angegeben werden.

Briefmuster GmbH – Postfach 10 20 30 – 70180 Stuttgart
Schneider & Keller GmbH
Frau Sabine Keller
Postfach 10 20 30
70128 Stuttgart

Ihr Zeichen: ke
Ihre Nachricht vom: 20..-09-18

USt-IdNr.: DE949477652

IBAN.: DE49 3960 3939 2919 9392 19

Telefon: 0711 123-49

Telefax: 0711 123-50
E-Mail: kira.kunstmann@briefmuster.com
Internet: www.briefmuster.com

Datum: 20..-10-03

Korrekte Bezeichnung nach den Vorgaben des Finanzamtes. Falsch wäre die Angabe »Dienstleistung«.

**Honorarrechnung Nr. 203/20..**
**Beratung „Dokumentenmanagement" vom 2. Oktober 20..**

Sehr geehrte Frau Keller,

vielen Dank für Ihren Auftrag und Ihr Vertrauen. Für unsere Beratung berechnen wir:

| | |
|---|---|
| Einführung des Dokumentenmanagementsystems „ECO 2020" mit Anpassung der Schnittstellen | 1.500,00 € |
| Reisekosten pauschal, wie vereinbart | 250,00 € |
| Materialien | 50,00 € |
| Netto-Betrag | 1.800,00 € |
| + 19 % Umsatzsteuer | 342,00 € |
| **Brutto-Betrag** | **2.142,00 €** |

Bitte überweisen Sie den Rechnungsbetrag bis zum 30. Oktober 20.. ohne Abzug.

Es grüßt Sie freundlich

*Kira Kunstmann*

Pflicht- und Geschäftsangaben

## Textbausteine für Rechnungen

| | |
|---|---|
| **Einführung** | • Vielen Dank für Ihren Auftrag / Ihr Vertrauen. Für unsere Leistungen berechnen wir wie vereinbart: …<br>• Wir bedanken uns für die gute Zusammenarbeit und stellen Ihnen folgende Leistungen wie vereinbart in Rechnung: …<br>• Vielen Dank für Ihren Auftrag und das damit verbundene Vertrauen. Für meine Beratung vom … bis … stelle ich Ihnen wie vereinbart in Rechnung: … |
| **Hinweis auf die Aufbewahrungsfrist in der Baubranche** | • Das Gesetz schreibt vor, dass Sie diese Rechnung zwei Jahre lang aufbewahren müssen. Die Frist beginnt mit Beginn des nächsten Kalenderjahres.<br>• Hinweis: Gemäß § 14 b Abs. 1 Satz 5 UStG sind Sie als Privatperson verpflichtet, diese Rechnung zwei Jahre lang aufzubewahren. Die Aufbewahrungsfrist beginnt mit Anfang des nächsten Kalenderjahres. |
| **Formulierung eines Zahlungsziels** | • Der Rechnungsbetrag ist bis zum … fällig.<br>• Bitte überweisen Sie den Rechnungsbetrag ohne Abzüge bis zum 13. Mai 20... |
| **Einräumen von Skonti** | • Bitte bezahlen Sie den Rechnungsbetrag innerhalb von 14 Tagen ab Rechnungsdatum abzüglich 2 % Skonto.<br>• Zahlen Sie bis zum 6. Mai 20.., können Sie 3 % Skonto vom Rechnungsbetrag abziehen. |
| **Angabe eines Lieferzeitpunkts, wenn z. B. keine physische Übergabe erfolgt ist** | • Der Leistungsmonat entspricht dem Rechnungsmonat. |
| **Ausweis von Lohnkosten bei haushaltsnahen Dienstleistungen für Privatkunden** | • Der Lohnkostenanteil beträgt einschließlich Mehrwertsteuer 678 €. |

## 1.4.11 Eingangsbestätigungen

Die Eingangs- oder Empfangsbestätigung ist ein kurzer schriftlicher Nachweis, der bestätigt, dass man eine Ware, eine Briefsendung oder ein Schreiben erhalten hat.

| CHECKLISTE – EINGANGSBESTÄTIGUNGEN | | |
|---|---|---|
| 1. | Wird die Beschaffenheit der Ware beschrieben? Bei einem Schriftstück sollte die Version mit Datum genannt werden. | ☐ |
| 2. | Sind Ort und Datum der Übergabe oder des Eingangs angegeben? | ☐ |
| 3. | Haben Sie Ihren Namen und die Unterschrift nicht vergessen? | ☐ |
| 4. | Haben Sie eventuell mit dem Empfang verbundene Pflichten beschrieben? | ☐ |

**Textbausteine zu Eingangsbestätigungen**

- Wir bestätigen, dass wir die Satzung in der Fassung vom 31. Dezember 20.. erhalten haben.
- Wir haben Ihren Antrag mit den kompletten Unterlagen erhalten.
- Wir haben folgende Artikel in einwandfreiem Zustand erhalten: …
- Ich, Vor- und Zuname, bestätige, die Kündigung am … erhalten zu haben.
- Ihr Schreiben ist am … bei uns eingegangen.

## Beispiel: Eingangsbestätigung »Auftrag Dienstleistungsverhältnis«

Brief **muster** GmbH

Briefmuster GmbH – Postfach 10 20 30 – 70180 Stuttgart
Frau
Sabrina Bünte
Erlenweg 41
14532 Kleinmachnow

Ihr Zeichen:
Ihre Nachricht vom: 20..-04-14
Unser Zeichen: mp-ac
Unsere Nachricht vom:

Name: Monika Path
Telefon: 0711 123-49
Telefax: 0711 123-50
E-Mail: monika.path@briefmuster-gmbh.com

Datum: 20..-04-16

**Ihr Auftrag zum Abschluss eines Dienstleistungsverhältnisses**

Sehr geehrte Frau Bünte,

vielen Dank für Ihren Auftrag zum Abschluss eines Dienstleistungsverhältnisses für die

**Liegenschaft Erlenweg 41 – 43, 1432 Kleinmachnow**.

Ihr Auftrag wird unter der Nummer **B 15-799-9940/0** bearbeitet. Bitte geben Sie diese Nummer bei allen Fragen zu diesem Auftrag an – dann können wir diese schnell beantworten.

Wir werden nun prüfen, ob wir die von Ihnen gewählten Leistungen bei Ihrer Liegenschaft erbringen können und ob diese Leistungen den gesetzlichen Anforderungen entsprechen. Danach erhalten Sie eine Auftragsbestätigung oder – falls der Leistungskatalog angepasst werden muss – einen Änderungsvorschlag.

Für das Vertrauen, das Sie unserem Unternehmen entgegenbringen, bedanken wir uns ganz herzlich.

Freundliche Grüße

Briefmuster GmbH

Monika Path

Pflicht- und Geschäftsangaben

## 1.4.12 Zahlungsbestätigungen

Die Bestätigung von Zahlungseingängen kann erforderlich sein,

- wenn Missverständnisse entstehen könnten,
- wenn vom Kunden die Zahlungsart »Vorkasse« verlangt wurde oder
- wenn der Kunde ausdrücklich darum bittet.

| CHECKLISTE – ZAHLUNGSBESTÄTIGUNGEN | | |
|---|---|---|
| **1.** | Betrag, der gezahlt wurde | ☐ |
| **2.** | Datum des Zahlungseingangs und Rechnungsnummer | ☐ |
| **3.** | Zahlungsart (z. B. Überweisung, Abbuchung) | ☐ |
| **4.** | Anlass für die Zahlung (Auftrag, Kaufvertrag, Aufforderung) | ☐ |
| **5.** | Bestätigung, dass der Betrag vollständig gezahlt wurde (falls zutreffend) | ☐ |
| **6.** | Dank für die Zahlung | ☐ |

**Textbausteine für Zahlungsbestätigungen**

- Der Rechnungsbetrag der Rechnung Nr. … ist bei uns am … eingegangen. Vielen Dank für Ihre Überweisung.
- Die vereinbarte Anzahlung von … EUR wurde am … auf unserem Konto gutgeschrieben.
- Ihre Zahlung in Höhe von … für die Rechnung Nr. … haben wir erhalten und Ihrem Kundenkonto gutgeschrieben.
  Vielen Dank.

## Beispiel: Zahlungsbestätigung

Brief muster GmbH

Briefmuster GmbH – Postfach 10 20 30 – 70180 Stuttgart
Frau
Angelika Miller
Autohaus Morawia & Miller
Kirchhellener Straße 177
46145 Oberhausen

Ihr Zeichen: mi
Ihre Nachricht vom: 20..-11-14
Unser Zeichen: be
Unsere Nachricht vom: 20..-11-01

Name: Carsten Berger
Telefon: 0711 123-49
Telefax: 0711 123-50
E-Mail: carsten.berger@briefmuster-gmbh.com

Datum: 20..-12-01

**Zahlungsbestätigung**
**Rechnung Nr. 1027-20.. vom 20..-11-01**

Sehr geehrte Frau Miller,

den Eingang Ihrer Überweisung von 7.235,72 € am 26. November 20.. bestätigen wir Ihnen gern. Ihre Rechnung ist damit vollständig beglichen.

Vielen Dank für Ihre Zahlung.

Freundliche Grüße

Briefmuster GmbH

Carsten Berger

Pflicht- und Geschäftsangaben

## 1.4.13 Zahlungsavise

Im Zahlungsverkehr ist es zweckmäßig, eine Zahlung schriftlich anzukündigen, wenn es dem Empfänger einer Zahlung die finanzielle Planung oder Zuordnung von mehreren Zahlungen erleichtert. Dazu werden im Zahlungsavis alle mit der betroffenen Zahlung ausgeglichenen Posten aufgelistet.

| CHECKLISTE – ZAHLUNGAVISE | | |
|---|---|---|
| **Ein Zahlungsavis enthält folgende Rechnungsdetails:** | | |
| **1.** | Rechnungsdatum | ☐ |
| **2.** | Rechnungsnummer | ☐ |
| **3.** | Empfängerkonto | ☐ |
| **4.** | Skontoabzug | ☐ |
| **5.** | Währung | ☐ |
| **6.** | Zahlungsbetrag je bezahlte Rechnung | ☐ |
| **7.** | Gesamtbetrag | ☐ |
| **8.** | gegebenenfalls Verrechnung mit Gutschriften | ☐ |

## Beispiel: Zahlungsavis

Brief muster GmbH

Briefmuster GmbH – Postfach 10 20 30 – 70180 Stuttgart

Metallwaren
Runkelberg & Co. KG
Frau Kim Wiesner
Postfach 12 54 18
67146 Deidesheim

Ihr Zeichen: LNR 803546
Ihre Nachricht vom:
Unser Zeichen: Avisnr. 502547
Unsere Nachricht vom:

Name: Wendula Cordes
Telefon: 0711 123-49
Telefax: 0711 123-50
E-Mail: wendula.cordes@briefmuster-gmbh.com

Datum: 20..-05-21

**Zahlungsavis Nr. 5026547**

Sehr geehrte Frau Wiesner,

wir haben die unten aufgeführten Posten auf Ihr Konto überwiesen:

IBAN DE58 4839 3994 3994 3999 89 bei der VR Bank Mittelstedt
BIC GENODE61DUW

| Beleg-Nr. | Rechnungsnr. | vom | Brutto in EUR | Skontoabzug | Zahlungsbetrag in EUR |
|---|---|---|---|---|---|
| 11-23415 | 452314 | 20..-04-23 | 345,00 | 0,00 | 345,00 |
| 11-38654 | 452389 | 20..-04-30 | 763,78 | 0,00 | 763,78 |
| 11-38999 | 452397 | 20..-05-03 | 630,00 | 18,90 | 611,10 |
| **Die Gesamtsumme in EUR beträgt** | | | | | **1.757,68** |

Bitte prüfen Sie das Zahlungsavis und geben Sie uns Bescheid, wenn etwas korrigiert werden muss. Falls wir innerhalb von 30 Tagen nichts von Ihnen hören, gehen wir davon aus, dass Sie mit der Zahlung einverstanden sind.

Freundliche Grüße

Briefmuster GmbH

Wendula Cordes

**Pflicht- und Geschäftsangaben**

## 1.4.14 Bitten und Anträge

Bitten und Anträge kommen im Geschäftsleben recht häufig vor. Sie bitten um:

- Prospekte, Kataloge, Preislisten,
- zusätzliche Informationen,
- um einen Termin oder eine Terminverlegung,
- Zahlungsaufschub
- usw.

Wichtig ist es, das Anliegen klar und unmissverständlich zu formulieren und besonders auf höflichen Dank zu achten – schließlich macht die Erfüllung einer Bitte dem Adressaten in der Regel eine gewisse Mühe.

Viele Anträge werden mit einem Formular gestellt, sodass sich die Formulierung des Antrags selbst erledigt. Es bleibt Ihnen nur, schriftlich – in der Regel per E-Mail – um die Formulare oder den Link zu den Formularen zu bitten. Es ist sinnvoll, dass Sie Ihr Anliegen und die Gründe, die Sie für Ihren Antrag haben, kurz schildern. Dann kann der Adressat das passende Formular auswählen und eventuell ergänzende Hinweise geben.

| CHECKLISTE – BITTEN UND ANTRÄGE | | |
|---|---|---|
| **Das sollten Sie bei Bitten und Anträgen beachten:** | | |
| **1.** | **Anliegen:** Kommen Sie ohne Ausschweifungen zur Sache? | ☐ |
| **2.** | **Formulierung:** Ist Ihre Bitte freundlich und sachlich, aber nicht fordernd oder unterwürfig formuliert? | ☐ |
| **3.** | **Übersichtlichkeit:** Ist Ihr Schreiben übersichtlich aufgebaut? | ☐ |
| **4.** | **Anrede:** Sprechen Sie den Adressaten mit seinem Namen an? | ☐ |
| **5.** | **Dank:** Bedanken Sie sich? | ☐ |
| **6.** | **Empfangsbestätigung:** Haben Sie bei wichtigen Angelegenheiten eine schriftliche Eingangsbestätigung (z. B. zum Nachweis der Einhaltung von Fristen) verlangt? | ☐ |

## Textbausteine zu Bitten und Anträgen

| | |
|---|---|
| **Bitte** | • Deshalb bitten wir …<br>• Ich bitte um *Verlängerung der Abgabefrist.*<br>• Bitte prüfen Sie, ob *der Termin verschoben werden kann.*<br>• Bitte schauen Sie, *welchen Termin Sie möglich machen können.*<br>• Bitte geben Sie uns Bescheid, ob Sie mit dem Vorschlag einverstanden sind.<br>• Wir beantragen, *unser Unternehmen in das Zuschussprogramm »Solar 2025« aufzunehmen.*<br>• Bitte rufen Sie mich an, *sobald Sie sich entschieden haben.*<br>• Bitte antworten Sie mir *bis Ende der Woche.* |
| **Eingangsbestätigung** | • Bitte schicken Sie mir eine schriftliche Eingangsbestätigung.<br>• Für eine kurze schriftliche Bestätigung wäre ich Ihnen dankbar. |
| **Dank** | • Vielen Dank für Ihre Mühe.<br>• Herzlichen Dank für Ihr Verständnis.<br>• Vielen Dank für Ihr Entgegenkommen. |

## Beispiel: Antrag

Brief muster GmbH

Briefmuster GmbH – Postfach 10 20 30 – 70180 Stuttgart
Finanzamt Bensdorf
Frau Grit Blessing
Postfach 12 34 26
99900 Bensdorf

Ihr Zeichen: bp-gb
Ihre Nachricht vom: 20..-07-14
Unser Zeichen: gr
Unsere Nachricht vom:

Name: Sigbert Grube
Telefon: 0711 123-49
Telefax: 0711 123-50
E-Mail: sigbert.grube@briefmuster-gmbh.com

Datum: 20..-07-17

**Antrag auf Verschiebung der Betriebsprüfung**
**Steuernummer 091234566**

Sehr geehrte Frau Blessing,

Sie teilen uns mit, dass Sie am 28. August 20.. eine Betriebsprüfung in unserem Unternehmen durchführen möchten. Wir bitten Sie, den vorgesehenen Termin zu verschieben, denn unser Steuerberater, der Ihnen eventuell wichtige Fragen beantworten könnte, befindet sich zu dieser Zeit im Urlaub. Er ist ab dem 4. September 20.. wieder zurück.

Herzlichen Dank für Ihr Verständnis.

Freundliche Grüße

Briefmuster GmbH

Sigbert Grube

Pflicht- und Geschäftsangaben

## 1.5 Schreiben in Problemsituationen

### 1.5.1 Zahlungserinnerungen und Mahnungen

Je nachdem, wie schnell ein Kunde seiner Zahlungsverpflichtung nachkommt und wie wichtig er für das Unternehmen ist, mahnt man unterschiedlich oft: Manche Unternehmen schreiben vier bis fünf Mahnbriefe, bevor sie die Sache einem Anwalt oder Inkasso-Büro übergeben. Auf keinen Fall möchte man riskieren, eine gute Kundenbeziehung zu gefährden.

Wenn Ihr Kunde nicht gezahlt hat, erinnern Sie ihn erst nach 5 bis 7 Tagen nach Ablauf der Zahlungsfrist an die Zahlung des Betrags. Damit schließen Sie aus, dass sich die Zahlung mit Ihrer Mahnung überschneidet. Diese Zahlungserinnerung kann auch einfach eine Kopie der Rechnung sein.

Vermeiden Sie moralisierende Vorwürfe. Sagen Sie aber klipp und klar, was passiert, wenn der Kunde nicht zahlt.

| CHECKLISTE – ZAHLUNGSERINNERUNG | | |
|---|---|---|
| **Das sollte eine Zahlungserinnerung enthalten:** | | |
| 1. | **Betreffangabe:** Bezeichnung der gelieferten Ware oder der Dienstleistung | ☐ |
| 2. | **Freundliche Erinnerung:** Vielleicht haben Sie die Zahlung der Rechnung übersehen? | ☐ |
| 3. | **Rechnung:** Nummer und Datum der Rechnung | ☐ |
| 4. | **Hinweis auf bereits geleistete Zahlung:** Sie haben schon bezahlt? Dann … | ☐ |
| 5. | **Entschuldigung:** eventuelle Entschuldigung, falls sich Erinnerung und Zahlung überschneiden | ☐ |

| CHECKLISTE – MAHNUNG | | |
|---|---|---|
| **Das sollte eine Mahnung enthalten:** | | |
| 1. | **Betreffangabe:** die Bezeichnung der gelieferten Ware oder der Dienstleistung und den Begriff »Mahnung« | ☐ |
| 2. | **Rechnung:** Nummer und Datum der Rechnung, auf die sich die Mahnung bezieht | ☐ |
| 3. | **Zahlungserinnerung:** Datum der Zahlungserinnerung oder früherer Mahnungen mit Datum der Rechnung und Fälligkeitstermin | ☐ |
| 4. | **Aufforderung zur Zahlung** | ☐ |
| 5. | **Neuer Zahlungstermin (ungefähr 14 Tage)** | ☐ |
| 6. | **Bankverbindung** | ☐ |
| 7. | **Hinweis:** auf die Beantragung des Mahnbescheides, auf den Gerichtsweg oder auf die Rechtsabteilung | ☐ |
| 8. | **Datenschutz:** Hinweis auf die Übermittlung der persönlichen Daten bei der Beauftragung eines Inkassobüros | ☐ |

### Textbausteine zu Zahlungserinnerungen und Mahnungen

| | |
|---|---|
| **Zahlungserinnerung** | • Ihr Kundenkonto ist nicht ausgeglichen. Vielleicht hatten Sie noch keine Zeit, zu überweisen. Bitte überprüfen Sie die offene Rechnung und überweisen Sie den offenen Betrag auf unser Konto …<br>• Ist Ihre Zahlung an uns unterwegs, dann werfen Sie diesen Brief einfach in den Papierkorb.<br>• Unsere Lieferung vom … wurde noch nicht bezahlt.<br>• Bislang ist das Geld bei uns nicht eingegangen.<br>• Vielleicht ist bei Ihnen oder bei uns ein Fehler passiert. Falls Sie noch nicht überwiesen haben sollten, veranlassen Sie dies bitte. |
| **1. Mahnung** | • Sie haben auf unsere Zahlungserinnerung nicht reagiert.<br>• Noch immer warten wir auf die Bezahlung unserer Rechnung Nr. … vom … über …<br>• Wir räumen Ihnen einen weiteren Zahlungsaufschub von 10 Tagen ein.<br>• Bitte überweisen Sie den Rechnungsbetrag von … EUR bis … auf unser Konto. |
| **2. Mahnung** | • Am … haben Sie uns die sofortige Zahlung unserer Rechnung … zugesichert. Bis heute ist das Geld noch nicht auf unser Konto überwiesen worden.<br>• Bitte überweisen Sie den Betrag von … EUR unverzüglich auf unser Konto …<br>• Sollten Sie nicht reagieren, zwingen Sie uns, ein gerichtliches Mahnverfahren einzuleiten.<br>• Wir sind erstaunt, dass Sie auf unsere Mahnschreiben nicht reagieren.<br>• Bitte bezahlen Sie den Betrag bis zum … Damit verhindern Sie, dass wir rechtliche Schritte einleiten und Ihnen weitere Kosten entstehen.<br>• Sollte der Betrag nicht bis zum … bei uns eingegangen sein, werden wir ein Inkassobüro beauftragen. Bitte beachten Sie, dass wir dabei auch Ihre persönlichen Daten übermitteln. Dies entspricht den gesetzlichen Regeln zum Datenschutz. |

## Beispiel: Zahlungserinnerung

Brief muster GmbH

Briefmuster GmbH – Postfach 10 20 30 – 70180 Stuttgart
Weller & Kaiser OHG
Herrn Peter Kaiser
Schwarzwaldstraße 123
79117 Freiburg

Ihr Zeichen: ek-sm
Ihre Nachricht vom: 20..-12-28
Unser Zeichen: si
Unsere Nachricht vom: 20..-01-08

Name: Rebekka Silch
Telefon: 0711 123-49
Telefax: 0711 123-50
E-Mail: rebekka.silch@briefmuster-gmbh.com

Datum: 20..-02-08

**Auftrag 789/20.. – Zahlungserinnerung**
**Lieferung 5 Bürostühle „Komfort" vom 8. Januar 20..**

Sehr geehrter Herr Kaiser,

Ihr Kundenkonto ist nicht ausgeglichen. Vielleicht hatten Sie noch keine Zeit, den Betrag von 3.495,00 € an uns zu überweisen.

Bitte überprüfen Sie die offene Rechnung und überweisen Sie den offenen Betrag bis 15. Februar 20.. auf unser Konto:

**IBAN: DE39 0399 4949 0399 2345 99 bei der Sparkasse Freiburg**
**BIC: SOLADES21FR**

Haben Sie vielen Dank für die schnelle Erledigung.

Freundliche Grüße

Briefmuster GmbH

Rebekka Silch

Rebekka Silch

Pflicht- und Geschäftsangaben

## Beispiel: Mahnung

Brief**muster** GmbH

Briefmuster GmbH – Postfach 10 20 30 – 70180 Stuttgart
Frau
Petra Schliefen
Merkur-Allee 76
31029 Banteln

Ihr Zeichen:
Ihre Nachricht vom:
Unser Zeichen: ka
Unsere Nachricht vom: 20..-03-07

Name: Fiona Kalb
Telefon: 0711 123-49
Telefax: 0711 123-50
E-Mail: fiona.kalb@briefmuster-gmbh.com

Datum: 20..-03-28

**Mahnung**
**Rechnungsnummer 1234/20..**

Sehr geehrte Frau Schliefen,

das Trekking-Rad „Allrounder 5“ haben Sie am 28. November 20.. von uns pünktlich erhalten. In den vergangenen Monaten haben wir Sie bereits mehrfach an die Begleichung der Rechnung vom 30. November 20.. erinnert, die bis zum 15. Januar 20.. zahlbar war. Bislang ist das Geld bei uns nicht eingegangen.

Sollte der Betrag von 598,00 € inklusive Mehrwertsteuer nicht bis zum 24. April 20.. auf unsere IBAN: DE84 2595 0130 0011 3234 34 bei der Sparkasse Hildesheim BIC: NOLADE21HIK eintreffen, werden wir den Erlass eines Mahnbescheides beantragen. Damit werden weitere Kosten auf Sie zukommen.

Bitte lassen Sie es nicht so weit kommen.

Freundliche Grüße

Briefmuster GmbH

*Fiona Kalb*

Fiona Kalb

Pflicht- und Geschäftsangaben

## 1.5.2 Mahnungen wegen Lieferverzug

Ein Lieferverzug liegt vor, wenn der Lieferant einen Liefertermin nicht einhält. Wichtig ist, dass dieser Liefertermin eindeutig zu bestimmen ist. Ist er nicht eindeutig bestimmt, so tritt der Verzug ein, wenn der Kunde schriftlich oder mündlich mahnt. Die schriftliche Form empfiehlt sich wegen der Beweiskraft. In der Mahnung setzt der Kunde eine Nachfrist. Diese Frist kann je nach Warenart und Branche unterschiedlich lang sein. Zu berücksichtigen ist die vorher vereinbarte Lieferzeit: War sie kurz, kann auch die Nachfrist kurz bemessen werden. Außerdem sollten der Transportweg der Ware und evtl. die Postlaufzeit der Mahnung in die Frist einbezogen werden.

| CHECKLISTE – MAHNUNG WEGEN LIEFERVERZUG | | |
|---|---|---|
| **Das sollte die Mahnung wegen Lieferverzug enthalten:** | | |
| **1.** | Datum der Bestellung | ☐ |
| **2.** | Nummer der Bestellung | ☐ |
| **3.** | genaue Bezeichnung der bestellten Waren mit Artikelnummern | ☐ |
| **4.** | Datum der Auftragsbestätigung | ☐ |
| **5.** | vereinbarter Liefertermin | ☐ |
| **6.** | Mitteilung, dass die Ware bisher nicht eingetroffen ist | ☐ |
| **7.** | Hinweis auf die Folgen, die der Lieferungsverzug mit sich zieht | ☐ |
| **8.** | eine angemessene Nachfrist, bis zu der die Lieferung spätestens zu erfolgen hat | ☐ |
| **9.** | die Ankündigung von Konsequenzen, falls innerhalb der Nachfrist nicht geliefert wird (entweder: dass Sie vom Kaufvertrag nach Ablauf der Nachfrist zurücktreten oder: dass Sie auf der Lieferung bestehen und Schadenersatz wegen verspäteter Lieferung verlangen werden) | ☐ |

## Textbausteine zu Mahnungen wegen Lieferverzug

- In Ihrer Auftragsbestätigung haben Sie als Liefertermin den 20. Mai 20.. zugesagt.
- Die Ware ist bei uns nicht eingetroffen.
- Bitte schicken Sie uns die Ware bis zum 24. Juni 20...

Brief **muster** GmbH

Briefmuster GmbH – Postfach 10 20 30 – 70180 Stuttgart
Schneider & Kamann GmbH
Herrn Michael Kamann
Zeppelinallee 70 – 72
99330 Gräfenroda

Ihr Zeichen: ka-sn
Ihre Nachricht vom: 20..-06-06
Unser Zeichen: ca
Unsere Nachricht vom:

Name: Paul Carstens
Telefon: 0711 123-49
Telefax: 0711 123-50
E-Mail: monika.path@briefmuster-gmbh.com

Datum: 20..-06-14

**Unsere Bestellung vom 31. Mai 20.. über PVC-Rohre**
**Ihre Auftragsbestätigung vom 6. Juni 20..**

Sehr geehrter Herr Kamann,

seit dem 8. Juni 20.. warten wir auf Ihre Lieferung von PVC-Rohren (Typ-Nr. 234/A). Unsere Lagerbestände sind aufgebraucht, sodass auch wir in Lieferungsverzug geraten.

Bitte schicken Sie uns die Ware bis zum 24. Juni 20.. Wenn Sie diesen Termin nicht einhalten, treten wir von unserem Auftrag zurück.

Es grüßt Sie freundlich

Briefmuster GmbH

Paul Carstens

Pflicht- und Geschäftsangaben

## 1.5.3 Beschwerden und Reklamationen

Der Unterschied zwischen einer Beschwerde und einer Reklamation besteht darin, dass der Geschäftspartner bei einer Reklamation einen gesetzlichen Anspruch auf Abhilfe hat. Auch wenn der Geschäftspartner bei einer Beschwerde seine Interessen juristisch nicht durchsetzen kann, sind diese ernst zu nehmen und mit der gleichen Sorgfalt wie Reklamationen zu behandeln.

Reklamationen, im Geschäftsleben und im Gesetz als Mängelrügen bezeichnet, werden dann nötig, wenn einer der Geschäftspartner mit einer Leistung oder Lieferung des anderen nicht einverstanden ist. Der Mangel kann schriftlich oder mündlich mitgeteilt werden. Die schriftliche Form empfiehlt sich jedoch wegen der Beweiskraft: Kommt es später zum Rechtsstreit, so haben Sie aussagekräftige Unterlagen.

### Reklamationen schreiben

| CHECKLISTE – REKLAMATIONEN SCHREIBEN | | |
|---|---|---|
| **Das ist bei Reklamationen zu beachten:** | | |
| **1.** | Ist ein positiver Einstieg formuliert? | ☐ |
| **2.** | Wurde das Datum der Bestellung angegeben? | ☐ |
| **3.** | Wurde(n) das Datum und/oder die Nummer der Lieferung angegeben? | ☐ |
| **4.** | Wurde die genaue Bezeichnung der Ware oder Dienstleistung genannt? | ☐ |
| **5.** | Wird der Reklamationsgrund ausreichend beschrieben? | ☐ |
| **6.** | Werden die Ansprüche formuliert? | ☐ |
| **7.** | Wird der Adressat aufgefordert, Lösungsvorschläge zu machen? | ☐ |
| **8.** | Schließt der Brief mit einem freundlichen Schlusssatz? | ☐ |
| **9.** | Ist die Reklamation insgesamt bestimmt und höflich formuliert? | ☐ |

## Textbausteine zu »Reklamationen schreiben«

| NENNUNG DES MANGELS | |
|---|---|
| **Menge** | Statt der bestellten … Stück haben Sie nur … Stück geliefert. |
| **Art** | Wir hatten Artikel A bestellt, Sie haben uns aber Artikel B geliefert. |
| **Qualität** | Die von Ihnen gelieferten Artikel weisen nicht die zugesicherte Farbfestigkeit auf. |
| **Beschaffenheit** | Die gelieferten Kisten haben nicht den im Katalog abgebildeten und beschriebenen Aufdruck. |

| NACHERFÜLLUNG VERLANGEN | |
|---|---|
| **Umtausch** | Bitte tauschen Sie die beanstandeten Artikel bis zum 23. März 20.. gegen einwandfreie ein. |
| **Rücktritt** | Wir treten vom Kaufvertrag zurück. Die gelieferte Ware senden wir an Sie zurück und wir bitten Sie, den bezahlten Rechnungsbetrag gutzuschreiben. |
| **Minderung** | Die verminderte Qualität können wir nur gegen einen Preisnachlass von 30 % akzeptieren. |

BITTE UM ERLEDIGUNG

- Bitte teilen Sie uns bis zum … mit, wann wir mit der Lieferung der einwandfreien Ware rechnen können.
- Bitte geben Sie uns bis zum … Bescheid, welche Lösung Sie für das Problem vorschlagen.
- Bitte benachrichtigen Sie uns bis zum …, ob Sie unseren Vorschlag akzeptieren.
- Da wir in unserer Produktion auf das bestellte Material angewiesen sind, müssen wir auf eine Neulieferung spätestens bis zum … bestehen.

FREUNDLICHER SCHLUSSSATZ

Wir freuen uns, bald von Ihnen zu hören.

## Antworten auf Beschwerden und Reklamationen

Antworten Sie auf eine Reklamation, haben Sie folgende Möglichkeiten:

- Die Reklamation wird als berechtigt angesehen. Die Forderung des Kunden wird erfüllt: Wandlung, Minderung, Ersatzlieferung oder Schadenersatz.
- Die Reklamation wird als teilweise berechtigt angesehen. Man macht einen Gegenvorschlag zur Lösung der Situation.
- Die Reklamation wird als nicht berechtigt angesehen. Sie wird entweder zurückgewiesen oder aber aus anderen Gründen – zum Beispiel wegen übergeordneter geschäftlicher und persönlicher Interessen – anerkannt.

Ob eine Beschwerde des Kunden berechtigt ist oder nicht – versuchen Sie immer, den Fall als gemeinsames Problem zu behandeln, an dessen Lösung Sie ebenso interessiert sind wie der Kunde. Bedenken Sie, dass ein verständnisvoller Brief auf eine Kundenbeschwerde auch eine Chance bedeutet, die Kundenbeziehung zu festigen.

| CHECKLISTE – BESCHWERDEN UND REKLAMATIONEN BEANTWORTEN | | |
|---|---|---|
| **Das ist bei Antworten auf Beschwerden zu beachten:** | | |
| **1.** | Geben Sie in der Betreffzeile an, auf welche Lieferung sich die Beschwerde/Reklamation bezieht. Vermeiden Sie aber die negativ belegten Wörter »Beschwerde« und »Reklamation«. | ☐ |
| **2.** | Reagieren Sie immer auf eine Beschwerde, egal, ob sie gerechtfertigt ist oder nicht. | ☐ |
| **3.** | Beantworten Sie eine Beschwerde möglichst schnell oder senden Sie einen Zwischenbescheid. | ☐ |
| **4.** | Wiederholen Sie, um welchen Mangel es nach der Beschreibung des Kunden geht. | ☐ |
| **5.** | Nehmen Sie den Kunden ernst. Schreiben Sie sachlich. | ☐ |
| **6.** | Gehen Sie nicht in die Rechtfertigungsposition, sondern stehen Sie zu dem, was nicht korrekt gelaufen ist. | ☐ |
| **7.** | Vermeiden Sie Floskeln und langatmige Erklärungsversuche. Gehen Sie konkret auf das Anliegen des Geschäftspartners ein. | ☐ |
| **8.** | Gehen Sie auf den Wunsch des Kunden ein oder schlagen Sie eine andere Lösung vor. | ☐ |
| **9.** | Verwenden Sie grundsätzlich eine positive Formulierung. | ☐ |

**Textbausteine zu »Beschwerden und Reklamationen beantworten«**

| | |
|---|---|
| **Mängelfeststellung mit eigenen Worten wiederholen** | • Sie schreiben, dass unser Produkt nicht die im Katalog aufgeführten Eigenschaften besitzt.<br>• Sie beanstanden die mangelnde Frische der gelieferten Orangen.<br>• Sie berichten, dass die Ware beschädigt bei Ihnen eingetroffen ist.<br>• Es tut uns leid, dass wir Ihnen den falschen Artikel geliefert haben.<br>• In letzter Zeit kam es häufiger vor, dass Sie in unserer Kundenbetreuung nicht korrekt behandelt wurden. Dafür entschuldigen wir uns. |
| **Mängel bestätigen** | • Wenn ein Drittel der Früchte Schimmel aufweist, dann ist das selbstverständlich nicht akzeptabel.<br>• Ein ungleichmäßiger Farbauftrag entspricht nicht unserem Qualitätsanspruch.<br>• In den anderen von Ihnen beanstandeten Punkten können wir keinen Mangel erkennen.<br>• Wir verstehen Sie sehr gut und bieten Ihnen …<br>• Vielen Dank, dass Sie uns auf die Mängel aufmerksam gemacht haben …<br>• Unsere Verkaufsleiterin, Frau …, kümmert sich persönlich darum, dass Sie eine Ersatzlieferung bis zum … bekommen. |
| **Mängel verneinen** | • Variationen im Farbton sind produktionsbedingt und nicht vermeidbar. Sie stellen deshalb keinen Mangel dar.<br>• In den von Ihnen beanstandeten Punkten können wir keinen Mangel erkennen. |

| | |
|---|---|
| **Lösungs-vorschlag** | • Sind Sie mit einer kostenfreien Ersatzlieferung einverstanden?<br>• Wenn Sie uns die beanstandete Ware mit beigelegter Rechnungskopie an die unten aufgeführte Adresse zurücksenden, werden wir Ihnen den Kaufpreis einschließlich aller Portokosten erstatten. Bitte nennen Sie uns dazu Ihre Kontoverbindung.<br>• Wir wollen aber vor allem, dass Sie als Kunde zufrieden sind, und kommen Ihnen deshalb freiwillig mit folgendem Vorschlag entgegen: …<br>• Wir schlagen vor, dass wir das Gerät reparieren und lediglich das nötige Ersatzteil berechnen. Der Arbeitsaufwand von geschätzt einer Stunde ginge auf unsere Kosten. |
| **Entschuldigung** | • Es tut uns leid, dass unser Produkt nicht Ihren Vorstellungen entspricht.<br>• Entschuldigen Sie das Versehen bitte.<br>• Wir bitten Sie ganz herzlich um Entschuldigung.<br>• Wir hoffen auf Ihre Nachsicht.<br>• Wir bedauern sehr, dass Sie mit unserem Unternehmen diesmal nicht zufrieden sind, und hoffen, Sie künftig wieder durch unsere Leistung überzeugen zu können. |

## Beispiel: Antwort auf eine Reklamation

Brief muster GmbH

Briefmuster GmbH – Postfach 10 20 30 – 70180 Stuttgart
Elektrofachgeschäft
Gabel & Schnee GmbH
Herrn Thomas Singer
Schulstraße 40 – 42
39606 Flessau

Ihr Zeichen: si
Ihre Nachricht vom: 20..-07-02
Unser Zeichen: be
Unsere Nachricht vom: 20..-06-30

Name: Solveig Bergmann
Telefon: 0711 123-49
Telefax: 0711 123-50
E-Mail: solveig.bergmann@briefmuster-gmbh.com

Datum: 20..-07-05

**Falsche Lieferung Nr. 3810/A**

Sehr geehrter Herr Singer,

haben Sie herzlichen Dank für Ihre offenen Worte!

Es ist für uns wichtig zu erfahren, wenn einmal etwas nicht so gelaufen ist, wie wir es wünschen.

Die beanstandeten Schalter wurden irrtümlich an Sie geliefert statt wie geplant als Rücksendung an den Hersteller. Das hätte nicht passieren dürfen!

Wir bedauern das Versehen sehr und bitten Sie vielmals um Entschuldigung. Selbstverständlich nehmen wir die Schalter zurück und Sie erhalten umgehend einwandfreie Ware.

Freundliche Grüße

Briefmuster GmbH

Solveig Bergmann

Pflicht- und Geschäftsangaben

### 1.5.4 Zwischenbescheide

Ein Zwischenbescheid ist ein absolutes Muss, wenn abzusehen ist, dass die Bearbeitung einer Beschwerde oder Reklamation längere Zeit in Anspruch nehmen wird. Er verhindert, dass eine Problemsituation eskaliert.

In anderen Fällen ist ein Zwischenbescheid nicht unbedingt erforderlich, wirkt aber höflich und dient der Pflege der Geschäftsbeziehung. Außerdem haben Zwischenbescheide eine vorbeugende Funktion: Sie vermeiden Kundenanfragen über den Stand der Angelegenheit.

In folgenden Fällen ist ein Zwischenbescheid immer sinnvoll:

- Voranfragen
- Anfragen
- Angebote
- Bestellungen
- Beschwerden und Reklamationen
- Bewerbungen

| CHECKLISTE – ZWISCHENBESCHEID | | |
|---|---|---|
| **Das sollte der Zwischenbescheid enthalten:** | | |
| **1.** | **Betreffangabe:** Schreiben Sie in den Betreff, worauf sich der Zwischenbescheid bezieht. | ☐ |
| **2.** | **Dank:** Bedanken Sie sich für die Anfrage, das Angebot, die Bestellung usw. | ☐ |
| **3.** | **Grund:** Geben Sie den Grund für die längere Bearbeitungszeit an, z. B. große Nachfrage, genaue Prüfung, Einhaltung von Fristen, Urlaubszeit. | ☐ |
| **4.** | **Bitte:** Bitten Sie um Verständnis. | ☐ |
| **5.** | **Termin:** Nennen Sie einen Termin, zu dem der Empfänger eine Antwort erhalten wird. | ☐ |

**Textbausteine zu Zwischenbescheiden**

- Wir entschuldigen uns für … Bitte haben Sie etwas Geduld. Wir werden Ihr Anliegen bis … prüfen und Ihnen Bescheid geben.
- Vielen Dank für Ihre interessante Bewerbung. Es tut uns sehr leid, dass wir Ihre Bewerbung nicht schneller prüfen können.
- Wir bedanken uns, dass Sie sich mit dem Problem gleich an uns gewandt haben.
- Bitte geben Sie uns etwas Zeit zur Bearbeitung. Wir melden uns in etwa einer Woche.
- Wir brauchen zur Beantwortung Ihrer Fragen ein paar Tage Zeit, da wir gern mit unserem verantwortlichen Mitarbeiter sprechen würden.
- Wenn Sie mich in der Zwischenzeit sprechen möchten, erreichen Sie mich unter der Telefonnummer …
- Da wir Ihre Anfrage sehr detailliert beantworten wollen, bitten wir Sie noch um einige Tage Zeit.
- Unser Angebot erhalten Sie bis zum …
- Bitte haben Sie Verständnis, …
- Vielen Dank für Ihre Geduld und Ihr Verständnis.

## Beispiel: Zwischenbescheid

Brief muster GmbH

Briefmuster GmbH – Postfach 10 20 30 – 70180 Stuttgart
Herrn
Patrick Fahlke
ARBERO GmbH
Postfach 23 23 23
26161 Oldenburg

Ihr Zeichen: fa-rf
Ihre Nachricht vom: 20..-05-15
Unser Zeichen: re
Unsere Nachricht vom:

Name: Roger Regnery
Telefon: 0711 123-49
Telefax: 0711 123-50
E-Mail: roger.regnery@briefmuster-gmbh.com

Datum: 20..-05-23

**Ihr Angebot vom 15. Mai 20..**

Sehr geehrter Herr Fahlke,

vielen Dank für die schnelle Ausarbeitung Ihres Angebotes!

Die Abgabefrist für Angebote läuft bis zum **30. Juni 20..**

Erst danach können wir das Auswahlverfahren beginnen.

Bitte haben Sie Verständnis dafür, dass wir Ihnen daher frühestens Mitte Juli über das Ergebnis Bescheid geben können.

Freundliche Grüße

Briefmuster GmbH

Roger Regnery
Leiter Einkauf

Pflicht- und Geschäftsangaben

# 1.6 Schreiben im Personalbereich

## 1.6.1 Stellenanzeigen

Stellenanzeigen dürfen nach dem Allgemeinen Gleichbehandlungsgesetz keine Diskriminierungen wegen der Rasse, der ethnischen Herkunft, des Geschlechts, der Religion, der Weltanschauung, einer Behinderung, des Alters oder der sexuellen Identität eines potenziellen Bewerbers / einer potenziellen Bewerberin enthalten (§ 1 AGG). Neben dem weiblichen und männlichen Geschlecht gibt es die dritte Kategorie »divers« für Menschen, die von Geburt an biologisch weder das eine noch das andere sind. In Stellenanzeigen wird im deutschen Sprachraum die Abkürzung »d« verwendet. Formulierungen wie »Sie sind jung und dynamisch«, »körperlich belastbar«, »nicht älter als«, »flexibel« oder »rüstiger Rentner« können somit nicht mehr verwendet werden, denn sie würden Bewerber/-innen mit einem bestimmten persönlichen Merkmal bevorzugen oder ausschließen.

Ausnahmen sind allerdings zulässig, wenn das persönliche Merkmal eine entscheidende berufliche Anforderung darstellt (»Suche männliches Unterwäschemodel«). Auch zugunsten der Gleichstellung einer allgemein benachteiligten Gruppe von Arbeitnehmern sind diskriminierende Formulierungen erlaubt (z. B. bei den Frauenquoten).

- Verlangen Sie keine »vollständigen« oder »üblichen« Bewerbungsunterlagen, die ja u. a. Angaben zu Geburtsort und Familienstand enthalten – bitten Sie einfach um »Bewerbungsunterlagen«.
- Bitten Sie nicht um ein Foto, weil man darauf die Hautfarbe und das Alter erkennen kann.
- Wählen Sie als Stellenbezeichnung in Ihrem Inserat die Bezeichnung, die Sie auch in Ihrem Betrieb verwenden – suchen Sie nicht nach einem Account-Manager, wenn Sie eigentlich von einem Vertriebsrepräsentanten sprechen wollen, nicht nach einem Purchasing Manager, hinter dem sich ein einfacher Einkäufer verbirgt – denn vom Titel schließen

Bewerber/-innen auf Ihr Selbstverständnis als Unternehmen und auf das zu erwartende Arbeitsumfeld.

Mit Anglizismen und schwammigen Formulierungen mogeln sich viele Personalchefs um eine präzise Stellenbeschreibung herum. Besser als »Teamfähigkeit« zu fordern, ist die konkrete Formulierung »Sie werden in einer Gruppe von fünf Personen arbeiten«.

### FORMULIEREN SIE SO AUSSAGEKRÄFTIG WIE MÖGLICH

| NICHT | SONDERN |
|---|---|
| Teamfähigkeit gefordert | Sie werden in einer Gruppe von fünf Personen arbeiten. |
| Global Players im Health-Care-Bereich | international tätiger Konzern im Gesundheitswesen |
| Facility-Manager | Hausmeister |
| Wir erwarten zeitliche und räumliche Flexibilität. | Ihre Arbeitszeiten wechseln im Rahmen unserer Ladenöffnungszeiten von 8 bis 20 Uhr. Während der Urlaubszeiten erwarten wir auch Ihre Bereitschaft, in einer unserer bis zu 20 km entfernten Filialen Vertretungen zu übernehmen. |
| hohe Belastbarkeit | Sie sollten in der Lage sein, einen hohen Termindruck zu tolerieren. |

Je genauer Sie Ihre Anforderungen beschreiben, desto geringer ist der Aufwand beim Auswahlprozess.

| CHECKLISTE – STELLENANZEIGE | | |
|---|---|---|
| **Das sollte eine Stellenanzeige enthalten:** | | |
| **1.** | **Darstellung des Unternehmens:** Größe, Branche und Produktpalette, Standort und die dazugehörige Infrastruktur | ☐ |
| **2.** | **Beschreibung der offenen Stelle:** Information über die Stellung in der Unternehmenshierarchie, Aufgabenbereich, Verantwortung | ☐ |
| **3.** | **Gendergerechte Formulierung:** Abkürzung für m = männlich, w = weiblich und d = divers | ☐ |
| **4.** | **Art der Stelle:** befristet oder unbefristet | ☐ |
| **5.** | **Besonderes Arbeitsbedingungen:** Reisen, Schichtdienst, Homeoffice | ☐ |
| **6.** | **Besondere Anreize:** Karrierechancen, überdurchschnittliches Gehalt, Fortbildungsmöglichkeiten, Firmenwagen, Kantine | ☐ |
| **7.** | **Erwartete und erwünschte Qualifikationen:** Ausbildung, Berufserfahrung, Sprachkenntnisse usw. | ☐ |
| **8.** | **Bewerbungsmodalitäten:** Bewerbung per E-Mail, telefonische oder schriftliche Bewerbung, Fristen, besondere Anforderungen an die Bewerbungsunterlagen, Arbeitsproben oder -zeugnisse gewünscht oder nicht | ☐ |
| **9.** | **Kontaktmöglichkeiten:** Name, Telefonnummer, E-Mail-Adresse | ☐ |

Nicht zu vergessen: Eine Stellenanzeige ist immer auch Öffentlichkeitsarbeit für das Unternehmen.

**Beispiel: Stellenanzeige**

> Wir wollen weiter wachsen. Als bekanntes Unternehmen der Grabmalindustrie mit Produktionsstätten in Deutschland und Spanien suchen wir eine
>
> **Verkaufsperson (m, w, d)**
>
> für den Innen- und Außendienst.
>
> Ihr Aufgabengebiet umfasst die eigenverantwortliche Betreuung unserer Kunden und die Gewinnung von neuen Kunden. Ihr Einsatzgebiet ist der gesamte süddeutsche Raum.
>
> Wir setzen Führerschein und eine abgeschlossene kaufmännische Ausbildung voraus. Unerlässlich sind außerdem Kontaktfreude und Zuverlässigkeit.
>
> Wir bieten ein Festgehalt, zusätzliche leistungsorientierte Vergütung sowie einen Firmenwagen.
>
> Bitte senden Sie Ihre Bewerbung per Post an:
>
> **IGEDO Natursteinwerk GmbH**<br>
> Herrn Bernd Rohling<br>
> Siegfriedstraße 234<br>
> 87700 Memmingen

## Online-Stellenangebote

Ein Stellenangebot ist immer zugleich auch eine Unternehmensdarstellung. Fassen Sie sich hierbei aber kurz und verweisen Sie auf Ihre Website.

Online-Stellenangebote sind schnell und kostengünstig. Kleineren Unternehmen garantieren sie mehr Aufmerksamkeit als eine aus Kostengründen kleine gedruckte Anzeige, die sich gegen die großen Anzeigen der Konzerne und Großunternehmen durchsetzen muss.

Um in der Informationsflut der Online-Medien angemessen wahrgenommen zu werden, sollte der Text knapp, präzise und übersichtlich abgefasst sein – die potenziellen Bewerber/-innen müssen das Wesentliche mit wenigen Blicken erfassen können.

Im Anzeigentext finden sich im Idealfall nur Worte mit Bezug zur angebotenen Stelle. Alle Informationen zur Selbstdarstellung Ihrer Firma können als »enthaltende Grafik« eingefügt werden – die Wörter werden damit von den Suchmaschinen nicht erkannt und es kommt zu genaueren Suchergebnissen für Bewerber.

| CHECKLISTE – ONLINE-STELLENANGEBOT | | |
|---|---|---|
| **Das sollte ein Online-Stellenangebot enthalten:** | | |
| 1. | **Textlänge:** Ist der Text nicht länger als eine Bildschirmseite? | ☐ |
| 2. | **Stellenbeschreibung:** Ist die Stellenbeschreibung kurz und so genau wie möglich formuliert? | ☐ |
| 3. | **Textformatierung:** Sind die Beschreibungen zum Aufgabenfeld als Aufzählung formatiert? Aufzählungen sind online besser wahrzunehmen als Fließtext. | ☐ |
| 4. | **Unternehmensinterne Bezeichnung:** Haben Sie auf unternehmensinterne Bezeichnungen – vor allem in der Titelzeile – verzichtet? Außenstehende werden kaum eine unternehmensinterne Bezeichnung als Suchbegriff eingeben. | ☐ |
| 5. | **Schlüsselwörter:** Sind alle wichtigen Schlüsselwörter enthalten? Häufig suchen Bewerber/-innen nicht bei den einzelnen Rubriken der Stellenbörsen, sondern über eine Suchmaschine. | ☐ |
| 6. | **Kategorisierung:** Ist Ihre Anzeige den richtigen Kategorien (z. B. Berufsfelder, Rubriken der Online-Jobportale) zugeordnet? Schöpfen Sie alle Möglichkeiten der Online-Portale aus: Je konkreter die Angaben sind, desto besser erreichen Sie die von Ihnen anvisierte Bewerbergruppe. | ☐ |
| 7. | **Grafiken mit Text:** Haben Sie wichtige Informationen, z. B. zur Selbstdarstellung des Unternehmens, die nicht von den Suchmaschinen erkannt werden sollen, als Grafik eingefügt? | ☐ |

## SLIM-Recruiting

SLIM-Recruiting ist eine besondere Form des Online-Stellenangebots. Unternehmen verzichten bei der Bewerbung auf das Anschreiben bzw. Motivationsschreiben und stellen der Bewerberin / dem Bewerber über ein Online-Tool entsprechende Fragen. Der Fokus liegt auf dem späteren Bewerbungsgespräch.

**ANDANTE** ist Deutschlands führender Dienstleister für die Sanierung von Gebäuden in Gewerbe und Industrie.

Jährlich betreuen wir über 50 000 Projekte, bei denen wir modernste Technik und Verfahren einsetzen. Mehr als 100 Versicherungen zählen zu unseren Kunden.

Zu unseren Leistungen gehören die Ersthilfe- und Notdienstorganisation und die Sanierung nach Brand-, Wasser- und Sturmschäden.

**Wir verstärken unser Team!**

Für unsere Niederlassung in Paderborn suchen wir eine

## Bürokraft (m, w, d)

**Ihre Aufgaben**

- Einsatz und Kontrolle der Mitarbeiter und Subunternehmer
- Terminplanung und -überwachung
- Kontrolle von Zielvorgaben, Material- und Maschineneinsätzen
- Aktualisierung der EDV-Daten der Objekte
- Rechnungsprüfung

**Ihr Profil**

- abgeschlossene kaufmännische Berufsausbildung
- gute EDV-Kenntnisse
- Durchsetzungsvermögen und Verhandlungssicherheit
- selbstständige, flexible Arbeitsweise, Organisationsfähigkeit
- Bereitschaft zum Einsatz an unterschiedlichen Orten innerhalb von Paderborn
- Führerschein

**Wir bieten Ihnen**

- einen interessanten Arbeitsplatz
- ein gutes Arbeitsklima
- eine leistungsgerechte Vergütung
- eine umfassende Aus- und Weiterbildung

Senden Sie bitte Ihre aussagefähigen Bewerbungsunterlagen mit Ihrer Gehaltsvorstellung an

**ANDANTE Sanierung GmbH**
Herrn Frederik Kemmerer
Sonnenstraße 124
33100 Paderborn

Telefon: 05251 8676-56
E-Mail: frederik.kemmerer@andante-gmbh.com

Fragen, die Sie der Bewerberin / dem Bewerber stellen:

- Warum sollen wir gerade Sie einstellen?
- Warum wollen Sie diesen Ausbildungsplatz haben?
- Welche Erwartungen haben Sie an Ihren zukünftigen Beruf?

- Was wissen Sie über unser Unternehmen?
- Welche Qualifikationen bringen Sie für den Ausbildungsplatz mit?
- usw.

## 1.6.2 Einladungen an Bewerber/-innen

Einladungen an an Bewerber/-innen zu schreiben, ist leichter und angenehmer als das Formulieren von Absagen. Dennoch: Ein Vorstellungsgespräch oder ein Einstellungstest ist für den Bewerber / die Bewerberin sehr anstrengend. Geben Sie ihm/ihr deshalb eine möglichst genaue Beschreibung dessen, was ihn/sie erwartet.

| CHECKLISTE – EINLADUNG AN BEWERBER/-INNEN | | |
|---|---|---|
| **Das sollte die Einladung an den Bewerber / die Bewerberin enthalten:** | | |
| **1.** | **Dank:** Bedanken Sie sich für die Bewerbung. | ☐ |
| **2.** | **Engere Auswahl:** Teilen Sie dem Bewerber / der Bewerberin mit, dass er/sie in die engere Auswahl gekommen ist. | ☐ |
| **3.** | **Anlass:** Nennen Sie den Anlass für die Einladung: Vorstellungsgespräch, Fachtest, psychologischer Test oder anderes. | ☐ |
| **4.** | **Ort:** Geben Sie den Ort an, an dem das Gespräch oder der Test stattfindet (Gebäude, Etage, Raum). | ☐ |
| **5.** | **Anwesende Personen:** Nennen Sie die Personen, die beim Gespräch anwesend sein werden. | ☐ |
| **6.** | **Termin:** Schlagen Sie einen Termin vor, bitten Sie gegebenenfalls um einen Alternativtermin, nennen Sie eine Ansprechperson oder setzen Sie einen festen Termin. | ☐ |
| **7.** | **Fahrtkosten:** Thematisieren Sie die Fahrtkosten: Anreise mit Pkw oder öffentlichen Verkehrsmitteln? Höhe der Erstattung? | ☐ |

| | | |
|---|---|---|
| 8. | **Unterbringungskosten:** Thematisieren Sie die Unterbringungskosten: Hotel selbst reservieren oder durch das Unternehmen reservieren lassen? Höhe der Erstattung? | ☐ |
| 9. | **Ansprechperson:** Geben Sie den Namen und die Telefonnummer der zuständigen Ansprechperson im Unternehmen an. | ☐ |
| 10. | **Anreise:** Wünschen Sie eine gute Anreise. | ☐ |
| 11. | **Anlagen:** eventuell Informationsmaterial zum Unternehmen, Hinweise zur Anreise (ggf. Anfahrtsskizze, Link zur Wegbeschreibung auf der Homepage), Parkmöglichkeit, Personalbogen oder Bewerberfragebogen mit der Bitte, ihn auszufüllen und zurückzusenden | ☐ |

### Textbausteine zu Einladungen an Bewerber/-innen

- Herzlichen Dank für Ihre Bewerbung. Wir haben eine Vorauswahl getroffen und wollen mit Ihnen und zwei Ihrer Mitbewerber/-innen persönlich sprechen.
- Ihre Bewerbung hat uns gefallen. Jetzt möchten wir Sie auch gern persönlich kennenlernen.
- Ihre Bewerbung und Ihre Zeugnisse haben uns gut gefallen.
- Wir haben Ihre Bewerbung mit großem Interesse gelesen und wollen Sie nun gern auch persönlich kennenlernen.
- Wir schlagen Ihnen vor, am … um … Uhr zu uns zu kommen. Bitte sprechen Sie den Termin mit …, Telefon …, ab.
- Kommen Sie bitte am … um … zu uns. Sollten Sie an diesem Tag verhindert sein, vereinbaren Sie bitte mit …, Telefon …, einen anderen Termin.
- An dem Gespräch, für das wir rund zwei Stunden veranschlagen, werden die Geschäftsführerin, …, und unser Personalchef, …, teilnehmen.
- Bitte geben Sie uns Bescheid, ob Sie am … um … zu uns kommen können. Sollte Ihnen dieser Tag nicht passen, vereinbaren Sie bitte mit …, Telefonnummer …, einen anderen Termin.
- Ihre Reise- und Verpflegungskosten erstatten wir Ihnen selbstverständlich.

- Ihre Reisekosten übernehmen wir.
- Bitte bringen Sie den beigefügten Personalbogen ausgefüllt zu unserem Gespräch mit.
- Wir freuen uns auf das Gespräch, in dem wir uns kennenlernen und unsere Vorstellungen austauschen können.
- Eine ausführliche Anfahrtsskizze finden Sie auf unserer Website.
- Wir freuen uns auf Sie und wünschen Ihnen eine gute Anreise.

| **An ...** | sabine.meyer@wmail.com |
|---|---|
| **Cc ...** | |
| **Bcc ...** | |
| **Betreff:** | Ihre Bewerbung vom 25. Mai 20.. als Pressereferentin |

Sehr geehrte Frau Meyer,

herzlichen Dank für Ihre ausführliche Bewerbung! Ihre Zeugnisse und Unterlagen machen einen sehr guten Eindruck. Wir möchten Sie gern näher kennenlernen und laden Sie daher zu einem Vorstellungsgespräch ein.

In diesem Gespräch, bei dem außer mir auch ein Mitglied der Geschäftsleitung anwesend sein wird, möchten wir Sie mit unserem Unternehmen bekannt machen und mit Ihnen über Ihre Bewerbung sprechen.

Als Termin schlagen wir den 17. Juni 20.., 10:30 Uhr bis 12:00 Uhr, vor. Wenn Ihnen dieser Tag nicht zusagen sollte, vereinbaren Sie bitte mit Frau Schneider (Telefon: 0711 123-495) möglichst schnell einen anderen Termin.

Falls Sie am Vortag anreisen möchten, wird Ihnen Frau Schneider gern ein Hotelzimmer reservieren.

Wir freuen uns auf Ihren Besuch und wünschen Ihnen eine angenehme Anreise.

Es grüßt Sie freundlich

Gosbacher GmbH

Paul Mohr
Personalabteilung

E-Mail: paul.mohr@gosbacher-gmbh.com
Internet: www.gosbacher-gmbh.com
Telefon: 0711 123-2394
Telefax: 0711 123-2396

Postanschrift: Postfach 56 49 32, 70048 Stuttgart
Hausanschrift: Vogelrainstraße 122, 70199Stuttgart
Gesellschafter: Thomas Gruber, Gernot Tafelmeyer
Handelsregister HRB 79299 beim Amtsgericht Stuttgart

| Anhang: | |
|---|---|

## 1.6.3 Absagen an Bewerber/-innen

Eine Absage auf eine Bewerbung bedeutet immer eine Enttäuschung für den Empfänger/die Empfängerin. Deshalb sollten Sie eine Absage sehr einfühlsam formulieren. Versetzen Sie sich in die Lage des Empfängers/der Empfängerin. Wie niederschmetternd ist es, wenn der bange Weg zum Briefkasten schon wieder mit einem dicken Umschlag (»… erhalten Sie Ihre Unterlagen zu unserer Entlastung zurück«) endet. Geben Sie auch den abgelehnten Bewerber/-innen das Gefühl, individuell wahrgenommen worden zu sein.

Versuchen Sie, ihm/ihr auch eine positive Bewertung zu geben – natürlich sollte diese nicht unrealistisch ein. Oder vielleicht können Sie einen Tipp geben, wie sich die Chancen erhöhen lassen?

Lieblose Absagen auf Bewerbungen schaffen ein negatives Image für Ihr Unternehmen. Schreiben Sie Absagen, die dem Ansehen und der Kultur Ihres Unternehmens entsprechen.

Schreiben Sie Ihre Absage als Brief. Absagen per E-Mail sind ausschließlich bei Online-Bewerbungen passend.

| CHECKLISTE – ABSAGEN AN BEWERBER/-INNEN | | |
|---|---|---|
| **Das sollten Sie bei der Formulierung einer Absage beachten:** | | |
| **1.** | **Dank:** Bedanken Sie sich für die Bewerbung. Gegebenenfalls können Sie beschreiben, wo Sie mit dem Bewerber/der Bewerberin übereinstimmen. | ☐ |
| **2.** | **Floskeln:** Vermeiden Sie Floskeln wie z. B. » … mitteilen zu müssen …«, / » … zu unserer Entlastung …«, »Vielen Dank für Ihr Verständnis.« | ☐ |
| **3.** | **Positives:** Sagen Sie etwas Positives über den Bewerber bzw. die Bewerberin und bedauern Sie die Ablehnung. | ☐ |
| **4.** | **Grund:** Erklären Sie, warum Sie eine/-n andere/-n bevorzugt haben. | ☐ |
| **5.** | **Aufforderung:** Schreiben Sie, dass Sie ihn/sie gern beim nächsten Mal wieder berücksichtigen möchten. | ☐ |
| **6.** | **Wünsche:** Wünschen Sie ihm/ihr für die Zukunft alles Gute. | ☐ |

## Textbausteine zu Absagen

| | |
|---|---|
| **Einleitung:** | • Vielen Dank für Ihr Interesse an einer Mitarbeit in unserem Unternehmen.<br>• Vielen Dank für Ihr Vertrauen in unser Unternehmen.<br>• Vielen Dank für Ihre ansprechende Bewerbung.<br>• Ganz herzlichen Dank für Ihre Bewerbung vom 1. September 20..<br>• Ihre Unterlagen sind sehr interessant und Ihre Zeugnisse haben uns beeindruckt.<br>• Über ... Bewerbungen sind auf die von uns ausgeschriebene Stelle eingegangen. Die Auswahl und Gewichtung waren nicht leicht. Viele Bewerber/-innen zeichneten sich – wie Sie – durch hohe Qualifikation, aber wenig Erfahrung aus. Beides aber ist für die zu besetzende Stelle unerlässlich. |
| **Mittelteil:** | • Bitte lassen Sie sich nicht entmutigen. Diesmal hat eine andere Bewerberin am besten zu der ausgeschriebenen Stelle gepasst – ein andermal könnten Sie das sein!<br>• Wir würden uns aber freuen, wenn Sie sich auch künftig wieder bei uns bewerben würden.<br>• Auf die Stellenausschreibung haben wir sehr viele Bewerbungen erhalten, darunter auch von Bewerber/-innen mit sehr guten Kenntnissen in drei oder mehr Fremdsprachen. Diese Qualifikation ist für die zu besetzende Stelle besonders wichtig. Wir haben uns deshalb für eine Ihrer Mitbewerberinnen entschieden. |
| **Schlusssätze:** | • Dennoch ist Ihre Bewerbung für uns interessant, wir prüfen alle Einsatzmöglichkeiten für Sie. Wenn Sie damit einverstanden sind, möchten wir Ihre Bewerbung weiter behalten. Wir würden uns freuen, dann eventuell später wieder Kontakt aufnehmen zu können.<br>• Wenn Sie nun Ihre Bewerbungsunterlagen wieder in der Hand halten, sollte Sie das nicht entmutigen! Wir danken Ihnen für Ihr Interesse an einer Mitarbeit in unserem Unternehmen und wünschen Ihnen viel Erfolg.<br>• Ich wünsche Ihnen, dass Sie schon bald die Stelle finden, in der Sie Ihre ausgezeichneten Qualifikationen einsetzen können.<br>• Wir wünschen Ihnen viel Erfolg bei Ihren weiteren Bewerbungen.<br>• Wir wünschen Ihnen beruflich alles Gute.<br>• Wir wünschen Ihnen viel Erfolg und auch persönlich alles Gute für Ihren weiteren Berufsweg. |

## Beispiele: Absage

Brief muster GmbH

Briefmuster GmbH – Postfach 10 20 30 – 70180 Stuttgart
Herrn
Sven Oberdorfer
Karlstraße 20
78713 Gifizenmoos

Ihr Zeichen
Ihre Nachricht vom: 20..-07-19
Unser Zeichen: hei
Unsere Nachricht vom:

Name: Helma Heidtkamp
Telefon: +49 711 123-49
Telefax: +49 711 123-50
E-Mail: helma.heidtkamp@briefmuster-gmbh.com

Datum: 20..-07-29

**Ihre Bewerbung**

Sehr geehrter Herr Oberdorfer,

Dank für die Bewerbung sollte selbstverständlich sein.

ich danke Ihnen für Ihre Bewerbung und das Interesse, das Sie unserem Unternehmen entgegengebracht haben.

Die Begründung für die Ablehnung lässt dem Bewerber die Hoffnung, unter den Interessenten mit guten Voraussetzungen gewesen zu sein.

Es haben sich viele Bewerber für die Stelle gemeldet und so müssen wir leider auch Interessenten mit guten Voraussetzungen absagen – darunter auch Ihnen. Ihre Bewerbungsunterlagen erhalten Sie deshalb zurück.

Ich wünsche Ihnen, dass Sie bei Ihren nächsten Bewerbungen Erfolg haben.

»Ich« statt »wir« lässt den Wunsch persönlicher wirken.

Freundliche Grüße

Briefmuster GmbH

Helma Heidtkamp
Personalabteilung

**Anlage**
1 Bewerbungsmappe

Pflicht- und Geschäftsangaben

### 1.6.4 Abmahnungen

Eine Abmahnung – in Österreich »Unterlassungsaufforderung« – gegenüber Arbeitnehmern hat sowohl arbeitsrechtliche als auch psychologische Effekte. Die Abmahnung ist Voraussetzung für eine verhaltensbedingte Kündigung. Sie muss das bemängelte Fehlverhalten genau beschreiben und dabei Ort und Zeitpunkt benennen. Sie muss eine ausdrückliche Missbilligung enthalten, korrektes Verhalten fordern und Konsequenzen für künftiges Fehlverhalten konkret benennen.

Bedenken Sie beim Formulieren aber auch die psychologischen Aspekte einer Abmahnung – einerseits möchten Sie deutlich machen, wie ernst Sie das Fehlverhalten nehmen, und sich zugleich die Möglichkeit einer Kündigung eröffnen. Wenn aber der Mitarbeiter sein Fehlverhalten einstellt, sollte er motiviert und ohne Gesichtsverlust weiter bei Ihnen arbeiten können. Bemühen Sie sich deshalb um einen nüchternen, sachlichen Ton.

Auch Arbeitnehmer/-innen können eine Abmahnung erteilen, wenn der Arbeitgeber die Pflichten aus dem Arbeitsvertrag verletzt und der Arbeitnehmer / die Arbeitnehmerin deshalb eine Kündigung beabsichtigt.

| CHECKLISTE – ABMAHNUNGEN | | |
|---|---|---|
| **Das sollten Sie bei einer Abmahnung beachten:** | | |
| **1.** | **Fehlverhalten:** Ist das Fehlverhalten genau beschrieben? | ☐ |
| **2.** | **Dokumentation:** Wurde der Verstoß genau dokumentiert (eventuell unter Angabe von Ort und Zeitpunkt und Benennung von Zeugen)? | ☐ |
| **3.** | **Hinweis der Nichtduldung:** Wird darauf hingewiesen, dass weitere Verstöße nicht geduldet werden? | ☐ |

| | | |
|---|---|---|
| 4. | **Konsequenzen:** Wird vor den Konsequenzen, z. B. Kündigung, gewarnt? | ☐ |
| 5. | **Keine Verletzungen:** Ist die Formulierung sachlich? | ☐ |
| 6. | **Dokumentation:** Hat der Arbeitnehmer / die Arbeitnehmerin die Kenntnisnahme der Abmahnung schriftlich bestätigt? | ☐ |

## Textbausteine zu Abmahnungen

| | |
|---|---|
| **Dokumentieren:** | • Am 24. November 20.. um 08:30 Uhr sind Sie von Ihrer Vorgesetzten Frau Schneider alkoholisiert am Arbeitsplatz angetroffen worden.<br>• Am 13., 18., 19., 24., 25. und 27. August 20.. sind Sie jeweils mehr als 15 Minuten zu spät am Arbeitsplatz erschienen. |
| **Hinweisen:** | • Gegen die aus Ihrem Arbeitsvertrag resultierende Verpflichtung haben Sie damit verstoßen. Das kann unser Unternehmen nicht hinnehmen.<br>• Ich fordere Sie auf, Ihren Verpflichtungen aus dem bestehenden Arbeitsvertrag nachzukommen. |
| **Warnen:** | • Wir weisen darauf hin, dass wir bei einem weiteren Verstoß dieser Art Ihren Arbeitsvertrag kündigen werden.<br>• Sollten Sie künftig erneut gegen diese Verpflichtung verstoßen, müssen Sie mit der Kündigung Ihres Arbeitsverhältnisses rechnen.<br>• Damit haben Sie gegen das betriebliche Alkoholverbot verstoßen. Ich mahne Sie hiermit ausdrücklich ab und fordere Sie auf, sich künftig an das betriebliche Alkoholverbot zu halten. Ich weise darauf hin, dass Sie andernfalls mit der Kündigung des Arbeitsverhältnisses rechnen müssen. |

## Beispiel: Abmahnung

**Brief muster GmbH**

Briefmuster GmbH – Postfach 10 20 30 – 70180 Stuttgart
Herrn
Alfred Merckle
Beinengutstraße 45
64272 Darmstadt

Ihr Zeichen
Ihre Nachricht vom:
Unser Zeichen: gü
Unsere Nachricht vom:

Name: Hasan Gül
Telefon: +49 711 123-49
Telefax: +49 711 123-50
E-Mail: hasan.guel@briefmuster-gmbh.com

Datum: 20..-03-20

**Abmahnung**

Sehr geehrter Herr Merckle,

Sie sind in der letzten Woche mehrfach zu spät gekommen. Das hat die elektronische Zeiterfassung dokumentiert, und zwar am

**11. März 20.. um 08:45 Uhr**
**15. März 20.. um 08:33 Uhr**
**17. März 20.. um 08:58 Uhr**

Ihre Arbeitszeit beginnt nach Ihrem Arbeitsvertrag um 08:00 Uhr. Wir können Ihre Verspätung am Arbeitsplatz nicht hinnehmen. Im Interesse aller Mitarbeitenden sind wir auf Pünktlichkeit angewiesen. Ich fordere Sie daher auf, die vereinbarte Arbeitszeit in Zukunft einzuhalten.

Sollten Sie auch künftig verspätet an Ihrem Arbeitsplatz erscheinen, müssen Sie mit der Kündigung Ihres Arbeitsverhältnisses rechnen.

Bitte bestätigen Sie auf der Kopie dieses Schreibens, dass Sie die Abmahnung gelesen und verstanden haben.

Freundliche Grüße

Briefmuster GmbH

Hasan Gül
Geschäftsführer

**Anlage**
1 Kopie

**Pflicht- und Geschäftsangaben**

### 1.6.5 Kündigung des Arbeitsvertrages

Die Kündigung eines Arbeitsvertrages ist nur dann rechtswirksam, wenn sie schriftlich und in Papierform erklärt wurde. E-Mail, Fax oder gar SMS gelten nicht als schriftlich. Kündigungsgründe müssen bei einer ordentlichen Kündigung nicht unbedingt mitgeteilt werden, außer wenn es im Tarifvertrag, in einer Betriebsvereinbarung oder einzelvertraglich vorgeschrieben ist.

Eine fristlose Kündigung muss durch die Nennung eines wichtigen Umstandes begründet sein. Allerdings muss der Kündigungsgrund in der Kündigungserklärung nicht enthalten sein. Erst wenn etwa der/die Gekündigte die Bekanntgabe der Kündigungsgründe verlangt, muss der Arbeitgeber diesem Verlangen unverzüglich schriftlich nachkommen. Meist einfacher: Führen Sie Ihre Kündigungsgründe schon im Kündigungsschreiben an und benennen Sie Zeugen oder legen Sie Beweismittel bei.

| CHECKLISTE – KÜNDIGUNG EINES ARBEITSVERTRAGES | | |
|---|---|---|
| **Das sollten Sie bei einer Kündigung beachten:** | | |
| 1. | **Zeitpunkt:** Ist der Zeitpunkt, an dem das Arbeitsverhältnis endet, klar formuliert? | ☐ |
| 2. | **Keine Bedingungen:** Ist auf die Nennung von Bedingungen verzichtet worden? Bedingungen machen die Kündigung unwirksam (wie z. B. »Wenn Sie Ihr Fehlverhalten nicht einstellen …«). | ☐ |
| 3. | **Erforderliche Unterschrift einer/eines Bevollmächtigten:** Wurde die Kündigung von einer/einem Bevollmächtigten (z. B. Geschäftsführer oder einem Prokuristen) unterschrieben? Eine automatische Unterschrift oder ein Unterschriftenstempel reichen nicht aus. | ☐ |
| 4. | **Eingangsbestätigung:** Haben Sie sichergestellt, dass der betroffene Arbeitnehmer Ihnen schriftlich bestätigt, dass er die Kündigungserklärung erhalten hat? Zumindest sollte die Kündigung per »Einschreiben« oder »Einschreiben Rückschein Eigenhändig« zugestellt werden, um den Zugang beweisen zu können. | ☐ |
| 5. | **Betriebsrat:** Wurde der Betriebsrat – sofern vorhanden – zur Kündigung gehört? Die Erfüllung dieser Bedingung muss im Kündigungsschreiben erwähnt werden. | ☐ |

### Textbausteine zu »Kündigungen Arbeitsvertrag«

- Wir kündigen Ihnen den bestehenden Arbeitsvertrag fristgerecht zum …
- Der Betriebsrat ist gemäß § 102 Absatz 1 des Betriebsverfassungsgesetzes gehört worden.
- Ich weise Sie darauf hin, dass es zur Sicherung Ihrer Ansprüche auf Arbeitslosengeld unerlässlich ist, dass Sie sich unverzüglich nach Zustellung der Kündigung persönlich bei der Agentur für Arbeit Arbeit suchend melden.
- Bitte bestätigen Sie mit Ihrer Unterschrift auf der Kopie dieses Schreibens, dass Sie die Kündigung erhalten haben, und senden Sie uns diese bis zum 15. Juni 20.. unterschrieben zurück.

## Beispiel: Kündigung eines Arbeitsvertrages

**Brief muster GmbH**

Briefmuster GmbH – Postfach 10 20 30 – 70180 Stuttgart
Herrn
Franco Zipse
Uferstraße 87
80796 München

Ihr Zeichen
Ihre Nachricht vom:
Unser Zeichen: ma
Unsere Nachricht vom:

Name: Ralf Matern
Telefon: +49 711 123-49
Telefax: +49 711 123-50
E-Mail: ralf.matern@briefmuster-gmbh.com

Datum: 20..-01-20

**Kündigung des Arbeitsvertrages**

Sehr geehrter Herr Zipse,

ich kündige Ihren seit 15. Januar 2019 bestehenden Arbeitsvertrag fristlos. Hilfsweise spreche ich gleichzeitig die fristgerechte Kündigung zum 31. März 20.. aus. Sollte die Frist nicht eingehalten worden sein, kündige ich das Arbeitsverhältnis hilfsweise zum nächstmöglichen Termin.

Trotz zweimaliger Abmahnung (am 24. Mai 20.. und am 11. November 20..) haben Sie am 19. Januar 20.. an Ihrem Arbeitsplatz erneut Alkohol getrunken; das bezeugen Ihre Kollegen Frau Grüninger und Herr Flach. Damit haben Sie erneut gegen das betriebliche Alkoholverbot verstoßen. Ihr Verhalten macht eine Fortsetzung des Arbeitsverhältnisses für unser Unternehmen unzumutbar.

Der Betriebsrat ist gemäß § 102 Absatz 1 des Betriebsverfassungsgesetztes gehört worden. Ich weise Sie darauf hin, dass es zur Sicherung Ihrer Ansprüche auf Arbeitslosengeld unerlässlich ist, dass Sie sich unverzüglich nach Zustellung der Kündigung persönlich bei der Agentur für Arbeit Arbeit suchend melden.

Bitte bestätigen Sie mit der Kopie dieses Schreibens, dass Sie die Kündigung erhalten haben, und senden Sie diese bis zum 3. Februar 20.. unterschrieben an mich zurück.

Freundliche Grüße

Briefmuster GmbH

Ralf Matern
Geschäftsführer

| Ich bestätige, dass ich die Kündigung erhalten und zur Kenntnis genommen habe. | |
|---|---|
| Datum: | Unterschrift: |

Pflicht- und Geschäftsangaben

# 1.7 Schreiben mit Werbecharakter

## 1.7.1 Werbebriefe

Eine Mailingaktion ist ein schnelles Werbemittel, mit dem Sie einen bestimmten Kundenkreis gezielt ansprechen können.

Das gelingt aber nur, wenn sich Ihr Werbebrief von der Flut derartiger Schreiben abhebt, die täglich im Briefkasten landen. Dazu muss der Empfänger den Eindruck gewinnen, dass der Brief ihn und seine Interessen direkt anspricht. Die Entscheidung, ob der Empfänger sich die Mühe machen wird, Ihren Brief zu lesen, fällt innerhalb weniger Sekunden. Ein wesentliches Kriterium für diese Entscheidung ist die leichte Lesbarkeit und die Kürze eines Briefes – eine Seite genügt!

**Fragen, die Sie sich vor dem Schreiben stellen sollten:**

- Warum schreibe ich?
- Was will ich erreichen?
- Welches Medium wähle ich?
- Wer ist der Empfänger / die Zielgruppe?
- In welchem Verhältnis stehe ich zum Empfänger / zur Zielgruppe?

**Wie gehen Sie vor?**

1. Entscheiden Sie, welches Medium (z. B. Brief, E-Mail, Social Media) geeignet ist.
2. Sammeln Sie Informationen über die Empfänger/-innen.
3. Machen Sie ein kurzes Brainstorming zum Inhalt des Briefes und schreiben Sie die Stichworte auf.
4. Bringen Sie die Stichworte in eine logische Reihenfolge.
5. Formulieren Sie eine Einleitung, die neugierig macht.
6. Der Leser / die Leserin sollte auf Anhieb den Nutzen erkennen.
7. Bringen Sie im Hauptteil Ihre Kernbotschaft auf den Punkt.
8. Beenden Sie den Brief mit einem positiven Abschlussimpuls.

Auch bei Werbebriefen bildet das »Hamburger Verständlichkeitskonzept« die Grundlage für die Konzeption eines Werbetextes.

**Hamburger Verständlichkeitskonzept***

**Einfachheit**
- einfach strukturierte Sätze
- keine Fremdwörter und Fachbegriffe
- möglichst Verben statt Substantive

**Struktur**
- Gliederung nach inhaltlichen Kriterien
- Text in Sinnabsätze gliedern
- längere Texte mit Teilbetreffen gestalten und evtl. nummerieren

Mit gut formulierten Briefen **Eindruck** hinterlassen!

**Kürze**
- knapp und präzise formulieren
- auf das Ziel konzentrieren
- auf bildhafte Ausdrucksweise achten

**Stimulanz**
- den Empfänger ansprechen
- interessant und anregend schreiben
- zusätzliche Anreize schaffen, z. B. durch Neuheiten oder Extras

*Hamburger Verständlichkeitskonzept nach Friedemann Schulz von Thun, Reinhard Tausch, Inghard Langer

**Werbebriefe lassen sich nach der AIDA-Formel oder der PPPP-Methode kundenorientiert und wirksam formulieren:**
Wenn es Ihnen nicht gelingt, auf Anhieb den Leser aufmerksam zu machen, werden Sie auch kaum seine Interessen und seine Wünsche wecken oder ihn zu Handlungen bewegen können. Denn denken Sie daran: Was der Briefempfänger zuerst liest, ist am wichtigsten – der erste Eindruck zählt.

| AIDA-Formel | | PPPP-Methode |
|---|---|---|
| A = Attention | | Profit |
| I = Interest | ⟷ Werbebriefe ⟷ | Peace |
| D = Desire | | Pleasure |
| A = Action | | Pride |

**Wecken Sie mit der AIDA-Formel Interesse und lösen Sie einen Kaufwunsch aus:**

**A = Attention (Aufmerksamkeit)**
Der erste Teil des Briefes soll die Aufmerksamkeit des Lesers / der Leserin wecken. Das kann durch einen Aufmacher in der Betreffzeile oder einen geschickten Briefanfang geschehen.

**I = Interest (Interesse)**
Im zweiten Teil sprechen Sie das Interesse der Leser/-innen an: Wofür interessieren sie sich, was erwarten sie von Ihrem Brief? Wer hier nur von sich redet, wird kaum Interesse wecken.

**D = Desire of possession (Besitzwunsch)**
Im dritten Teil versucht der AIDA-Werbebrief, den Wunsch der Leser/-innen zu wecken, die angebotene Ware zu besitzen, sich Informationsmaterial kommen zu lassen oder die angebotene Dienstleistung in Anspruch zu nehmen. An dieser Stelle weisen AIDA-Briefe auf die Einfachheit hin, mit der man in den Besitz gelangt, sie sprechen von der Aktualität des Angebotes und davon, warum es gerade jetzt wichtig ist, zu handeln.

**A = Action (Aktion)**
Im vierten Teil schließlich soll der Leser / die Leserin etwas tun: Er/Sie muss die Bestellkarte zurückschicken, einen Coupon abschneiden und einsenden, ein kleines Rätsel lösen, anrufen oder Ähnliches. Veranlassen Sie die Kundin / den Kunden, das Produkt zu erwerben. Zusätzliche Anreize wie Beratung oder ein Kosten-Nutzen-Vergleich können dabei helfen.

**Mit der PPPP-Methode verschaffen Sie sich über die vier Grundbedürfnisse des Menschen Zugang zu Ihrer Kundschaft:**

**P = Profit (Ertrag)**
Heben Sie den Vorteil des Produktes / der Dienstleistung hervor. Weisen Sie auf Rabatte, Zugaben, Ersparnisse hin.

**P = Peace (Sicherheit)**
Machen Sie Angaben, die den Kundinnen und Kunden das Gefühl der Sicherheit vermitteln (z. B. auf ein Produkt Garantie geben, auf die besondere Verarbeitung oder den zuverlässigen Kundenservice hinweisen).

**P = Pleasure (Vergnügen)**
Vermitteln Sie Ihren Kundinnen und Kunden Spaß durch besondere Extras (z. B. Gewinnspiel).

**P = Pride (Stolz)**
Vermitteln Sie Ihren Kundinnen und Kunden das Gefühl, dass sie etwas Besonderes sind.

| CHECKLISTE – WERBEBRIEFE RICHTIG AUFBAUEN | | |
|---|---|---|
| **1.** | **Betreffangabe:** Diese »Anmacherzeile« kann ein Wortspiel sein, ein Spruch, ein erster Hinweis auf den Inhalt des Briefes. Der Text sollte nicht zu lang sein, 1 bis 2 kurze Zeilen genügen. | ☐ |
| **2.** | **Personalisierte Anrede:** Wenn Sie den Namen der Empfängerin / des Empfängers kennen, sollten Sie ihn in der Anrede nennen. Die Anrede »Sehr geehrter Kunde« oder »Sehr geehrte Damen und Herren« sollte wegen ihrer unverbindlichen Wirkung die Ausnahme sein. | ☐ |
| **3.** | **Hervorhebungen:** Längere Texte im Fließtext können durch **Einrückung** (linker Einzug auf 2,5 cm) hervorgehoben werden. Kurze Textteile eignen sich für eine **Zentrierung**. Es ist auch möglich, mehrere kurze Textteile zentriert untereinander zu formatieren. Mit **Fettschrift** können Sie einzelne Wörter oder kurze Textteile hervorheben; dies ist vorteilhafter als Kursiv-, Versal- und Sperrschriften. Verzichten Sie auch auf Unterstreichungen. Durch sie werden Unterlängen gestreift, das beeinträchtigt die Lesbarkeit. | ☐ |

| | | |
|---|---|---|
| 4. | **Fragen:** Alle Aussagen im Werbebrief müssen Antworten auf folgende Fragen der Angesprochenen sein:<br>• Wer schreibt mir?<br>• Kann ich das brauchen?<br>• Habe ich von dem Angebot einen Nutzen? | ☐ |
| 5. | **Kundenmotivation:** Motivieren Sie Ihre Kundschaft zu einer Handlung, z. B. eine Bestellung aufgeben, einen Laden aufsuchen, ein Formular ausfüllen und wegschicken. | ☐ |
| 6. | **Unterschrift:** Ein unterschriebener Brief ist ein persönlicher Brief. Die Unterschrift sollte möglichst lesbar sein; ein Schnörkel, den man nicht entziffern kann, weckt Misstrauen. Durch Ergänzung mit dem Vornamen und der Funktion im Unternehmen erhält die Unterschrift mehr Glaubwürdigkeit. | ☐ |
| 7. | **Postskriptum:** Das Postskriptum (abgekürzt PS) hat einen hohen Aufmerksamkeitswert: Oft ist es der einzige Text in einem Werbebrief, der überhaupt gelesen wird. Das können Sie nutzen, um hier z. B. wichtige Vorteile des Angebotes zu verstärken. Anstatt **PS** können Sie auch die Formulierungen wie z. B. **Übrigens** oder **Bitte beachten Sie** verwenden. | ☐ |

## CHECKLISTE – WERBEBRIEFE ANSPRECHEND FORMULIEREN

1. **Empfänger/-in ansprechen:** Die Lesenden sind wichtiger als die Schreibenden. Deshalb ist es ganz selbstverständlich, dass Sie weniger von sich selbst als von der Kundschaft sprechen. Im Brief sollte öfter »Sie« stehen als »wir«, »ich« oder »man«. ☐

| NICHT | SONDERN |
|---|---|
| Wir schicken Ihnen … | Sie erhalten … |
| Wir weisen darauf hin … | Wichtig für Sie: … |
| Wir haben … | Sie bekommen … |
| Wir sind … | Nutzen Sie … |

<table>
<tr><td>2.</td><td>Stil: Vermeiden Sie plumpe Übertreibungen und leere Versprechungen. Nennen Sie in kurzen, klaren Sätzen die Vorteile Ihres Angebotes, heben Sie hervor, wie einfach es ist, dieses zu nutzen. Vermeiden Sie den Konjunktiv (Möglichkeitsform) und das Futur (Zukunft), wenn Sie von den Vorteilen sprechen.
<table>
<tr><th>NICHT</th><th>SONDERN</th></tr>
<tr><td>Mit dieser Maschine könnten Sie Zeit sparen. Der Alpha 2 wird Ihnen die Arbeit erleichtern.</td><td>Mit dieser Maschine sparen Sie Zeit. Der Alpha 2 erleichtert Ihnen die Arbeit.</td></tr>
</table></td><td>☐</td></tr>
<tr><td>3.</td><td>Sätze: Schreiben Sie nicht mehr als eine Information in einen Satz.</td><td>☐</td></tr>
<tr><td>4.</td><td>Absatzgestaltung: Achten Sie darauf, dass ein Absatz nicht mehr als fünf Zeilen beinhaltet. Dadurch wird der Text leicht überschaubar und man kann den Inhalt schnell erfassen.</td><td>☐</td></tr>
<tr><td>5.</td><td>Struktur: Gestalten Sie die Absätze des Brieftextes mit Teilbetreffen. Sie geben Orientierungspunkte und laden zum intensiveren Weiterlesen ein.</td><td>☐</td></tr>
<tr><td>6.</td><td>Argumentieren: Argumentieren Sie immer aus Sicht der Käufer/-innen. Schreiben Sie statt »Eine Küchenmaschine, die alles kann« die kundenorientierte Formulierung »Wünschen Sie sich eine Küchenmaschine, die alles kann?«</td><td>☐</td></tr>
<tr><td>7.</td><td>Nutzen für den Kunden: Formulieren Sie Ihre Aussagen kundenorientiert. Schreiben sind nicht »Der neue SPEED, mit dem Sie schnell ans Ziel kommen«, sondern »Sie brauchen ein Auto, das Ihren Wünschen entspricht?«</td><td>☐</td></tr>
</table>

## Beispiele: Werbebriefe

**Brief muster GmbH**

Briefmuster GmbH – Postfach 10 20 30 – 70180 Stuttgart
Frau
Myriam Hutsch
Uhlenhorst 19
69469 Weinheim

Ihr Zeichen
Ihre Nachricht vom:
Unser Zeichen: be
Unsere Nachricht vom:

Name: Roland Berg
Telefon: +49 711 123-49
Telefax: +49 711 123-50
E-Mail: roland.berg@briefmuster-gmbh.com

Datum: 20..-03-01

**Betreff:** Nutzen für die Kundschaft wird herausgestellt.

**Kein Unkrautjäten mehr auf Ihrem Gehweg!**

**Personalisierte Anrede**

Sehr geehrte Frau Hutsch,

als Grundstücksbesitzerin kennen Sie das Ärgernis: Mit den ersten schönen Tagen sprießt das lästige Grün aus allen Ritzen und Fugen. Chemische Mittel dürfen und wollen Sie nicht benutzen: Der Einsatz von „Hausmitteln" wie Essigreiniger und Salzwasser ist aus gutem Grund durch das Pflanzenschutzgesetz verboten und kann ein Bußgeld von bis zu 50.000 € nach sich ziehen.

**Hervorhebung durch Zentrierung:** Das Produkt/Angebot wird herausgestellt.

Auch vermeintliche Wundermittel wie Hochdruckreiniger und Abflämmgeräte sind teuer und halten nicht, was sie versprechen. Was tun?

**Nutzen Sie unseren Unkrautfrei-Service!**

**Unser Angebot für Sie:** Wir kümmern uns während der Wachstumsphase von Mai bis Oktober um den Gehweg vor Ihrem Grundstück und halten ihn frei von Unkraut. Durch den Einsatz eines von uns entwickelten Spezialwerkzeugs können wir schnell und kostengünstig arbeiten.

Sie werden staunen, wie preiswert unser Service ist. Für ein unverbindliches Angebot kommen wir gern bei Ihnen vorbei. Rufen Sie uns an: **Telefon 06251 982976**.

**Fettschrift:** Der Punkt wird nicht in Fettschrift formatiert, da er nicht zur Hervorhebung gehört.

Mit herzlichen Grüßen

Briefmuster GmbH

Roland Berg
Landschaftsgärtner

**PS:** Die ersten 20 Interessenten erhalten auf unser Angebot **20 % Rabatt**.

**PS:** Werbliches Element mit hohem Aufmerksamkeitswert

Pflicht- und Geschäftsangaben

**Brief muster GmbH**

Briefmuster GmbH – Postfach 10 20 30 – 70180 Stuttgart

Frau
Dr. Susanne Weber
Rotebühlstraße 139
70184 Stuttgart

Ihr Zeichen
Ihre Nachricht vom:
Unser Zeichen: stau-ma
Unsere Nachricht vom:

Name: Max Stauter
Telefon: +49 711 123-49
Telefax: +49 711 123-50
E-Mail: max.stauter@briefmuster-gmbh.com

Datum: 20..-03-15

**Jetzt umsteigen auf OFFICE-PLUS 4.0**

Sehr geehrte Frau Dr. Weber,

erinnern Sie sich? Vor einigen Wochen hatten wir Ihnen unsere neueste Version OFFICE-PLUS 4.0 vorgestellt. Verbunden damit erhielten Sie als OFFICE-PLUS-Anwenderin ein besonders attraktives Angebot. Die Reaktionen auf dieses Angebot waren überwältigend.

Deshalb freuen wir uns, Ihnen nochmals die Möglichkeit bieten zu können, die günstigen Bedingungen zu nutzen.

**Einrückung** auf 2,5 cm vom linken Rand.

> Als registrierte OFFICE-PLUS-Anwenderin erhalten Sie die neue Version 4.0 zum besonders günstigen **Preis von 99,00 €,** also für weniger als 10 % des regulären Verkaufspreises.

Sollten Sie aus irgendeinem Grund nicht zufrieden sein, senden Sie das Paket innerhalb von 60 Tagen einfach zurück. Wir erstatten Ihnen den vollen Kaufpreis.

Sie werden von den umfangreichen Funktionserweiterungen begeistert sein:

**Zentraler Zugriff auf alle Befehle.** Nur OFFICE-PLUS 4.0 verfügt über ein Regiezentrum, das noch leichter zu bedienen ist. Alle Befehle stehen Ihnen zentral zur Verfügung, eigene Tools entwerfen Sie so bequem wie nie zuvor.

**Schnellerer Datenabruf.** OFFICE-PLUS 4.0 ermittelt automatisch den günstigsten Zugriffspfad auf Ihre Daten zur optimierten Indexabfrage. Der Datenzugriff kann auf diese Weise wesentlich beschleunigt werden.

**Teilbetreffe** enden mit einem Punkt. Danach wird gleich weitergeschrieben.

Seite 1 von 2

Pflicht- und Geschäftsangaben

Brief muster GmbH

**Sicherheit, Anwenderfreundlichkeit, Mehrplatzfähigkeit.** OFFICE-PLUS 4.0 ermöglicht Dialogverarbeitung mit Festschreibung und Wiederholung, selbsttätiges Erkennen von Änderungen und individuelle Zugangsschlüssel, damit Sie Ihre Datenbestände optimal sichern können.

**Komfortables Editieren.** Sie können nicht nur eine, sondern gleichzeitig eine Vielzahl von Dateien anzeigen und aktualisieren.

Teilbetreffe

**Automatische Installation.** Alle Schritte bei der Installation sind jetzt automatisiert – darunter die Erkennung der Hardware, die Einrichtung von Cache-Bereichen, die Konfiguration des Netzwerkes und die Installation unter Windows.

**Verbesserte Ausbaumöglichkeiten.** Dank seiner neuen, offenen Architektur können Sie das Regiezentrum auch für den Zugriff auf Anwendungen anderer Hersteller konfigurieren.

Senden Sie den anhängenden Coupon am besten noch heute ab oder bestellen Sie noch einfacher per Fax unter der Nummer 0711 130-435489. Für telefonische Bestellungen haben wir für Sie unter der Nummer 0800 435458 einen gebührenfreien Anschluss eingerichtet.

Sollten Sie weitere Fragen haben, wenden Sie sich bitte an unseren Kunden-Service, den Sie unter der Nummer 0800 868300 erreichen.

Es grüßt Sie freundlich

Briefmuster GmbH

ppa. Max Stauter    i. V. Julia Maier

**Anlage**
1 Bestell-Coupon

Seite 2 von 2

Pflicht- und Geschäftsangaben

## 1.7.2 Begleitschreiben

Waren, Kataloge, Anfragen oder Angebote – per Post oder per E-Mail versendet – werden in der Regel von kurzen Anschreiben begleitet. Diese können sachlich den Anhang ankündigen, bieten aber auch Gelegenheit zur direkten Ansprache und damit auch eine Chance, auf sich aufmerksam zu machen. Wenn sich die Geschäftspartner/-innen schon kennen, dann eignet sich das Textfeld der E-Mail auch für einen persönlicheren Austausch, der im eigentlichen Dokument unpassend wäre.

Ein Begleitschreiben kann aber noch mehr: Nutzen Sie die Gelegenheit, positive Werbung für Ihr Unternehmen zu machen. Da der Empfänger/die Empfängerin die Sendung angefordert hat, liest er/sie das Schreiben aufmerksamer als einen Werbebrief.

| CHECKLISTE – BEGLEITSCHREIBEN | | |
|---|---|---|
| **Das sollten Sie beim Begleitschreiben beachten:** | | |
| **1.** | **Betreffangabe:** Formulieren Sie einen eindeutigen Betreff, der auf den Anlass des Begleitschreibens hinweist. | ☐ |
| **2.** | **Anrede:** Sprechen Sie den Empfänger/die Empfängerin persönlich an. | ☐ |
| **3.** | **Floskeln:** Vermeiden Sie Floskeln wie »… bezugnehmend …«, »… hiermit …« » … in der Anlage …«, »… beiliegend …«. Stimmen Sie den Empfänger/die Empfängerin positiv ein und fertigen Sie ihn/sie nicht ab! | ☐ |
| **4.** | **Anlagen/Unterlagen:** Gehen Sie kurz auf die mitgeschickten Anlagen/Unterlagen ein. Schreiben Sie, was Sie ihm/ihr schicken und warum. | ☐ |
| **5.** | **Beschreibung:** Manchmal ist es angebracht, dem Empfänger/der Empfängerin kurz zu erläutern, was er/sie mit den mitgeschickten Unterlagen tun soll, z. B. eine kurze Anleitung zum Ausfüllen von umfangreichen Formularen mit Fachbegriffen. | ☐ |

| | | |
|---|---|---|
| 6. | **Ansprechperson:** Nennen Sie eventuell eine persönliche Ansprechperson, die bei Bedarf kompetent Auskunft geben kann. | ☐ |
| 7. | **Werbung:** Sie können über weitere Produkte/Leistungen oder interessante Termine informieren. | ☐ |
| 8. | **Dank.** Sie können dem Kunden / der Kundin für sein/ihr Interesse oder die gute Zusammenarbeit danken. | ☐ |

**Textbausteine zum Begleitschreiben**

- Herzlichen Dank für Ihr Interesse an unseren Produkten/ Leistungen.
- Mehr über unsere Produkte/Leistungen erfahren Sie auf unsere Webseite …
- Mit diesem Schreiben erhalten Sie unser Angebot auf Ihre Anfrage.
- Wir haben nach Ihren Angaben einen Kostenvoranschlag ausgearbeitet und freuen uns auf Ihren Auftrag.
- Wir danken Ihnen für Ihr Interesse an unseren Produkten/ Leistungen. In den gewünschten Unterlagen habe ich für Sie die entsprechenden Stellen gekennzeichnet.
- Die wichtigsten Informationen habe ich in den Unterlagen für Sie markiert.
- Wir haben nach Ihren Wünschen ein passendes Angebot ausgearbeitet. Die einzelnen Positionen können wir gern telefonisch durchgehen.
- Herzlichen Dank für den wie immer interessanten Gedankenaustausch. Sie erhalten eine kurze Zusammenfassung unserer Ergebnisse.
- Falls Sie Fragen zum Angebot haben, können Sie gern Frau/Herrn … anrufen: …
- Wenn Sie noch Fragen haben, rufen Sie mich einfach an. Sie erreichen mich unter der Telefonnummer …
- Bitte entschuldigen Sie, dass Sie so lange auf das Angebot warten mussten.

## Beispiel: Begleitschreiben

| **An …** | gerrit.kueppers@bergg-gmbh.de |
|---|---|
| **Cc …** | |
| **Bcc …** | |
| **Betreff:** | Unser Angebot für Sie |

Ihr Zeichen: kü
Ihre Nachricht: 20..-08-17

Sehr geehrter Herr Küppers,

Sie erhalten heute unser Angebot 234/20.. über Ihre neuen Büromöbel, das wir in Abstimmung mit unserem Lieferanten sehr sorgfältig nach Ihren Wünschen ausgearbeitet haben. Deshalb hat es auch etwas länger gedauert. Bitte entschuldigen Sie die Verzögerung.

Gern bespreche ich mit Ihnen die einzelnen Punkte telefonisch. Rufen Sie mich einfach unter der Telefonnummer 0711 123-500 an oder nennen Sie mir einen Termin, an dem ich Sie gut erreichen kann.

Ich freue mich, von Ihnen zu hören.

Es grüßt Sie freundlich

Briefmuster GmbH

Marion Stammert

E-Mail: marion.stammert@briefmuster-gmbh.com
Internet: www.briefmuster-gmbh.com
Telefon: 0711 123-500
Telefax: 0711 123-510

Postanschrift: Postfach 10 34 19, 70048 Stuttgart
Hausanschrift: Heilbronner Straße 123, 70184 Stuttgart
Gesellschafter: Dr. Kim Bennert, Dr. Samuel Sturm
Handelsregister HRB 79299 beim Amtsgericht Stuttgart

| Anhang: | 20..-09-15-Angebot-234-Berg.pdf |
|---|---|

### 1.7.3 Websites und Blogs

Mit der Gestaltung von Websites und Blogs dienen Sie der Werbung, der Kundenbindung und der Präsentation der eigenen Kompetenz.

Blogs haben eine wichtige Funktion beim Suchmaschinen-Marketing, also bei dem Bestreben, die eigene Website in den Ergebnislisten der Suchmaschinen so weit oben wie möglich anzeigen zu lassen. Die meisten Suchmaschinen bewerten häufigen Besucherverkehr positiv. Auch die ständige Änderung von Inhalten führt bei einer Website in der Regel zu einer besseren Bewertung. Ein interessanter Blog sorgt für beides. Beim Bloggen legen die Schreibenden häufig ihre Identität offen. Als Betreiber einer gewerbsmäßigen Website, auf der sie ihr virtuelles Tagebuch veröffentlichen, verpflichtet sie in Deutschland das Teledienstgesetz dazu (Impressumspflicht § 6 TDG). Lediglich auf den Blogseiten von Fremdanbietern können Sie Ihre Blogbeiträge auch unter einem Pseudonym veröffentlichen.

Ein Blog lebt von aktuellen Inhalten und ist wesentlich pflegeintensiver als eine Webseite. Während diese meist eher nüchtern werbende Informationen bereitstellt, basieren Blogs auf einer wachsenden Ansammlung von ganz unterschiedlichen Artikeln, die z. B. auch von verschiedenen Mitarbeitern des Unternehmens geschrieben werden können und nicht unbedingt nur auf das Unternehmen und seine Produkte bezogen sein müssen. Die Darstellung des eigenen Unternehmens steht im Blog aber meist im Vordergrund.

| CHECKLISTE – BLOGBEITRÄGE VERFASSEN | | |
|---|---|---|
| **Das sollten Sie beim Blog beachten:** | | |
| **1.** | **Aktualität:** Gestalten Sie den Blog immer aktuell. | ☐ |
| **2.** | **Eigene Fähigkeiten:** Bloggen Sie nur, wenn Sie auch gern und gut schreiben. | ☐ |
| **3.** | **Leserkontakt:** Nutzen Sie die Möglichkeit, den persönlichen Kontakt zu den Leser/-innen herzustellen. | ☐ |

| | | |
|---|---|---|
| **4.** | **Hintergrundinformationen:** Gestatten Sie, dass auch einmal Informationen in den Blog geraten, die für andere Medien keine Freigabe erhalten hätten. | ☐ |
| **5.** | **Bleiben Sie dran:** Schreiben Sie im Idealfall täglich einen neuen Eintrag. | ☐ |

**Beispiele für Blogbeiträge von Vertretern von Wirtschaftsunternehmen**

**Das K-Label: In den Kühlschrank oder ins Regal?**
Geschrieben von Frank Holte am Montag, 23. Mai 2020
Seit einiger Zeit haben unsere Produkte ein K-Label. Jetzt fragen sich wahrscheinlich einige von euch, was das denn ist …
Das K-Label – ein großes K auf grünem Grund – zeigt auf den ersten Blick, wie das Produkt gelagert werden sollte: mit dunkelblauem K im Null-Grad-Fach, mit hellblauem K im normalen Kühlschrank und weißes K heißt: »Nicht kühlen.«

**Aufgeregt …**
Geschrieben von Hanne Strothmann-Gehrke am Freitag, 20. Mai 2020
Heute Morgen war ein Team vom Fernsehen bei mir im Büro und hat mich für das DR4-Regionalmagazin interviewt. Thema war Zucker in Erfrischungsgetränken – mein erstes Fernsehinterview! Natürlich war ich ziemlich nervös – ich wollte ja unseren Ansatz, auf jeglichen Zuckerzusatz zu verzichten, gut rüberbringen. Es gab zwar ein paar kleine Versprecher, aber der Produktonsleiter hat gesagt, dass man das im fertigen Beitrag nicht merkt … Ich hoffe es mal. Wie es tatsächlich im Fernsehen wirkt, kann man nächsten Mittwoch im DR4-Regionalmagazin um 13:00 Uhr sehen. Also: reingucken und hier gnadenlos kommentieren!

### 1.7.4 Chat und Chatbots

Insbesondere für Unternehmen, die ihre Produkte über das Internet vertreiben, aber auch für alle anderen bietet der Chat eine Möglichkeit, mit Kund/-innen ins Verkaufs(gespräch) zu kommen. Bewährt hat sich der Chat auch zur Kundenbetreuung, z. B. als Live-Support.

Immer beliebter werden Chatbots. Sie unterstützen die digitalen Prozesse in Unternehmen. Chatbots basieren auf künstlicher Intelligenz und bilden häufig die Schnittstelle zwischen Unternehmen und Kund/-innen. Sie antworten auf die Fragen der Kund/-innen im Sinne von FAQs und bieten den Anfragenden rund um die Uhr Hilfestellungen an.

> Herzlich willkommen bei der Briefmuster GmbH! 👏
>
> ---
>
> Ich bin ein Chatbot und darauf spezialisiert, Ihnen zu helfen, das richtige Produkt auszuwählen.
>
> ---
>
> Stellen Sie mir einfach Ihre Fragen und los geht's. 😉

### 1.7.5 Soziale Netzwerke

Unternehmen kommunizieren auch über soziale Netzwerke mit den Kunden und Kundinnen.

- Geben Sie den Kund/-innen die Gelegenheit, zu kommentieren und zu bewerten – so betreiben Sie Marktforschung und Sie geben den Kund/-innen die Möglichkeit, aktiv zu sein und sich mit Ihrem Unternehmen zu identifizieren.
- Greifen Sie neue Produktideen und Denkanstöße für Marketing und Vertrieb auf – damit nutzen Sie die Kreativität der Mitglieder Ihres Netzwerks.
- Nutzen Sie das soziale Netzwerk auch intern für den Wissensaustausch zwischen den Abteilungen.

Viele Unternehmen, z. B. Twitter, führen mehrere Accounts für jeweils bestimmte Projekte und für die interne Kommunikation oder bei Konferenzen. Öffentliche Einrichtungen stellen Informationen bereit, etwa die NASA oder Universitäten.

Von Firmen wird Twitter zum Beispiel genutzt, um auf ihre Produkte aufmerksam zu machen:

> Wir haben neue Designs für Euch: http://bit.ly/hbg65 –
> Viel Spaß beim Kreativsein!

Durch Antworten auf Beiträge anderer Nutzer/-innen machen Unternehmen in Twitter auf sich aufmerksam:

> @Bambleba Sternschnuppenzeit: Falls es bewölkt ist,
> gibt es ja immer noch www.starship-lifetime.com

Auch durch exklusive Services, Rabatte und Previews für ihre Leser nutzen Unternehmen Twitter:

> 15 % auf alle BUBU Sommerschuhe auf
> http://bit.ly/GpKWd – Code eingeben: XCJT8NNHQCWKDB

Zunehmend stehen die Kommunikation und der Ideenaustausch mit den Nutzer/-innen im Vordergrund.

- Publizieren Sie nicht, sondern kommunizieren Sie. Auf Ihre Beiträge wird es Reaktionen und Antworten geben – spielen Sie den Ball zurück.
- Verzichten Sie auf Pressemitteilungen, die Sie mit nicht mehr als der Überschrift und dem dazugehörigen Link twittern.
- Sprechen Sie den Kunden über Twitter direkt an und antworten Sie zumindest gelegentlich auf einen Tweet.
- Antworten Sie auf Direct Messages so schnell wie möglich. Eine schnelle Antwort stärkt die Zufriedenheit der Kunden.
- Veröffentlichen Sie längere Beiträge gegebenenfalls in Ihrem Blog und verlinken Sie diesen in Twitter.
- Twittern Sie auf Englisch, wenn Sie ein internationales Unternehmen sind und Ihre Leser/-innen englischsprachig sind. Ansonsten twittern Sie auf Deutsch.
- Verzichten Sie auf das Siezen nur, wenn Ihre Zielgruppe sehr jung ist.
- Auf Reaktionen zu Ihren Beiträgen sollten Sie schnell reagieren. Planen Sie diesen Zeitaufwand ein, bevor Sie für Ihr Unternehmen einen Account einrichten.

# 1.8 Schreiben zu besonderen Anlässen

## 1.8.1 Regeln nach DIN 5008

Besondere Schreiben wie z.B. Gratulations-, Gratifikations- oder auch Kondolenzschreiben sollten inhaltlich und äußerlich dem Anlass entsprechend gestaltet werden. Bei den meisten Anlässen wirken Briefblätter aus Bütten -oder Leinenpapier ohne Anschriftfeld, Informationsblock und sonstige Geschäftsangaben persönlicher und wertschätzender als die normalen Geschäftsbriefbögen.

| CHECKLISTE – SCHREIBEN ZU BESONDEREN ANLÄSSEN | | |
|---|---|---|
| **Das sollten Sie bei Schreiben zu besonderen Anlässen nach DIN 5008 beachten:** | | |
| **1.** | **Aufbau:** Er richtet sich nach der Länge des Briefes und sollte nicht über eine Seite hinausgehen. | ☐ |
| **2.** | **Seitenränder und Zeilenabstand:** Da es um repräsentative Schriftstücke geht, sollten Sie die Seitenränder des Briefes und den Zeilenabstand im Text dem Anlass entsprechend gestalten. Die Maße richten sich nach Textlänge und Gesamtbild des Schriftstücks. Einen guten Gesamteindruck erreichen Sie in der Regel, wenn Sie den linken und rechten Rand auf 3,5 cm und den Zeilenabstand auf 1,5 oder 2 einstellen. | ☐ |
| **3.** | **Zahlen und Daten:** Im Text sollten Sie die Zahlen ausschreiben und die Daten alphanumerisch darstellen. | ☐ |
| **4.** | **Gruß:** Passen Sie den abschließenden Gruß – wenn überhaupt – situativ an. | ☐ |
| **5.** | **Briefpapier:** Verwenden Sie Briefhüllen oder Versandtaschen aus Bütten- oder Leinenpapier ohne Sichtfenster. | ☐ |

Büttenpapier

Leinenpapier

## 1.8.2 Glückwünsche

Glückwünsche, die Sie im Namen eines Unternehmens versenden, sollten individuell und persönlich wirken. Das ist nicht immer ganz einfach, denn Sie schreiben an Personen, zu denen Sie eine andere persönliche Beziehung pflegen als bei privaten Kontakten. Deshalb gilt auch hier: Je persönlicher Sie einen Glückwunsch formulieren, desto besser kommt er bei der Empfängerin / dem Empfänger an.

**Wählen Sie das passende Medium: Brief, Karte oder E-Mail.**

Ein Brief wirkt wesentlich wertschätzender als eine E-Mail. Der Eindruck wird durch die Verwendung von edlen Papieren (Bütten-, Leinen- oder Kunstdruckpapieren mit oder ohne Wasserzeichen) und die normgerechte Gestaltung verstärkt.

Korrespondieren Sie mit der Empfängerin / dem Empfänger überwiegend elektronisch, dann machen Sie nichts falsch, wenn Sie die Glückwünsche per E-Mail versenden. Damit das Schreiben einen persönlichen Rahmen bekommt, können Sie passende elektronische

Elemente (z. B. Bilder, Grafiken, Videos) zur Gestaltung einsetzen. Bei sehr guten Kontakten ist auch eine Kurznachricht möglich.

Auch eine Karte kann geeignet sein. Diese sollte mit einem anlassgerechten dezenten Motiv bedruckt sein. Persönlich wirkt eine Grußkarte nur, wenn sie vom Absender von Hand geschrieben wird. Ein gutes Schreibgerät (z. B. Füllfederhalter) trägt zu einem schönen Schriftbild bei.

**CHECKLISTE – GLÜCKWUNSCHSCHREIBEN**

| Das sollten Sie beim Glückwunschschreiben beachten: | | |
|---|---|---|
| 1. | **Datum:**<br>• **Welches Datum ist richtig?**<br>Datieren Sie auf den Tag des Ereignisses, auch wenn Sie das Schreiben schon vorher abschicken. Wählen Sie die alphanumerische Schreibweise des Datums (z. B. 30. Oktober 20..). | ☐ |
| 2. | **Anrede:**<br>• **Welche Anrede ist angemessen?**<br>Beginnen Sie den Brief mit einer persönlichen Anrede (z. B. »Liebe …«, »Lieber …«) und versetzen Sie den Leser / die Leserin in eine positive Stimmung. | ☐ |
| 3. | **Anlass:**<br>• Was ist der Anlass?<br>• Wer ist der Empfänger / die Empfängerin?<br>• Wie wichtig ist ihm/ihr das Ereignis?<br>• Worauf ist er/sie besonders stolz? | ☐ |
| 4. | **Beziehung zum Empfänger:**<br>• In welcher Beziehung stehen Sie zum Empfänger / zur Empfängerin?<br>• Sind Sie Arbeitgeber/-in, Lieferant/-in, Kunde/Kundin?<br>• Kennen Sie den Empfänger / die Empfängerin persönlich?<br>• Was hat die Beziehung Ihres Unternehmens zum Empfänger / zur Empfängerin in der Vergangenheit geprägt? | ☐ |

| | | |
|---|---|---|
| 5. | **Gratulation:**<br>• **Welche Inhalte eignen sich für ein individuelles Anschreiben?**<br>Gemeinsame Erinnerungen, Erlebnisse, Bekanntes aus dem privaten Bereich oder außergewöhnliche Leistungen/ Kompetenzen der Empfängerin / des Empfängers sind gute »Aufhänger« für eine einfühlsame Formulierung. Vermeiden Sie aber allgemeine Floskeln und Phrasen. | ☐ |
| 6. | **Wünsche:**<br>• **Was wünschen Sie der Empfängerin / dem Empfänger für die Zukunft?**<br>Beenden Sie den Brief mit guten Wünschen. Schreiben Sie gegebenenfalls über zukünftige gemeinsame Aktivitäten. | ☐ |
| 7. | **Grußformel:**<br>• **Welche Grußformel ist angemessen?**<br>In Glückwunschschreiben darf die Grußformel etwas informeller und persönlicher sein. Schreiben Sie »Herzliche Grüße«, »Herzlichst Ihr/Ihre …«, »Es grüßt Sie herzlich …« oder »Viele Grüße …«. Sie können die Grußformel auch in die handschriftliche Unterschrift integrieren. | ☐ |
| 8. | **Unterschrift(en):**<br>• **Ist die Unterschrift deutlich lesbar?**<br>Wenn Sie im Namen von mehreren Personen schreiben: Sollen alle unterschreiben? | ☐ |
| 9. | **Frankierung:**<br>• **Ist eine elektronische Frankierung angemessen?**<br>Nein, frankieren Sie den Brief nicht elektronisch oder mit der Frankiermaschine, sondern mit Briefmarken oder zum Anlass passenden Sondermarken. | ☐ |
| 10. | **Geschenk:**<br>• Gibt es ein Geschenk?<br>• Soll das Geschenk im Glückwunschschreiben erwähnt werden?<br>• Hat das Geschenk einen Bezug zum Empfänger, zur Empfängerin? | ☐ |

**Textbausteine »Geburtstag«**

- Ich gratuliere Ihnen ganz herzlich zum 50. Geburtstag.
- Zu Ihrem 60. Geburtstag wünschen Ihnen alle Lehrkräfte der Talschule alles Gute!
- Zu Ihrem runden Geburtstag wünsche ich Ihnen alles Gute.
- Ich wünsche Ihnen einen wunderschönen Tag mit Ihrer Familie.
- Ich wünsche Ihnen, dass alle Ihre Wünsche für das neue Lebensjahr in Erfüllung gehen.
- Wir wünschen Ihnen für Ihr neues Lebensjahr Glück, Gesundheit und Erfolg.
- Wir freuen uns auf die weitere gute Zusammenarbeit.
- Wir wünschen Ihnen ein schönes Fest!
- Genießen Sie den Tag und lassen Sie sich feiern!
- Es wünscht Ihnen viel Glück und Gesundheit …
- Alles Gute für die Zukunft wünscht …

**Zitate zum Geburtstag**

- Die ersten 40 Jahre unseres Lebens liefern den Text, die folgenden 30 den Kommentar dazu. *(Arthur Schopenhauer)*
- Kummer, sei lahm! Sorge, sei blind! Es lebe das Geburtstagskind! *(Theodor Fontane)*
- Es ist gut, wenn uns die verrinnende Zeit nicht als etwas erscheint, das uns verbraucht oder zerstört, sondern als etwas, das uns vollendet. *(Antoine de Saint-Exupéry)*
- Alter ist eine herrliche Sache, wenn man nicht verlernt hat, was anfangen heißt. *(Martin Buber)*
- Nicht die Jahre in unserem Leben zählen, sondern das Leben in unseren Jahren zählt. *(Adlai E. Stevenson)*
- Es lebt nur der, der lebend sich am Leben freut. *(Menander)*
- Jeder, der sich die Fähigkeit erhält, Schönes zu entdecken, wird nie alt werden. *(Franz Kafka)*
- Wende dein Gesicht der Sonne zu, und du lässt die Schatten hinter dir. *(afrikanisches Sprichwort)*
- Wer lange leben will, muss alt werden. *(unbekannter Autor)*

## Beispiel: Glückwünsche zum Geburtstag – Brief

Briefmuster GmbH

Abteilung Einkauf
Königstraße 234, 70173 Stuttgart

27. August 20..

*Liebe Frau Gerlach,*

*zu Ihrem runden Geburtstag gratuliere ich Ihnen ganz herzlich!*

*Seit vielen Jahren verbinden uns eine intensive Geschäftsbeziehung und manche anregenden Gespräche über das Geschäftliche hinaus. Vor allem von Ihren interessanten Reiseerlebnissen bin ich immer wieder fasziniert und auch schon zu eigenen Fahrten inspiriert worden.*

*Weil man auf Reisen ja nie so genau weiß, wie das Wetter sein wird, und zugleich der Koffer nie groß genug ist, soll Ihnen das leichte Wolltuch ein unauffälliger und doch zuverlässig wärmender Begleiter sein.*

*Ich wünsche Ihnen weiter Gesundheit, Zufriedenheit und schöne Reisen*

*Ihre*
*Marisa Mollenhauser*

Wasserzeichen

Vorlage für Grußkarten anlegen

## Beispiel: Glückwünsche zum Geburtstag – Karte

**Herzlichen Glückwunsch**

**zum Geburtstag!**

22. November 20..

Lieber Herr Birkemayer,

zum 60. Geburtstag wünscht Ihnen die Belegschaft der Versandabteilung alles Gute!

Als unser Qualitätsbeauftragter sehen Sie uns nun schon seit sieben Jahren auf die Finger und sorgen dafür, dass wir ordentliche Arbeit abliefern. Das ist manchmal unbequem - aber nie unnütz! Wir sind sicher, dass sich ohne Ihre Unerbittlichkeit schon längst so manche Nachlässigkeit eingeschlichen hätte.

Ihre Frau hat uns verraten, dass auch Sie nicht ohne Fehler sind. Damit Sie in Zukunft nicht mehr verschlafen und ohne Hektik das Haus verlassen können, schenken wir Ihnen diesen unfehlbaren Wecker.

Wir freuen uns darauf, weiterhin pünktlich von Ihnen angespornt zu werden.

Bernd Eilers Marion Starkefeld Nina Schütte
Harry Röder Inga Merting Sabine Bauer

## Beispiel: Glückwünsche zum Geburtstag – Kurznachricht

Donnerstag, 13. Februar 09:15

Happy birthday, Mr. Roberts!

We wish you all the best. ☺

Gerd Flach
Imlex Transport

**Beispiel: Glückwünsche zum Geburtstag – Kurznachricht**

<table>
<tr>
<td>Happy birthday!</td>
<td>22. November 20..<br><br>Dear Ms. Bean,<br><br>Congratulations on your birthday! I hope that all your years to come will be happy.<br><br>I am sending you a little gift as a token of appreciation, which I hope you will enjoy.<br><br>Sincerely yours,<br><br>Berrit Söderbaum</td>
</tr>
</table>

## Glückwünsche zur Geburt

**Textbaustein »Geburt«**

- Wir gratulieren Ihnen ganz herzlich zur Geburt Ihrer Tochter!
- Wir freuen uns mit Ihnen über die Geburt Ihres Sohnes.
- Wir wünschen Ihrem Kind viel Glück und Gesundheit auf seinem Lebensweg.
- Alles Gute für Ihre Familie!
- Mit den besten Wünschen für Sie und Ihren Sohn.

**Zitate zur Geburt**

- Kinder erfrischen das Leben und erfreuen das Herz. *(Friedrich Schleiermacher)*
- Wir können die Kinder nicht nach unserem Sinn formen; sowie Gott sie uns gab, muss man sie haben und lieben. *(Johann Wolfgang von Goethe)*

- Erst wenn man eigene Kinder hat, weiß man, wie groß die Liebe der Eltern war. *(japanisches Sprichwort)*
- Der grundlegende Fehler von Vätern besteht darin, von ihren Kindern zu erwarten, dass sie ihnen Ehre machen. *(Bertrand Russell)*
- Kinder müssen mit Erwachsenen sehr viel Nachsicht haben. *(Antoine de Saint-Exupéry)*

**Beispiele: Glückwünsche zur Geburt**

Januar 20..

Lieber Bastian Kemper,

ein bisschen haben wir ja alle mitgefiebert in den vergangenen Wochen. Jetzt ist der kleine Erdenbürger da und wir können uns vorstellen, dass Ihr Leben nun ganz neu organisiert werden muss. Vielleicht wird auch die eine oder andere durchwachte Nacht dabei sein. Aber wir sind sicher, dass die glücklichen Stunden und die stolzen Momente stärker sind als alle Mühe!

Im Namen aller Kolleginnen und Kollegen gratuliere ich Ihnen herzlich und wünsche auch Ihrer Frau alles Gute !

Eva Kornfeld

## Glückwünsche zur Hochzeit

Zur Hochzeit ist eine E-Mail nicht angebracht. Verschicken Sie eine Karte, oder wenn der Text länger ist, einen Brief an die Privatadresse des Brautpaares. Die Glückwünsche sollten am Tag der Hochzeit ankommen.

**Verwenden Sie in der Anschrift die richtige Anrede:**

| FRAU – MANN | FRAU – FRAU | MANN – MANN |
|---|---|---|
| **ANSCHRIFT** | | |
| Frau Katja Bauer<br>Herrn Dr. Florian Bauer | Frau Dipl.-Ing. Sarah Noller<br>Frau Anne Weimer | Herrn Maximilian Nieder<br>Herrn Dr. Thomas Wetter |
| International wird der Mann in der Anschrift vor der Frau genannt. In der Briefanrede steht die Frau zuerst. Titel werden nur in der Briefanschrift genannt. | | |
| **ANREDE IM GLÜCKWUNSCHSCHREIBEN** | | |
| Liebe Katja,<br>lieber Florian, | Liebe Sarah,<br>liebe Anne, | Lieber Maximilian,<br>lieber Thomas, |
| Liebe Frau Bauer,<br>lieber Florian, | Liebe Frau Noller,<br>liebe Anne, | Lieber Maximilian,<br>lieber Herr Wetter, |
| Liebe Frau Bauer,<br>lieber Herr Bauer, | Liebe Frau Noller,<br>liebe Frau Weimer-Noller, | Lieber Herr Nieder,<br>lieber Herr Wetter, |
| Verwenden Sie im Text **durchgängig das »Sie«**, falls Sie eine Person in der Anrede siezen. | | |

**Textbausteine »Hochzeit«**

- Herzlichen Glückwunsch zur Hochzeit.
- Zu Ihrer Vermählung gratulieren wir ganz herzlich.
- Ich wünsche Ihnen alles Gute für die Zukunft, und dass viele Ihrer gemeinsamen Wünsche in Erfüllung gehen.
- Eine glückliche Ehe wünscht Ihnen von Herzen …
- Viele glückliche gemeinsame Jahre wünschen Ihnen …
- Wir wünschen Ihnen, dass dieser wunderschöne Tag für Sie der Beginn eines langen gemeinsamen Lebens voll Harmonie und Liebe ist.
- Wir wünschen Ihnen viele schöne Erlebnisse, Glück und Harmonie auf Ihrem gemeinsamen Lebensweg.
- Wir wünschen euch beiden einen wunderschönen und unvergesslichen Hochzeitstag.
- Alles Gute für die gemeinsamen Jahre wünscht Ihnen …

**Zitate zur Hochzeit**

- Die Liebe ist der Stoff, den die Natur gewebt und die Fantasie bestickt hat. *(Voltaire)*
- Da, wo die Herzen weit sind, da ist das Haus nicht zu eng. *(Johann Wolfgang von Goethe)*
- Das eigene Glück kann man nur multiplizieren, wenn man es teilt. *(Albert Schweitzer)*
- Der Mensch allein ist unvollkommen. Er braucht einen zweiten, um glücklich zu sein. *(Blaise Pascal)*
- Liebe ist das Einzige, was wächst, indem wir es verschwenden. *(Ricarda Huch)*
- Liebe lebt von liebeswürdigen Kleinigkeiten. *(Theodor Fontane)*
- Lieben heißt nicht, sich in die Augen zu sehen, sondern gemeinsam in die gleiche Richtung zu blicken. *(Antoine de Saint-Exupéry)*

## Beispiel: Glückwünsche »Hochzeit«

Briefmuster GmbH

Geschäftsleitung

Königstraße 234, 70173 Stuttgart

29. April 20..

Liebe Frau Hildesheimer, lieber Herr Hildesheimer,

die Bekanntgabe Ihrer Hochzeit hat uns sehr gefreut. Dass Sie Ihre Partnerschaft auf diese Weise bekräftigen, ist ein Signal, das auch auf all diejenigen wirkt, die in der Routine des Alltags den Wert von Beständigkeit, Zuverlässigkeit und Liebe zu vergessen scheinen.

Viel Glück wünscht Ihnen von Herzen

*Hans Hansen*

## Glückwünsche zum Eintritt in den Ruhestand

Der Eintritt in den Ruhestand ist für die meisten Menschen ein bedeutender Einschnitt im Leben. Mit der Vorfreude auf mehr Freizeit mischt sich bei vielen ein Gefühl der Unsicherheit oder des Verlustes, denn die Berufstätigkeit nimmt nicht nur einen Großteil der Lebenszeit in Anspruch, sondern sie prägt oft darüber hinaus auch das Selbstbild der Arbeitnehmerin / des Arbeitnehmers. Der Wegfall der Berufstätigkeit bedeutet für manche/-n auch einen Verlust an Selbstwertgefühl. Umso einfühlsamer sollten Sie die Worte für den Abschied wählen.

| CHECKLISTE – GLÜCKWÜNSCHE FÜR DEN RUHESTAND | | |
|---|---|---|
| **Das sollten Sie bei der Formulierung von Glückwünschen für den Ruhestand beachten:** | | |
| **1.** | Sprechen Sie Ihre Glückwünsche für das lange und erfolgreiche Berufsleben aus. | ☐ |
| **2.** | Bemühen Sie sich um eine individuelle Würdigung, die über das Floskelhafte hinausgeht. | ☐ |
| **3.** | Beschränken Sie Ihre Würdigung nicht nur auf die berufliche Funktion, sondern drücken Sie auch Ihre Wertschätzung der Person aus. | ☐ |
| **4.** | Schreiben Sie, dass die Verabschiedung auch einen Verlust für Ihr Unternehmen bedeutet. | ☐ |
| **5.** | Wünschen Sie Glück und Gesundheit für die Zukunft. | ☐ |

**Textbausteine »Eintritt in den Ruhestand«**

- Zu Ihrem langen und erfolgreichen Berufsleben gratulieren wir Ihnen ganz herzlich.
- Sie werden uns fehlen!
- Es wird einige Zeit dauern, bis die Lücke geschlossen sein wird, die Sie hinterlassen.
- Wir hoffen, dass Sie Ihre neu gewonnene freie Zeit in vollen Zügen genießen.
- Wir wünschen Ihnen viel Glück und Gesundheit.
- Alles Gutes für die Zukunft!

## Beispiel: Glückwünsche »Ruhestand«

Briefmuster GmbH

Geschäftsleitung
Königstraße 234, 70173 Stuttgart

29. Juni 20..

Sehr geehrter Her Steuber,

Sie werden uns fehlen! Als Verkaufsleiter haben Sie ein gutes Jahrzehnt unsere Produkte mit Geschick auf dem Markt platziert. Ihre Erfolge lassen sich an unseren Bilanzen ablesen.

Dass wir sehr gern mit Ihnen gearbeitet haben, liegt nicht allein an den erfreulichen Umsätzen. Ihre Integrität, die von Mitarbeitern und Kunden gleichermaßen gelobt wurde, machte Sie zu einem verlässlichen Partner.

Wir danken Ihnen für die Arbeit, die Sie in unserem Unternehmen geleistet haben, und wünschen Ihnen für den Ruhestand alles Gute!

Mit den besten Wünschen

Johannes Offermann

**Textbausteine »Dienst- oder Firmenjubiläum«**

- Vielen Dank für *25* Jahre Engagement in unserem Unternehmen.
- Heute sind Sie genau *25* Jahre bei uns!
- Herzlichen Glückwunsch zum zehnjährigen Jubiläum.
- Wir freuen uns auf die weitere gute Zusammenarbeit!
- Wir danken Ihnen dafür ganz herzlich und freuen uns auf die weitere Zusammenarbeit.
- Wir wünschen Ihnen für die Zukunft alles Gute!

**Beispiel: Glückwünsche »Dienstjubiläum«**

Berlin, 1. Oktober 20..

Lieber Dragan,

25 Jahre arbeitest Du nun schon hier!

Wir bedanken uns für Deine Kollegialität, die netten Gespräche, Deine Hilfe mit Rat und Tat und auch für manche heitere Kaffeepause.

Birgit Hanne Dieter Norbert Anja

### 1.8.3 Genesungswünsche

Wenn ein Mitarbeiter oder ein Geschäftspartner ernsthaft erkrankt, kann es schwerfallen, die richtigen, ermutigenden Worte zu finden. Genesungswünsche müssen persönlich und glaubwürdig formuliert sein.

| CHECKLISTE – GENESUNGSWÜNSCHE | | |
|---|---|---|
| **Das sollten Sie bei Genesungswünschen beachten:** | | |
| **1.** | **Medium:** Schreiben Sie auf einer schönen Motivkarte oder einem hochwertigen, neutralen Briefbogen. | ☐ |
| **2.** | **Schrift:** Schreiben Sie mit der Hand. | ☐ |
| **3.** | **Einfühlungsvermögen:** Sagen Sie der/dem Erkrankten, dass Sie sie/ihn vermissen. Ihre Formulierungen dürfen nicht den Eindruck erwecken, Sie wollten die betreffende Person bald wieder als Arbeitskraft zur Verfügung haben. Drücken Sie Sorge, aber auch Zuversicht aus. | ☐ |
| **4.** | **Briefhülle:** Verwenden Sie weder Frankiermaschine noch Adressaufkleber oder Sichtfensterumschläge. | ☐ |

**Textbausteine »Genesungswünsche«**

- Ich habe heute erfahren, dass Sie im Krankenhaus sind. Das tut mir sehr leid.
- Es tut mir so leid, dass dieser dumme Unfall passiert ist.
- Wir sind froh zu hören, dass es Ihnen schon wieder besser geht.
- Ich wünsche Ihnen Kraft und Mut, die Krankheit zu besiegen.
- Wir wünschen Ihnen gute Besserung.
- Alles Gute wünscht Ihnen …
- Wir hoffen, dass Sie schon bald wieder ganz gesund sein werden.

**Zitate**

- Es gibt tausend Krankheiten, aber nur eine Gesundheit. *(Ludwig Börne)*
- Freude ist eine gesunde Kost. *(chinesisches Sprichwort)*

- Gesundheit ist der größte Reichtum. *(deutsches Sprichwort)*
- Mut hat mehr Mittel gegen das Unglück als die Vernunft. *(Luc de Clapiers, Marquis de Vauvenargues)*
- Geduld wird alle Schmerzen heilen. *(Publilius Syrus)*
- Gehabte Schmerzen, die hab ich gern. *(Wilhelm Busch)*
- Nur die Ruhe ist die Quelle jeder großen Kraft. *(Fjodor M. Dostojewski)*

**Beispiel: Genesungswünsche**

Kiel, 28. März 20..

Liebe Frau Hoffmann,

wir freuen uns zu hören, dass es Ihnen schon wieder besser geht. Sie haben uns einen richtigen Schreck eingejagt!

Von Ihrem Mann wissen wir, dass Sie sich darum sorgen, so lange nicht arbeiten zu können. Das müssen Sie nicht! Wir haben alle Ihre Aufgaben im Team aufgeteilt. Einmal die Woche kommt Frau Feil und kümmert sich um die Dinge, die dennoch liegen bleiben. Sie können sich also beruhigt so viel Zeit nehmen, wie Sie für Ihre Genesung brauchen.

Damit es Ihnen nicht langweilig wird, schicken wir Ihnen ein Buch, das Sie hoffentlich noch nicht kennen.

Wir wünschen Ihnen gute Besserung!

Im Namen der ganzen Abteilung

Stefan Hülsenbeck

### 1.8.4 Dankschreiben

Nicht sehr häufig und daher umso wirkungsvoller sind Dankschreiben im Geschäftsleben. Am geläufigsten ist noch der Dankesbrief für Geschenke oder Glückwünsche. Aber sowohl bei Mitarbeitern als auch bei Lieferanten kann man mit einem herzlichen Dank Freude, neue Motivation und einen nachhaltigen Eindruck hervorrufen.

Bedanken Sie sich ruhig auch für kleine Gefälligkeiten. Das ist per E-Mail oder mit einer Kurznachricht schnell geschrieben. Gerade durch die zunehmende digitale Kommunikation und auch Zusammenarbeit schafft ein »unverhofftes« Dankeschön eine angenehme Atmosphäre.

| CHECKLISTE – DANKSCHREIBEN | | |
|---|---|---|
| **Das sollten Sie bei Dankschreiben beachten:** | | |
| **1.** | **Sofort-Prinzip:** Reagieren Sie schnell – und schreiben Sie Ihren Dank innerhalb einer Woche. | ☐ |
| **2.** | **Medium:** Es kommt auf den Anlass an, ob Sie einen Brief, eine E-Mail oder vielleicht eine Kurznachricht über einen Messenger-Dienst versenden. | ☐ |
| **3.** | **Anlass:** Danken Sie für die schnelle Erledigung, das schöne Geschenk, die Gratifikation, das Engagement, die Einladung, die schnelle Hilfe u. Ä. | ☐ |
| **4.** | **Betreff:** Lassen Sie den Dank bereits in den Betreff einfließen. Das schafft eine positive Stimmung. | ☐ |
| **5.** | **Bezug:** Beziehen Sie sich direkt auf den Anlass und danken Sie empfängerorientiert (statt »Vielen Dank für die Einladung« schreiben Sie »Vielen Dank für Ihre Einladung zur Geschäftseröffnung«). Das ist persönlicher. | ☐ |
| **6.** | **Textlänge:** Auf die richtige Länge kommt es an. Handelt es sich beispielsweise um einen Dank zu einem wichtigen Ereignis, das für Sie und die Empfängerin / den Empfänger bedeutend ist, dann ist ein ausführlicherer Dank angebracht. | ☐ |

### Textbausteine »Dankschreiben«

- Herzlichen Dank, dass Sie sich um mein Anliegen so schnell gekümmert haben.
- Vielen Dank für Ihr schönes Geschenk!
- Ich bedanke mich herzlich für die zuvorkommende Bedienung.
- Dank Ihrer Unterstützung konnten wir unseren Auftrag doch noch fertigstellen.
- Dafür danke ich Ihnen herzlich.

### Beispiel: Dank – Reklamationsbearbeitung

| **An ...** | peter.dingeldein@allerlei-waren.de |
|---|---|
| **Cc ...** | |
| **Bcc ...** | |
| **Betreff:** | Vielen Dank – Ihre Reklamationsbearbeitung |

Ihr Zeichen: di
Ihre Nachricht: 20..-03-19
Auftragsnummer: 567890

Sehr geehrter Herr Dingeldein,

es ist nicht selbstverständlich, dass man mit einer Reklamation auf Verständnis trifft. Und nur ganz ausnahmsweise wird auf eine Beschwerde so professionell reagiert wie in Ihrem Unternehmen.

Herzlichen Dank, dass Sie sich um mein Anliegen so schnell gekümmert und eine akzeptable Ersatzlösung gefunden haben!

Auf die weitere Zusammenarbeit freut sich

Sebastian Klein
Einkauf

E-Mail: sebastian.klein@briefmuster-gmbh.com
Internet: www.briefmuster-gmbh.com
Telefon: 0711 123-923
Telefax: 0711 123-824

Postanschrift: Postfach 10 34 19, 70048 Stuttgart
Hausanschrift: Heilbronner Straße 123, 70184 Stuttgart
Gesellschafter: Dr. Kim Bennert, Dr. Samuel Sturm
Handelsregister HRB 79299 beim Amtsgericht Stuttgart

| Anhang: | |
|---|---|

### 1.8.5 Einladungen

Einladungen kommen im Geschäftsleben zu den unterschiedlichsten Anlässen vor: Zu Feiern wird ebenso eingeladen wie zum Vorstellungsgespräch, zu einer Sitzung, zum Messebesuch oder zum Tag der offenen Tür.

Sind keine gesetzlichen oder satzungsbedingten Einladungsfristen zu berücksichtigen, sollte die Einladung **etwa sechs Wochen** vor dem geplanten Termin verschickt werden. Abhängig von der Teilnehmeranzahl sind folgende Einladungsfristen zu empfehlen:

- 20 Teilnehmer 8 Wochen vorher
- 40 Teilnehmer 12 Wochen vorher
- 80 Teilnehmer 16 bis 24 Wochen vorher

Je nach Anlass empfiehlt es sich, folgende Medien zu verwenden:

| MEDIUM | BEISPIELE |
|---|---|
| **Geschäftsbriefbogen** | Einladung zum Vorstellungsgespräch oder Messebesuch |
| **Faltblatt**<br>**Klappkarte**<br>**Flyer** | Einladung zum Tag der offenen Tür oder zur Geschäftseröffnung, Weihnachtsfeier |

Ein A4-Flyer im PDF-Format kann z. B. bei einer Einladung zum Tag der offenen Tür per E-Mail verschickt werden.

Einladungen zu größeren Veranstaltungen sollten zur besseren Organisation eine Antwortkarte enthalten. Sie erleichtert der/dem Eingeladenen eine Zu- oder Absage.

Zu internen Routinebesprechungen wie Abteilungsmeetings, Projektbesprechungen und Einzelgesprächen, aber auch zu Vorstands- und Aufsichtsratsitzungen können Sie per E-Mail einladen.

## CHECKLISTE – EINLADUNG

| Das sollten Sie bei Einladungen beachten: | | |
|---|---|---|
| 1. | **Was findet statt?**<br>• Anlass und Thema<br>• Teilnehmerkreis | ☐ |
| 2. | **Wann findet der Termin statt?**<br>• Datum und Zeit (Beginn und Ende) | ☐ |
| 3. | **Wo findet der Termin statt?**<br>• Ort (Adresse, Stockwerk, Raum)<br>• Wegbeschreibung (Anfahrtsskizze über QR-Code)<br>• Parkmöglichkeiten<br>• Erreichbarkeit mit öffentlichen Verkehrsmitteln<br>• Zimmerreservierung | ☐ |
| 4. | **Was erwartet die Teilnehmer/-innen?**<br>• Sitzung oder Besprechung mit Zielvorgaben und Tagesordnungspunkten<br>• Treffen zu gegenseitigem Austausch<br>• Arbeitssitzung mit Zielvorgaben<br>• Informationsveranstaltung mit Referent/-innen<br>• Werbeveranstaltung<br>• Verpflegung, z. B. kleiner Umtrunk<br>• mehrstündiges Programm | ☐ |
| 5. | **Welche Vorbereitungen werden erwartet?**<br>• Fachunterlagen, die mitzubringen sind<br>• Hinweis auf Themen, die besonders gut vorbereitet werden sollten | ☐ |
| 6. | **Wer unterschreibt?**<br>• Geschäftsführer/-in oder jemand im Auftrag | ☐ |
| 7. | **Sind alle wichtigen Informationen übersichtlich angeordnet und hervorgehoben?**<br>• einrücken<br>• zentrieren<br>• Fettschrift<br>• grafische Elemente | ☐ |

### Formulierung

Einladungsschreiben zu Seminaren/Webinaren, Kongressen und Tagungen sollen die Eingeladenen neugierig machen und zeigen, welchen Nutzen sie vom Besuch der Veranstaltung haben. Bei Sitzungen und Konferenzen ist eher die Notwendigkeit der Teilnahme in den Fokus zu setzen.

Bei Einladungen zu offiziellen Anlässen oder festlichen Veranstaltungen sollten die Eingeladenen erkennen können, ob Pünktlichkeit erwartet wird. Die folgenden Formulierungen sind dazu geeignet:

| | |
|---|---|
| **um 19:00 Uhr** | Es wird absolute Pünktlichkeit erwartet. |
| **ab 18:00 Uhr** | Ein späteres Kommen ist möglich. |
| **von 14:00 bis 16:00 Uhr** | Während dieser Zeit kann man kommen und gehen, wann man will. |
| **20:00 Uhr s. t.** | Abkürzung: s. t. = sine tempore = ohne Zeit<br>Es wird erwartet, dass jeder um diese Zeit an seinem Platz sitzt. |
| **19:00 Uhr c. t.** | Abkürzung: c. t. = cum tempore = mit Zeit<br>Es ist auch möglich, eine Viertelstunde später zu kommen. |

### Textbausteine zu Einladungen

| | |
|---|---|
| **Einleitung** | • Wir laden Sie zur … Sitzung dieses Jahres ein.<br>• Wir laden Sie ganz herzlich zu unserem »Tag der offenen Tür« ein.<br>• Die diesjährige Messe wird am … eröffnet. Wir laden Sie herzlich ein, bei unseren Fachvorträgen zur neuen … dabei zu sein. |
| **Einladungsformeln** | • Auf Ihre Teilnahme freuen wir uns.<br>• Wir freuen uns auf Ihren Besuch und wünschen Ihnen eine angenehme Anreise.<br>• Wir freuen uns auf Sie. |

## Beispiel: Einladung zum »Tag der offenen Tür«

Brief muster GmbH

Briefmuster GmbH – Postfach 10 20 30 – 70180 Stuttgart
Herrn
Robert Kannegießer
Silvio Silviones Vertrieb GmbH
Gladbacher Straße 578
41179 Mönchengladbach

Ihr Zeichen:
Ihre Nachricht vom:
Unser Zeichen: yi
Unsere Nachricht vom:

Name: Cem Yilmaz
Telefon: +49 711 123-49
Telefax: +49 711 123-50
E-Mail: cem.yilmaz@briefmuster-gmbh.com

Datum: 20..-03-28

**Tag der offenen Tür am 3. Mai 20..**

Sehr geehrter Herr Kannegießer,

an unserem Tag der offenen Tür können Sie hinter die Kulissen unseres Unternehmens schauen.

**Besuchen Sie uns am 3. Mai 20.. zwischen 09:00 und 19:00 Uhr.**

An diesem Tag können Sie alle Mitarbeiterinnen und Mitarbeiter persönlich treffen, mit denen Sie bisher Kontakt hatten.

Am Nachmittag haben Sie die Möglichkeit, an einer Führung durch unsere Produktionsanlagen teilzunehmen. Im Anschluss daran zeigen wir Ihnen in Halle 5 auf einem virtuellen Laufsteg unsere Kollektion für die kommende Saison. Dazu reichen wir Ihnen einen kleinen Imbiss.

Bitte senden Sie die Antwortkarte bis zum 23. April 20.. an uns zurück.

Meine Mitarbeiter/-innen und ich freuen uns auf Ihren Besuch!

Herzliche Grüße

Briefmuster GmbH

Cem Yilmaz
Geschäftsführer

**Anlage**
1 Antwortkarte

**PS:** Eine kleine Überraschung liegt für Sie bereit.

**Pflicht- und Geschäftsangaben**

## Beispiel: Antwortkarte

Absender:

Frankierung

Briefmuster GmbH
Frau Stella Wagenmeister
Postfach 10 20 30
70180 Stuttgart

**Tag der offenen Tür**
am 3. Mai 20..
von 09:00 bis 19:00 Uhr

Brief muster GmbH

☐ Ich nehme teil.

☐ Ich nehme mit ...... Personen teil.

☐ Ich kann leider nicht kommen.

| **Datum:** | **Unterschrift:** |
| --- | --- |
| | |

## Beispiel: Einladung »Absage«

**Brief muster GmbH**

Briefmuster GmbH – Postfach 10 20 30 – 70180 Stuttgart
Herrn
Harry Bonnertz
Neat & Clean GmbH
19065 Pinnow

Ihr Zeichen: kb-lm
Ihre Nachricht vom: 20..-03-17
Unser Zeichen: ha
Unsere Nachricht vom:

Name: Solveig Hattemer
Telefon: +49 711 123-49
Telefax: +49 711 123-50
E-Mail: solveig.hattemer@briefmuster-gmbh.com

Datum: 20..-03-20

**Ihre Einladung**

Sehr geehrter Herr Bonnertz,

herzlichen Dank für Ihre freundliche Einladung! Ich hatte mich schon so auf Sie und Ihre neuen Geschäftsräume gefreut. Jetzt ist mir ein dringender Termin dazwischengekommen. Ich muss meinen erkrankten Kollegen auf der Messe in Düsseldorf vertreten.

Aber ich werde meinen Besuch auf jeden Fall nachholen – schließlich bin ich ja sehr gespannt auf Ihre neu gestalteten Verkaufsflächen.

Ihnen und Ihren Gästen eine schöne Feier!

Herzliche Grüße

Solveig Hattemer
Vertrieb Einzelhandel

**Pflicht- und Geschäftsangaben**

### 1.8.6 Weihnachts- und Neujahrsgrüße

Weihnachtsgrüße pflegen die Geschäftsbeziehung und können auch dazu dienen, die eigene Firma wieder in Erinnerung zu bringen.

Viele Unternehmen verzichten inzwischen auf Karten und verschicken stattdessen E-Mails. Das geht zwar schnell, hat aber nicht die gleiche wertschätzende Wirkung wie eine Weihnachtskarte oder ein -brief. Das gilt vor allem dann, wenn die E-Mail mit nicht passenden Videos oder bewegten Bildern angereichert wird.

Damit sich Ihre Grüße von der Masse abheben, kann es sinnvoll sein, eigene Karten zu entwerfen und drucken zu lassen. Diese Karten können Sie mit eingedruckten Weihnachtswünschen versehen, die dann nur noch unterschrieben werden müssen und bei Bedarf mit persönlichen Zusätzen versehen werden können. Wenn Sie die Weihnachtskarten kaufen wollen, setzen Sie ein Zeichen, wenn Sie Karten von wohltätigen Organisationen wie der Unicef oder den SOS-Kinderdörfern kaufen.

Bei wichtigen Kontakten sollten Sie den Empfänger/-innen ihre besondere Bedeutung durch einen handgeschriebenen persönlich formulierten Kartentext spüren lassen. Hier können Sie an Ereignisse des vergangenen Jahres erinnern, konkrete Wünsche für das kommende Jahr aussprechen oder auch Grüße an Angehörige entrichten.

Kleine Geschenke können auf der Karte oder in einem gesonderten Schreiben kommentiert werden. Sie können zum Beispiel erläutern, warum Sie sich für ein bestimmtes Geschenk entschieden haben – gegebenenfalls auch, warum Sie auf Geschenke verzichten und stattdessen eine Spende an eine gemeinnützige Organisation gemacht haben.

| CHECKLISTE – WEIHNACHTS- UND NEUJAHRSGRÜSSE | | |
|---|---|---|
| **Das sollten Sie bei Weihnachts- und Neujahrsgrüßen beachten:** | | |
| **1.** | **Versand:** Planen Sie den Versand Ihrer Weihnachtspost rechtzeitig. Vor Weihnachten müssen Sie mit längeren Versandzeiten rechnen. | ☐ |
| **2.** | **Briefhülle:** Verzichten Sie auf Adressaufkleber. | ☐ |
| **3.** | **Frankierung:** Verwenden Sie Briefmarken anstelle der automatischen Frankierung. | ☐ |
| **4.** | **Anrede:** Sprechen Sie die Empfängerin / den Empfänger direkt an. Dies ist besser als beispielsweise die unpersönliche Anrede »Liebe Geschäftsfreunde«. | ☐ |
| **5.** | **Unterschrift:** Unterzeichnen Sie handschriftlich – wenn die Weihnachtskarte von der ganzen Abteilung kommt, dann sollten nur diejenigen Mitarbeiter/-innen unterschreiben, die der Adressat tatsächlich kennt. | ☐ |

**Textbausteine »Weihnachten und Neujahr«**

- Herzliche Grüße zum Weihnachtsfest und alles Gute für das neue Jahr!
- Ein frohes Weihnachtsfest und ein gutes neues Jahr wünscht Ihnen …
- Frohe Weihnachten und einen guten Rutsch ins neue Jahr!
- Ein besinnliches Weihnachtsfest im Kreis der Familie und einen schönen Ausklang des Jahres wünschen …
- Wir danken für die gute Zusammenarbeit und Ihr Vertrauen und wünschen Ihnen einen erholsamen Jahresausklang.
- Wir freuen uns auf die weitere gute Zusammenarbeit im neuen Jahr und wünschen Ihnen alles Gute!
- Ein frohes Weihnachtsfest und ein gesundes, glückliches neues Jahr wünscht …
- Frohe Weihnachten und ein gutes, erfolgreiches neues Jahr.
- Zum Weihnachtsfest wünschen wir Ihnen besinnliche und erholsame Stunden im Kreis Ihrer Familie und Freunde.
- Zum Jahreswechsel bedanken wir uns für das entgegenge-

brachte Vertrauen und die angenehme Zusammenarbeit.

- Wir danken Ihnen herzlichst für die gute Zusammenarbeit und hoffen auf eine weitere, erfolgreiche Zukunft.
- Ein ereignisreiches Jahr neigt sich dem Ende zu. Wir danken Ihnen für die gute Zusammenarbeit und wünschen Ihnen und Ihrer Familie ein fröhliches Weihnachtsfest und alles Gute für das neue Jahr.
- Zum neuen Jahr wünschen wir Ihnen viel Glück, Gesundheit, Zufriedenheit und berufen sowie privaten Erfolg.

**Zitate zu Weihnachten und Neujahr**

- Es gibt bereits alle guten Vorsätze, wir brauchen sie nur noch anzuwenden. *(Blaise Pascal)*
- Zusammenkommen ist ein Beginn. Zusammenbleiben ist ein Fortschritt. Zusammenarbeiten ist ein Erfolg. *(Henry Ford)*
- Im Grunde sind es immer die Verbindungen mit Menschen, die dem Leben seinen Wert geben. *(Wilhelm von Humboldt)*

## Beispiele: Weihnachts- und Neujahrsgrüße

Bonn, im Dezember 20..

Sehr geehrte Frau Keller, sehr geehrte Frau Ökkan,

herzliche Grüße zum Weihnachtsfest und alles Gute für das neue Jahr!

Als kleinen Dank für die gute Zusammenarbeit im vergangenen Jahr senden wir Ihnen diese Auswahl weihnachtlicher Pralinen. Sie sind von Konditormeister Threch aus Königswinter ohne künstliche Zusatzstoffe handgefertigt und sollen Ihnen die Feiertage versüßen.

Ihnen und Ihrer Familie wünschen wir frohe Festtage!

*Jens Wilkes*

Jens Wilkes
Koppermann Bürobedarf GmbH

---

Bonn, im Dezember 20..

*Sehr geehrte Frau Sollmann,*

herzliche Grüße zum Weihnachtsfest und alles Gute für das neue Jahr!

Anstelle der üblichen Weihnachtsgeschenke haben wir in diesem Jahr dem Verein „Hilfe in der Not" eine Geldspende zukommen lassen. Der Verein kümmert sich seit Jahrzehnten erfolgreich vor allem um in Not geratene Kinder. Wir glauben, auch in Ihrem Sinne zu handeln, wenn wir auf diese Weise die Arbeit des Vereins unterstützen.

Wir wünschen Ihnen und Ihrer Familie frohe Festtage!

*Clemens Schubert*

## 1.8.7 Nachrufe und Kondolenzschreiben

### Nachrufe

Einen Nachruf auf eine Mitarbeiterin / einen Mitarbeiter, eine Kollegin / einen Kollegen oder eine/einen Vorgesetzten zu verfassen ist eine traurige Aufgabe, die den meisten Menschen sehr schwerfällt. Hier ist Ihr Einfühlungsvermögen gefordert: Lieblose Worte können die Angehörigen verletzen. Versuchen Sie also, der/dem Verstorbenen mehr als nur Pflichtbewusstsein und Pünktlichkeit zu bescheinigen.

Nachrufe von Firmen, Behörden und Vereinen können als Anzeige in Tageszeitungen veröffentlicht werden. Familien- und Nachrufanzeigen sollten möglichst am selben Tag erscheinen.

| CHECKLISTE – NACHRUFE | | |
|---|---|---|
| **Das sollte ein Nachruf enthalten:** | | |
| **1.** | **Medium:** Im beruflichen Kontext ist die Tageszeitung das richtige Medium. In entsprechenden Branchen wäre auch eine zusätzliche Veröffentlichung auf einem passenden Trauerportal oder in einem Blog denkbar. | ☐ |
| **2.** | **Persönliche Daten:** Vergewissern Sie sich, dass alle persönlichen Daten korrekt sind, vor allem die Namen der/des Verstorbenen (ggf. mit Geburtsnamen). Akademische Grade können, müssen aber nicht aufgeführt werden, auch mit Zusätzen wie Dr. jur. oder Dr. med. Das gilt auch für besondere Auszeichnungen (z. B. Bundesverdienstkreuz). | ☐ |
| **3.** | **Religion:** Prüfen Sie, ob religiöse (interkulturelle) Glaubensaussagen angebracht sind. | ☐ |
| **4.** | **Datum des Todes:** Ist das Datum des Todes, evtl. auch das Alter oder der Geburtstag der/des Verstorbenen angegeben? | ☐ |
| **5.** | **Funktion:** Welche Funktion hat die/der Verstorbene in Ihrer Firma/Behörde ausgeübt? | ☐ |

| | | |
|---|---|---|
| 6. | **Würdigung:** Würdigen Sie die Verdienste der/des Verstorbenen in Ihrem Unternehmen. Achten Sie darauf, dass die Würdigung ihre/seine Persönlichkeit möglichst ehrlich beschreibt. | |
| 7. | **Beileidsbekundung:** Sprechen Sie den Angehörigen Ihr Mitgefühl aus. | |
| 8. | **Unternehmensdaten:** Geben Sie den Namen Ihres Unternehmens, Ihrer Behörde oder der Institution an. Die Angaben sollten nicht größer oder auffälliger gesetzt sein als der Name der/des Verstorbenen. | |
| 9. | **Anschrift:** Geben Sie die Anschrift Ihres Unternehmens an. Bei Behörden oder Vereinen wird meistens keine Anschrift angegeben. | |

**Textbausteine »Nachrufe«**

- Wir trauern um Hans Müller.
- Wir nehmen Abschied von Hans Müller.
- Wir behalten ihn als zuverlässigen und hilfsbereiten Kollegen in Erinnerung.
- Wir werden seine Aufrichtigkeit sehr vermissen.
- Obwohl Frau Maier schon seit einigen Jahren im Ruhestand war, ist sie uns noch immer mit ihrem Humor und ihren guten Ideen in Erinnerung.
- Wir erinnern uns an sie mit großem Respekt.
- Unser Mitgefühl gilt ihrer Familie.

## Beispiele: Nachruf

Wir trauern um unseren ehemaligen Schulleiter, Herrn

**Professor Dr. Norbert Keller**

Oberstudiendirektor i. R.

† 12.10.20..

Sein Einsatz und die Entschlossenheit,
mit der er unsere Schule zum Erfolg führte,
werden uns immer in Erinnerung bleiben.

Wir gedenken seiner mit Hochachtung und Dankbarkeit.

Schulleitung, Personalrat, Kollegium,
Schülerinnen und Schüler,
Eltern und Elternbeirat und Förderverein
der Eduard-Spranger-Schule
Hunnenheim, im Oktober 20…

---

Unser ehemaliger Mitarbeiter

**Jürgen Hellmer**

ist am 21. Juni 20.. im Alter
von 66 Jahren verstorben.
Herr Hellmer war bis zu seinem Eintritt
in den Ruhestand als Lackierer in
unserem Unternehmen tätig.

Wir danken Herrn Hellmer für seine
langjährige Mitarbeit und werden ihm
stets ein ehrendes Andenken
bewahren.

**Geschäftsführung, Betriebsrat
und Belegschaft**

**Franz Münchner GmbH**

## Kondolenzschreiben

Verfassen Sie Ihren Kondolenzbrief möglichst sofort, nachdem Sie von dem Trauerfall erfahren haben. Schreiben Sie am besten mit der Hand – aber nicht auf Geschäftspapier mit Bezugszeichenzeile oder Infoblock oder gar mit eingedruckter Bankverbindung. Wenn Sie kein anderes Geschäftspapier haben, dann schreiben Sie auf neutralem Papier guter Qualität oder auf einer Karte. Wählen Sie keinesfalls einen Fensterumschlag und frankieren Sie mit einer Briefmarke. Verwenden Sie religiöse Zitate nur, wenn Sie sicher sein können, damit dem religiösen Empfinden des Verstorbenen oder der Angehörigen zu entsprechen. Versuchen Sie, in eigenen Worten Ihren persönlichen Verlust auszudrücken. Übertreiben Sie aber nicht. Verzichten Sie auf Floskeln wie »Zum Tode Ihres lieben Mannes«, wenn Sie nicht wissen, ob das der Beziehung gerecht wird.

| CHECKLISTE – KONDOLENZSCHREIBEN | | |
|---|---|---|
| **Das sollten Sie bei Kondolenzschreiben beachten:** | | |
| **1.** | **Wann:** Versenden Sie das Kondolenzschreiben so schnell wie möglich. Haben Sie erst später vom Tod eines Menschen erfahren, sollten Sie im Schreiben den Grund angeben und um Verständnis bitten, dass Sie so spät reagieren. | ☐ |
| **2.** | **Medium:**<br>• Das angemessene Medium ist der Brief. In manchen Gegenden kann auch eine Beileidskarte geeignet sein, ansonsten gelten Karten aber als wenig stilvoll. Wählen Sie einen dezenten, neutralen Briefbogen mit einem zurückhaltenden Logo aus hochwertigem Papier. Verzichten Sie auf Briefpapiere mit schwarzem Rand; sie sind den trauernden Angehörigen vorbehalten.<br>• Erfahren Sie per E-Mail von dem Tod einer Person, dann können Sie spontan per E-Mail darauf antworten. Versenden Sie aber anschließend ein Beileidsschreiben. | ☐ |
| **3.** | **Religion:** Prüfen Sie, ob religiöse (interkulturelle) Glaubensaussagen angebracht sind. | ☐ |

| | | |
|---|---|---|
| 4. | **Beileidsbekundung:**<br>• Schreiben Sie, wie Sie vom Tod der Person erfahren haben.<br>• Drücken Sie Ihre Betroffenheit und Ihr Beileid aus.<br>• Sagen Sie etwas über die Verstorbene / den Verstorbenen, über ihre/seine Bedeutung für das Unternehmen. Erinnern Sie an ihr/sein Wesen oder an bestimmte gemeinsame Erlebnisse.<br>• Schreiben Sie, dass Sie das Andenken an die Verstorbene / den Verstorbenen bewahren werden (aber nur, falls Sie sie/ihn kannten).<br>• Am Ende des Briefes können Sie trösten und auch Ihre Hilfe anbieten. | ☐ |
| 5. | **Briefschluss:**<br>• Unterzeichnen Sie mit Ihrem Namen, wenn Sie zur/zum Verstorbenen und/oder den Hinterbliebenen in einer freundschaftlichen Beziehung standen/stehen. Unterschreiben Sie auch mit dem Firmennamen, wenn das nicht der Fall ist – die Angehörigen wissen sonst vielleicht nicht, mit wem sie es zu tun haben.<br>• Kondolieren ein oder mehrere Personen des Unternehmens in dessen Auftrag, ohne einen direkten persönlichen Bezug zu den Trauernden gehabt zu haben, sollten Sie den Kondolenzbrief mit den Namen und den dazugehörigen Funktionen unterschreiben.<br>• Auch wenn mehrere Personen schreiben, z. B. der Kollegenkreis, sollte jeder handschriftlich mit ihrem/seinem Namen unterschreiben. | ☐ |
| 6. | **Briefumschlag und Adressierung:**<br>• Verwenden Sie keine Fensterbriefhüllen, sondern eine gefütterte Briefhülle in der gleichen Qualität und Farbe wie der Briefbogen. Frankieren Sie den Briefumschlag mit einer Briefmarke und nicht mit der Frankiermaschine.<br>• Schreiben Sie nicht die veraltete Formulierung »An das Trauerhaus«. Sprechen Sie die Person mit Anrede, Vor- und Zunamen an. Sie können im Kondolenzschreiben die Familie mit einbeziehen. | ☐ |

## Textbausteine »Kondolenzschreiben«

| | |
|---|---|
| **Einleitung** | • Gestern haben wir erfahren, dass Ihr Mann gestorben ist.<br>• Wir sind bestürzt.<br>• Gerade hat uns Frau Maier vom Tod Ihrer Frau berichtet. Das muss ein großer Verlust für Sie sein. |
| **Ausdruck der Anteilnahme** | • Zu dem schweren Verlust sprechen wir Ihnen und Ihrer Familie unsere Teilnahme aus.<br>• Wir fühlen mit Ihnen.<br>• Auch im Namen der Mitarbeiter spreche ich Ihnen unser herzliches Beileid aus. |
| **persönliche Wertschätzung** | • *Schreiben Sie hier etwas, was Sie mit dem Verstorbenen verbindet, was ihn für Sie / Ihre Firma unvergesslich macht.* |
| **Andenken bewahren** | • Wir werden diesen besonderen Menschen nicht vergessen.<br>• Ihr Mann wird in unserer Firma noch lange vermisst werden. |
| **Trost und Hilfe** | • Wenn wir in dieser schweren Zeit etwas für Sie tun können, rufen Sie uns bitte an.<br>• Wir hoffen, dass Sie die schwere Zeit mit innerer Kraft bestehen werden. |
| **Grußformel** | • Mit herzlicher Anteilnahme … |

## Zitate für Kondolenzschreiben

- Wer im Gedächtnis seiner Lieben lebt, der ist nicht tot, der ist nur fern; tot ist nur, wer vergessen wird. *(Immanuel Kant)*
- Je schöner und voller die Erinnerung, desto schwerer ist die Trennung. Aber die Dankbarkeit verwandelt die Erinnerung in eine stille Freude. Man trägt das vergangene Schöne nicht wie einen Stachel, sondern wie ein kostbares Geschenk in sich. *(Dietrich Bonhoeffer)*

## Beispiel: Kondolenzschreiben

Briefmuster GmbH

Geschäftsleitung

Königstraße 234, 70173 Stuttgart

Adorf im März 20..

*Sehr geehrter Herr Bieri,*

*der plötzliche Tod Ihrer Frau hat uns sehr bewegt. Wir sind fassungslos und trauern mit Ihnen.*

*Ihre Frau war mehr als 20 Jahre bei uns beschäftigt. Ihr Engagement, ihre Ideen und ihre Zuverlässigkeit haben wir alle sehr geschätzt. Sie fehlt uns sehr.*

*Wir denken mit herzlicher Verbundenheit und Anteilnahme an Sie*

*Ihre Susanne Weiter*

Dr. Susanne Weiter
Geschäftsführerin

# 1.9 Schreiben ins Ausland

## 1.9.1 Auslandsanschriften

Bei Auslandanschriften werden Bestimmungsort und Bestimmungsland in Großbuchstaben geschrieben. Die Anordnung der anderen Bestandteile und deren Schreibung sind nach Möglichkeit den Kommunikationsdaten des Partners zu entnehmen.

Der Bestimmungsort sollte in der Sprache des Bestimmungslandes angegeben werden. Das Bestimmungsland steht immer in der letzten Zeile und sollte in deutscher Sprache und nicht in der Sprache des Bestimmungslandes angegeben werden.

Frank Sutter, Talstraße 112, 71332 Waiblingen, Allemagne

Frau<br>
Sonja Weissmeyer<br>
Wallensteinstraße 36<br>
1121 WIEN<br>
ÖSTERREICH

Donau-Bank AG, 60261 Frankfurt, Allemagne

Gonzales Bank S. A.<br>
Santa Maria De La Cabeza 11<br>
28045 MADRID<br>
SPANIEN

**Die korrekte Adressierung beim Versand von Briefen mit der Deutschen Post**

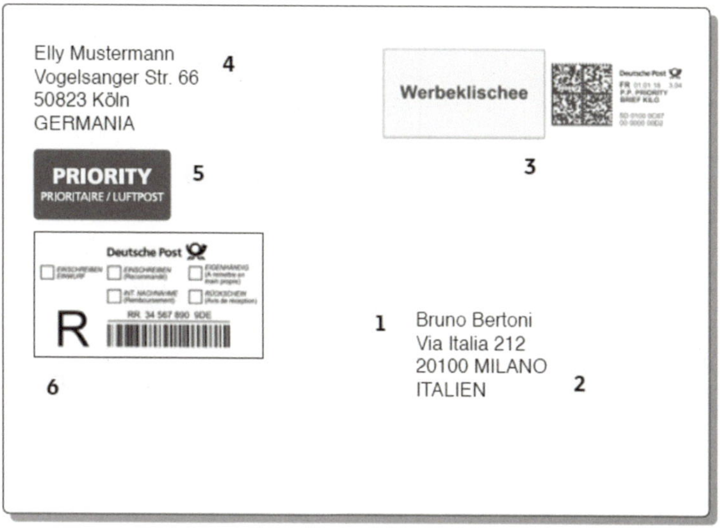


(Leitfaden »Internationaler Briefversand: Wichtige Informationen für Gestaltung und Einlieferung, Stand 01.01.2020, Adresse: Deutsche Post AG, Zentrale, Produktmanagement Brief Export, 53250 Bonn, Internet: deutschepost.de/brief-international)

1. Anschrift ohne Leerzeilen in lateinischer, nicht gesperrter Schrift und auf der rechten Seite
2. Bestimmungsort und -land in Großbuchstaben
3. Postwertzeichen oder Frankierabdrucke auf der rechten oberen Ecke der Aufschriftseite
4. Vollständige Absenderangabe in der linken oberen Ecke, die Landesangabe möglichst in der Sprache des Bestimmungslandes der Sendung (z. B. GERMANIA)
5. Beförderungsleistung »PRIORITY/Prioritaire/Luftpost«
6. Label »Zusatzleistung«

## 1.9.2 Fremdsprachliche Textbausteine

| DEUTSCH | ENGLISCH |
|---|---|
| Sehr geehrter Herr Lang<br>Lieber Herr Lang<br>Lieber Robert | Dear Mr Lang<br>Dear Mr. Lang *(amerikanisch)*<br>Dear Robert |
| Sehr geehrte Frau Lang<br>Liebe Frau Lang<br>Liebe Julie | Dear Ms Lang<br>Dear Ms. Lang *(amerikanisch; »Mrs« wird nur verwendet, wenn man sicher ist, dass die Frau verheiratet ist)*<br>Dear Julie |
| Sehr geehrter Herr Lang, sehr geehrte Frau Lang<br>Lieber Herr Lang, liebe Frau Lang | Dear Mr and Mrs Lang<br>Dear Mr. and Mrs. Lang *(amerikanisch)* |
| Sehr geehrte Damen und Herren *(formal)* | Dear Sir or Madam *(üblichste Form)*<br>Dear Sirs or Mesdames<br>Dear Ladies and Gentlemen<br>Ladies and Gentlemen<br>Gentlemen *(amerikanisch)* |
| Sehr geehrte Damen und Herren *(allgemeiner, an größeren Adressatenkreis, z. B. Rundbrief)* | To whom it may concern<br>Dear customer/supplier/reader … |
| Hallo, Leo | Hi Leo |
| Ich gratuliere Ihnen/Dir herzlich zum Geburtstag. | I would like to wish you a very happy birthday. |
| Frohe Weihnachten und ein erfolgreiches neues Jahr. | I/We wish you a Merry Christmas and a prosperous New Year |
| Wir wünschen Ihnen/Dir gute Besserung. | We hope you will get well soon. |
| Ich möchte Ihnen/Dir zum Tod von … mein herzliches Beileid aussprechen. | May I offer you my sincere condolences on the death of … |
| Herzlichen Dank für Ihre Einladung. | Thank you for your kind invitation. |
| Für Ihre Bemühungen bedanke ich mich im Voraus. | Thank you in advance for your trouble. |
| Hochachtungsvoll<br>*(sehr formell, veraltend)* | Yours faithfully *(im britischen Englisch nur, wenn die Anrede ohne Namen erfolgt ist, dann aber zwingend)*<br>Very truly yours<br>Respectfully yours |
| Mit freundlichen Grüßen | Yours sincerely<br>Sincerely<br>Best regards |
| Viele liebe Grüße | Yours<br>Best regards *(amerikanisch)* |

| SPANISCH | FRANZÖSISCH |
|---|---|
| Estimado señor<br>Estimado señor Lang<br>Estimado Sr. Lang<br>Distinguido Señor *(sehr förmlich)*<br>Querido Robert *(privat)* | Monsieur<br>Cher Monsieur Lang<br>Cher Robert |
| Estimada señora<br>Estimada señora Lang<br>Estimada Sra. Lang<br>Distinguida Señora *(sehr förmlich)*<br>Querida Julie *(privat)* | Madame<br>Chère Madame<br><br><br>Chère Julie |
| Estimados señora Lang y señor Lang<br>Estimados Sra. Lang y Sr. Lang<br>Querida señora Lang, querido señor Lang *(privat)* | Madame, Monsieur<br>Chère Madame, cher Monsieur<br>*(Der Name entfällt in der Anrede.)* |
| Estimados señores<br>Estimados señoras y señores | Mesdames, Messieurs |
| Estimados señores<br>Estimados señoras y señores | Cher client/fournisseur/lecteur …<br>Chère cliente/lectrice, cher client/lecteur …. |
| ¡Hola Leo! | Salut Léo |
| Quisiera felicitarle por su cumpleaños. | Je vous/te souhaite un joyeux anniversaire. |
| ¡Feliz Navidad y próspero Año Nuevo! | Je vous souhaite un joyeux Noël et une bonne année! |
| ¡Le deseamos una pronta recuperación! | Nous vous/te souhaitons un prompt rétablissement. |
| Quisiera expresarle a usted mi más sincero pésame a la muerte de …. | Je vous/te présente mes très sincères condoléances. |
| Muchas gracias por la invitación. | Merci beaucoup de votre invitation. |
| Les agradecemos todos sus esfuerzos de antemano. | Je vous remercie à l'avance. |
| Soy de Vd. con todo respeto y consideración *(sehr formell, veraltend)* | Je vous prie de croire, Madame/Monsieur/Messieurs, à l'expression de mes sentiments respectueux. |
| Atentamente<br>Atentos saludos | *In französischen Geschäftsbriefen sollten Sie auf die ausführliche Formel »Je vous prie …« nicht verzichten:*<br>Je vous prie / Nous vous prions d'agréer, Madame/ Monsieur/Messieurs, l'expression de mes (nos) salutations distinguées.<br>Recevez, Madame/Monsieur, mes salutations distinguées. |
| Con mis/nuestros mejores deseos | Amicalement<br>Cordialement |

## 1.9.3 Typografische Besonderheiten

In der Korrespondenz mit ausländischen Partnern sollten die in der jeweiligen fremden Sprache vorkommenden Akzente u. Ä. in Eigen-, Orts- und Markennamen richtig geschrieben werden. Das ist über die herkömmliche Tastatur nicht immer ganz einfach.

Für die typografisch korrekte Schreibweise können Sie folgende Tastenkombinationen nutzen:

| ZEICHEN | BEISPIEL | TASTENKOMBINATION | | UNICODE |
|---|---|---|---|---|
| | | **Windows** | **Mac** | |
| Gravis (`) | à | [UM] + [´] | [UM] + [´] | U + 0300 |
| Akut (´) | café | [`] | [`] | U + 0301 |
| Zirkumflex (^) | fenêtre | [^] + [Buchstabe] | [^] + [Buchstabe] | U + 0302 |
| Tilde (~) | pestañas | [STRG] + [ALT] + [+] + [Buchstabe] | [Alt] + [N] | U + 0303 |
| Trema (¨) | Noël | [STRG] + [UM] + [.] + [Buchstabe] | [ALT] + [UM] + [Buchstabe] | U + 0308 |
| Cedille (ç) | garçon | [STRG] + [,] + [Buchstabe] | [ALT] + [UM] + [Buchstabe] | U + 0327 |

## 1.9.4 Besonderheiten britischer und amerikanischer Briefe

**Absenderangabe**

Die **Absenderadresse** steht – falls nicht im Briefkopf – rechts oben. Der Name wird erst am Ende des Briefes (in der Unterschrift) geschrieben.

**Schreibweise des Datums**

Es steht unter dem Briefkopf rechts oben, in den USA auch linksbündig. Im britischen Englisch übliche Formen für das Datum sind 24 January 20.., January 24th, 20.. oder 24/1/20. In den USA werden Monat und Tag in umgekehrter Reihenfolge angegebenen: Es empfiehlt sich daher, zur Vermeidung von Missverständnissen den Monatsnamen auszuschreiben.

### Empfängeranschrift

Die **Empfängeradresse** wird in Großbritannien und in den USA auf die linke Seite geschrieben. Unterhalb von Namen und Firma werden Postfach oder Hausnummer mit Straße angegeben. Die Hausnummer wird zuerst genannt und nicht mit einem Komma abgetrennt: *24 Wolesley Rd, 7 Highbury Hill* oder *224 East 83rd Street.*

Es folgt in **Großbritannien** darunter der Name der Stadt, bei kleineren Ortschaften in der nächsten Zeile die Grafschaft. Darunter kommt der aus zwei Teilen aufgebaute Postcode, z. B. *N8 8RR.* In den **USA** wird der Name der Stadt gefolgt von dem Kürzel des US-Bundesstaates und dem ZIP-Code geschrieben, z. B. *Boston, MA 02117.*

Schreibt man an eine bestimmte Person in einer Firma, dann steht deren Name vor dem des Unternehmens oder der Organisation.

### Anrede

Die **Anrede** endet ohne Zeichen oder mit einem Komma (Großbritannien) oder mit einem Doppelpunkt (USA), danach beginnt der Text mit einem Großbuchstaben.

### Betreffangabe

Der **Betreff** wird in Großbritannien eingeleitet von *Re:* und steht nach der Anrede und vor dem Haupttext *(Re: Your Request for Information).* Eine modernere Variante ist es, *Re:* wegzulassen und den Betreff fett zu drucken.

In den USA wird der Betreff eingeleitet von *Subject:* und steht unterhalb der Empfängeradresse *(Subject: Inquiry for Selling Agents).*

### Anlagenvermerk

Der **Anlagenvermerk** *Encl:* oder *Enclosures:* leitet die Aufzählung der beigefügten Unterlagen ein und steht unter der Unterschrift.

## Muster britischer Brief

| | |
|---|---|
| Adresse des Absenders: im Briefkopf oder oben rechts | Vorex Münster GmbH<br>Robert-Bosch-Straße 112<br>48153 Münster<br>Germany |
| Datum: rechts, unterhalb der Absenderadresse | 16 March 2020 |
| Empfängeradresse: linksbündig | Mr George Noran<br>Immo Company<br>88 Onslow Gardens<br>Muswell Hill<br>LONDON |
| zweiteiliger Postcode: unter dem Namen der Stadt | N10 3JU<br>GROSSBRITANNIEN |
| Anrede: endet ohne Zeichen oder mit Komma | Dear Mr Noran |
| Betreff: steht nach der Grußformel, vor dem Haupttext fett hervorgehoben (traditioneller noch eingeleitet von Re:) | **Request for catalogue** |
| Text beginnt in Großschreibung | I got your address from a customer who recommended your products to me. Would you please send me a copy of your catalogue?<br><br>Yours sincerely,<br><br>*Rabea Singer*<br>Rabea Singer<br>Manager, Sales Department |

## Muster amerikanischer Brief

Vorex Münster GmbH
Robert-Bosch-Straße 112
48153 Münster
Germany

March 16, 2020

> Datum: unter der Absenderadresse, rechts oder linksbündig

Mr. George Noran
Key Account Manager
Immo Inc.
356 North Camden Drive
BEVERLY HILLS, CA 90210
USA

> In den USA ist es üblich, nach dem Namen die Position in der Firma anzugeben.

Subject: Request for Catalog

> Betreff: unter der Empfängeradresse, über der Grußformel, eingeleitet von »Subject:«

Dear Mr. Noran:

> Anrede: endet mit Doppelpunkt

I got your address from a customer who recommended your products to me.
Would you please send me a copy of your catalog?

> Text beginnt in Großschreibung

Sincerely,

Rabea Singer
Rabea Singer
Manager, Sales Department

cc: Michael Gordon

> Verteiler:
> Es ist üblich, mit »cc:« oder »Copies:« auf die Personen hinzuweisen, die eine Kopie des Schreibens erhalten.

## 1.9.5 Besonderheiten spanischer Briefe

Die Angaben gelten v. a. für Spanien; in den spanischsprachigen Ländern Südamerikas gibt es zum Teil andere Regeln.

**Absenderangabe**
Die **Absenderadresse** steht – falls nicht im Briefkopf – oben auf der linken Seite des Briefbogens.

**Schreibweise des Datums**
Traditionell steht das **Datum** im Spanischen zwischen Absender- und Empfängeradresse rechtsbündig. Nach und nach aber setzt sich die auch im Deutschen übliche Position nach der Empfängeradresse durch. Das Datum wird in den Grundzahlen, ohne Punkt, angegeben, und der (kleingeschriebene) Monatsname meist ausgeschrieben:

Madrid, 24 de enero de 20..
24/01/20..
24-1-20..

**Empfängeranschrift**
In der **Empfängeradresse** wird *Señor, Señora* mit Punkt abgekürzt: *Sr. Julio Martínez Fuentes, Sra. María Rodero Sanchez.* Die spanischen Wörter für Straße, Allee oder Platz werden meist abgekürzt (und z.T. mit einem Schrägstrich ergänzt); falls nicht, werden sie am Zeilenanfang in der Adresse großgeschrieben: *Calle (C/), Paseo (P/ oder P°), Avenida (Av. oder Avda.), Carretera (Ctra.), Rambla (Rbla.) und Plaza (Pl.),* z.B.: *C/ Naranjo, 18.*
Die fünfstellige Postleitzahl steht vor der Ortsangabe: *28039 Madrid.*
Die Hausnummer steht mit einem Komma abgetrennt nach dem Straßennamen.

**Betreffangabe**
Wie im Deutschen wird im **Betreff** auf das Leitwort (Asunto) heute meist verzichtet und der linksbündig platzierte Betrefftext fett hervorgehoben.

### Anrede

Nach der **Anrede** kommt ein Doppelpunkt und der Text beginnt in einer neuen Zeile in Großschreibung.

### Anlagenvermerk

Der **Anlagenvermerk** *Anexo:* leitet die Aufzählung der beigefügten Unterlagen ein und steht unter der Unterschrift. Das Leitwort wird meist fett hervorgehoben: *Anexo: Copias de facturas.*

## Muster spanischer Brief

Adresse des Absenders: im Briefkopf oder oben links

Vorex Münster GmbH
Robert-Bosch-Straße 112
48153 Münster
Alemania

Empfängeradresse: linksbündig

Sr. Pedro Perez
Director de Márketing
Banco PESETAS S.A.
C/ Castellana, 1
28004 MADRID
SPANIEN

Datum: rechts unterhalb der Empfängeradresse

20 de mayo de 2020

**Petición de catálogo**

Anrede: endet mit Doppelpunkt

Estimado Sr. Perez:

Text beginnt in Großschreibung

Un cliente nuestro nos ha recomendado vuestra gama de productos. Le rogamos que nos manden su catálogo vigente por favor.

Le agradecemos de antemano su cooperación.

Reciba un saludo cordial,

Rabea Singer

Rabea Singer
Gerenta de ventas

## 1.9.6 Besonderheiten französischer Briefe

**Absenderangabe**

Die **Absenderadresse** steht – falls nicht im Briefkopf – oben auf der linken Seite des Briefbogens.

**Schreibweise des Datums**

Das **Datum** steht oben rechts, noch über der Empfängeradresse. Es wird in den Grundzahlen, ohne Punkt, angegeben. Nur der Monatserste wird als Ordnungszahl geschrieben: *1er.* Vor das Datum kommt der Ortsname, gefolgt von einem Komma und *le*: *Paris, le 24 janvier 2020* (aber: *le 1er janvier).* Die abgekürzte Form (24/1/2020) sollten Sie in Briefen nicht verwenden.

**Empfängeradresse**

In der **Empfängeradresse** werden Madame, Monsieur etc. ausgeschrieben: *Monsieur Jacques Gauthier, Madame Anne Moulinier.* Die Hausnummer steht mit einem Komma abgetrennt vor dem Straßennamen. Die Bezeichnungen *rue, place (pl.), avenue (av.), boulevard (bd)* oder *route (rte)* werden klein-, der folgende Name wird großgeschrieben: *20, rue Condorcet* bzw. *3, place Pigalle.* Abkürzungen werden erst gebraucht, wenn eine Zeile sonst mehr als 38 Zeichen umfassen würde: *1495bis, av. de la Porte-de-la-plaine.*

Die fünfstellige Postleitzahl steht vor der Ortsangabe: *21000 Dijon.*

Die Angabe »Cedex« in der Adresse bedeutet, dass die Post an ein Sammelpostamt für gesondert zugestellte Firmen- und Behördenpost geht.

**Betreffangabe**

Der **Betreff** steht – meist fett gedruckt – unter der Empfängeradresse, aber linksbündig, und beginnt mit dem großgeschriebenen Wort *Objet,* gefolgt von einem Doppelpunkt. Nach dem Doppelpunkt wird großgeschrieben: *Objet: Votre commande.*

### Anrede

In der **Anrede** lässt man den Namen des Adressaten weg, es steht also zum Beispiel nur *Monsieur* oder *Madame* mit einem Komma, danach beginnt der Text in Großschreibung.

### Unterschrift

Die Unterschrift steht in französischen Briefen rechtsbündig.

### Anlagenvermerk

Der **Anlagenvermerk** steht meist am linken Rand unter der Unterschrift, kann aber auch oben, nach der Betreffzeile, angefügt sein. Man verwendet die Abkürzung *P. J.* (für *pièces jointes*) oder *Annexe,* gefolgt von einem Doppelpunkt: *P. J.: 1 curriculum.*

## Muster französischer Brief

Absenderadresse: wenn nicht im Briefkopf, dann oben links

Vorex Münster GmbH
Robert-Bosch-Straße 112
48153 Münster
Allemagne

Münster, le 16 mars 2020

Datum: oben rechts

Monsieur Georges Noran
Immo S. A. R. L.
34, avenue de la République
38000 GRENOBLE
FRANKREICH

Empfängeradresse: rechts (bei Fensterumschlägen nach deutscher Norm links)

**Objet: Demande de catalogue**

Monsieur,

Anrede: gefolgt von einem Komma

Un client nous a recommandé vos produits en nous donnant votre adresse. Je serais heureuse de recevoir votre catalogue. Je vous remercie à l'avance.

Text beginnt in Großschreibung

Je vous prie d'agréer, Monsieur, l'expression de mes salutations distinguées.

*Rabea Singer*
Rabea Singer
Direction des ventes

Unterschrift: rechts

# 2

# Unternehmens-
interner Bereich

# Vorschau

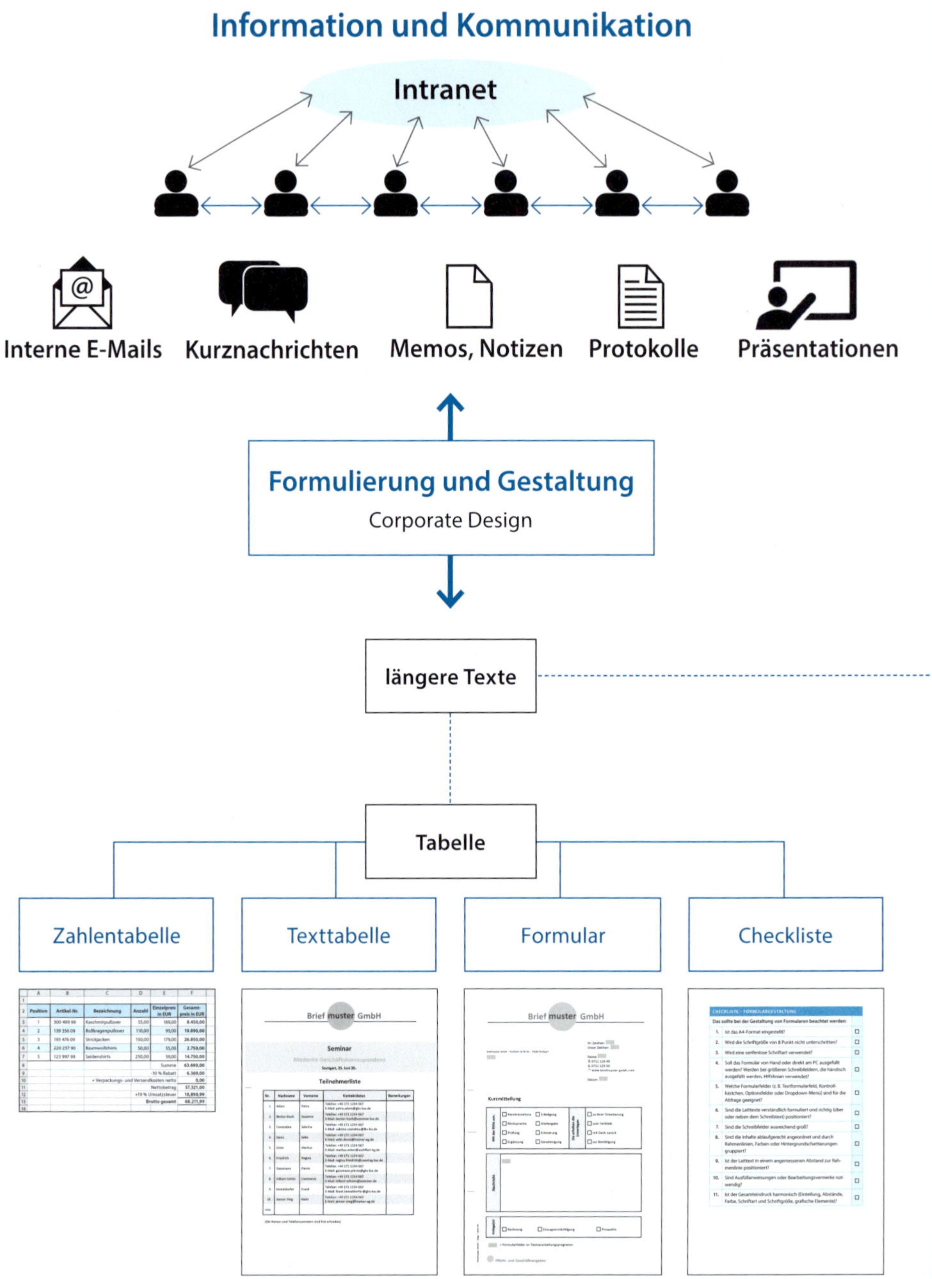

Information und Kommunikation
Intranet
Interne E-Mails
Kurznachrichten
Memos, Notizen
Protokolle
Präsentationen
Formulierung und Gestaltung
Corporate Design
längere Texte
Tabelle
Zahlentabelle
Texttabelle
Formular
Checkliste

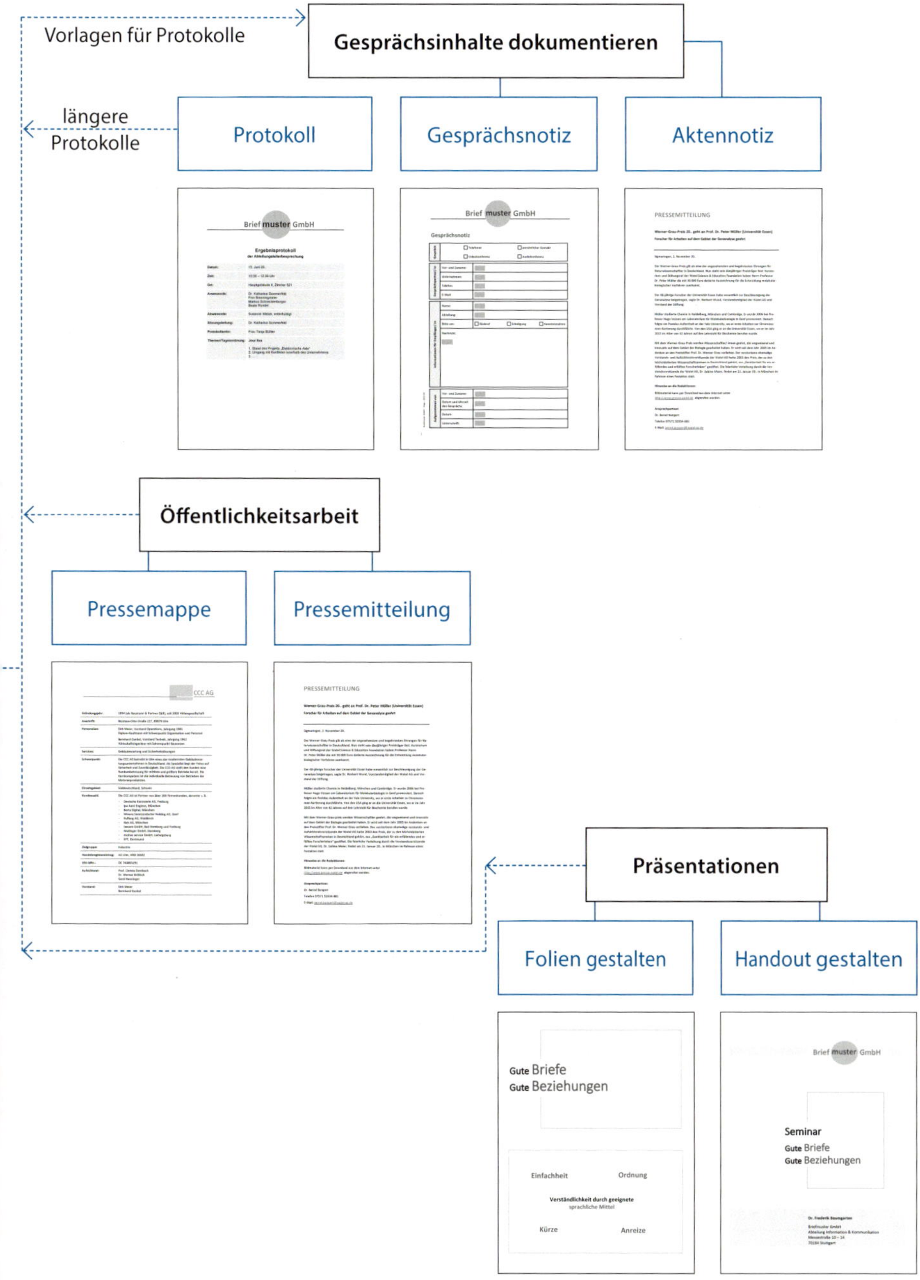

Vorlagen für Protokolle
Gesprächsinhalte dokumentieren
längere Protokolle
Protokoll
Gesprächsnotiz
Aktennotiz
Brief muster GmbH
Ergebnisprotokoll
Gesprächsnotiz
PRESSEMITTEILUNG
Öffentlichkeitsarbeit
Pressemappe
Pressemitteilung
CCC AG
PRESSEMITTEILUNG
Präsentationen
Folien gestalten
Handout gestalten
Gute Briefe
Gute Beziehungen
Einfachheit
Ordnung
Verständlichkeit durch geeignete sprachliche Mittel
Kürze
Anreize
Brief muster GmbH
Seminar
Gute Briefe
Gute Beziehungen

# 2.1 Tabellen

Normgerechte Tabellen erstellen

In Dokumentationen, Besprechungsunterlagen, Protokollen u.Ä. werden geeignete Inhalte in Tabellen oder Texte in Tabellenform dargestellt. Dies sind beispielsweise Zahlen zu Entwicklungen, Berechnungen, Übersichten, Aufstellungen oder Gegenüberstellungen.

Bei Texten in Tabellenform werden komplexe Informationen systematisch, übersichtlich und strukturiert dargestellt. Bei Zahlentabellen stehen die visuelle Gruppierung und die Analyse von Daten im Vordergrund. Eine zusätzliche Visualisierung der Daten in einem passenden Diagramm macht eine Zahlentabelle aussagekräftiger.

## 2.1.1 Zahlentabellen

### Regeln nach DIN 5008

Nach DIN 5008 ist eine Tabelle eine geordnete Darstellung von Informationen in mehreren Spalten und Zeilen. Eine Tabelle hat folgende Bestandteile:

**Bestandteile einer Tabelle:**

**Vorspalte**
Beschriftung linksbündig / vertikal zentriert

**Tabellenüberschrift**
zentriert

**Tabellenfeld**
Zahlen: rechtsbündig / vertikal zentriert
Texte: linksbündig / vertikal zentriert

**Tabellenkopf**
Spaltenüberschriften sind horizontal und vertikal zentriert

**Tabellenzeile**

**HERBSTKOLLEKTION 20..**

| ARTIKEL | ARTIKEL-NR. | NETTOPREIS PRO STÜCK BEI ABNAHME VON | | |
|---|---|---|---|---|
| | | 50 Stück | 100 Stück | 500 Stück |
| Kaschmirpullover | 300 499 99 | 169,00 € | 149,00 € | 119,00 € |
| Rollkragenpullover | 139 356 09 | 119,00 € | 99,00 € | 80,00 € |
| Strickjacken | 193 476 09 | 199,00 € | 179,00 € | 159,00 € |
| Baumwollshirts | 220 257 90 | 55,00 € | 45,00 € | 35,00 € |
| Seidenshirts | 123 997 99 | 99,00 € | 79,00 € | 59,00 € |
| Wollschal | 974 288 76 | 79,00 € | 69,00 € | 49,00 € |

**Spalten**

Tabellen sind vom vorausgehenden und zum folgenden Text in einem angemessenen Abstand anzuordnen. Wenn keine anderen Vorgaben dagegensprechen, ist ein Abstand von mindestens einer Leerzeile empfehlenswert. Bei längeren Tabellen, die nicht vollständig auf eine Seite passen, muss der Tabellenkopf auf der Folgeseite wiederholt werden.

Die Überschrift einer Tabelle steht mit einer Zeile Abstand über der Tabelle. Sie darf auch in die Tabelle integriert werden. Die Überschrift kann entfallen, wenn sich der Inhalt der Tabelle aus dem vorausgehenden Text erklärt.

**Integrierte Tabellenüberschrift:**

| HERBSTKOLLEKTION 20.. | | | | |
|---|---|---|---|---|
| ARTIKEL | ARTIKEL-NR. | NETTOPREIS PRO STÜCK BEI ABNAHME VON | | |
| | | **50 Stück** | **100 Stück** | **500 Stück** |
| Kaschmirpullover | 300 499 99 | 169,00 € | 149,00 € | 119,00 € |
| Rollkragenpullover | 139 356 09 | 119,00 € | 99,00 € | 80,00 € |
| Strickjacken | 193 476 09 | 199,00 € | 179,00 € | 159,00 € |

Der Tabellenkopf ist durch waagerechte und senkrechte Trennungslinien übersichtlich zu gliedern. Die Spaltenbezeichnungen werden horizontal und vertikal ausgerichtet; die Vorspaltenbezeichnung linksbündig, vertikal und zentriert.

Innerhalb der Felder sollte zwischen der Feldbegrenzung und den Feldinhalten ein gleichmäßiger Abstand oben und unten festgelegt werden. Texte sind linksbündig auszurichten; Zahlen – vor allem in Rechenoperationen – werden rechtsbündig formatiert.

Tabellen werden mit waagerechten und senkrechten Linien übersichtlich gegliedert. Die waagerechten Linien stehen in der Regel über Summenzeilen und werden zur Gruppierung verwendet. Zur besseren Lesbarkeit sollten Hintergrundschattierungen eingesetzt werden – vor allem bei der optischen Trennung von Zeilen.

In statistischen Tabellen sollten Serifenschriften, z. B. Times New Roman, vermieden werden.

| CHECKLISTE – ZAHLENTABELLE | | |
|---|---|---|
| **Das sollte bei der Gestaltung von Zahlentabellen beachtet werden:** | | |
| **1.** | Wurde ein angemessener Abstand zum vorausgehenden und nachfolgenden Text/Abschnitt eingehalten? | ☐ |
| **2.** | Enthält die Tabelle eine Überschrift – oder erklärt sich der Inhalt der Tabelle durch den vorausgehenden Text? | ☐ |
| **3.** | Wurde der Tabellenkopf mit passenden waagerechten und senkrechten Rahmenlinien formatiert? | ☐ |
| **4.** | Wurde bei längeren Tabellen der Tabellenkopf auf der/den Folgeseite/-n wiederholt? | ☐ |
| **5.** | Sind eventuelle Vorspaltenbezeichnungen linksbündig/vertikal zentriert ausgerichtet. | ☐ |
| **6.** | Sind die Beschriftungen in den Feldern mit einem gleichmäßigen Abstand von der oberen und unteren Feldbegrenzung abgesetzt? | ☐ |
| **7.** | Sind die Texte in den Tabellenfeldern linksbündig ausgerichtet? | ☐ |
| **8.** | Sind die Zahlen in den Tabellenfeldern rechtsbündig ausgerichtet? | ☐ |
| **9.** | Wurde die Tabelle durch senkrechte und waagerechte Linien sowie Hintergrundschattierungen übersichtlich gegliedert? | ☐ |

## Beispiel: Zahlentabelle – Übersicht

| | A | B | C | D | E | F |
|---|---|---|---|---|---|---|
| 1 | | | | | | |
| 2 | E-BOOK-UMSÄTZE IM JAHR 20.. | | | | | |
| 3 | | | | | | |
| 4 | MONAT | UMSÄTZE IN EUR | | | | UMSATZ/ MONAT |
| 5 | | Sachbücher | Wörter-bücher | Bildbände | Reiseführer | |
| 6 | Januar | 96.495,88 | 55.997,22 | 14.488,41 | 80.948,12 | **247.929,63** |
| 7 | **Februar** | 110.498,32 | 66.231,99 | 13.977,15 | 79.947,21 | **270.654,67** |
| 8 | März | 114.499,65 | 42.721,00 | 12.947,45 | 67.321,15 | **237.489,25** |
| 9 | **April** | 98.432,11 | 50.567,19 | 14.499,11 | 70.321,76 | **233.820,17** |
| 10 | Mai | 60.322,22 | 52.987,98 | 13.499,45 | 76.321,98 | **203.131,63** |
| 11 | **Juni** | 70.344,16 | 59.321,00 | 12.999,01 | 74.977,18 | **217.641,35** |
| 12 | Juli | 50.321,97 | 40.977,12 | 10.497,34 | 90.457,22 | **192.253,65** |
| 13 | **August** | 55.245,99 | 46.004,12 | 11.329,11 | 92.976,56 | **205.555,78** |
| 14 | September | 98.999,44 | 50.847,99 | 12.977,34 | 80.783,34 | **243.608,11** |
| 15 | **Oktober** | 106.432,11 | 60.084,45 | 14.995,56 | 79.234,99 | **260.747,11** |
| 16 | November | 112.432,22 | 62.097,11 | 18.483,14 | 6.799.323 | **6.992.335,47** |
| 17 | **Dezember** | 140.432,21 | 70.499,00 | 20.977,99 | 80.499,99 | **312.409,19** |
| 18 | **Insgesamt** | **1.114.456,28** | **658.336,17** | **171.671,06** | **7.673.112,50** | **9.617.576,01** |
| 19 | | | | | | |

**Vorspalte**

**waagerechte Hintergrundschattierungen** zur besseren Lesbarkeit

**Summenzeile**

**Beispiel: Zahlentabelle – Rechnung**

### Excel-Ansicht

| | A | B | C | D | E | F |
|---|---|---|---|---|---|---|
| 1 | | | | | | |
| 2 | **Position** | **Artikel-Nr.** | **Bezeichnung** | **Anzahl** | **Einzelpreis in EUR** | **Gesamt-preis in EUR** |
| 3 | 1 | 300 499 99 | Kaschmirpullover | 55,00 | 169,00 | **8.450,00** |
| 4 | 2 | 139 356 09 | Rollkragenpullover | 110,00 | 99,00 | **10.890,00** |
| 5 | 3 | 193 476 09 | Strickjacken | 150,00 | 179,00 | **26.850,00** |
| 6 | 4 | 220 257 90 | Baumwollshirts | 50,00 | 55,00 | **2.750,00** |
| 7 | 5 | 123 997 99 | Seidenshirts | 250,00 | 59,00 | **14.750,00** |
| 8 | | | | | Summe | **63.690,00** |
| 9 | | | | | - 10 % Rabatt | **6.369,00** |
| 10 | | | + Verpackungs- und Versandkosten netto | | | **0,00** |
| 11 | | | | | Nettobetrag | **57,321,00** |
| 12 | | | | | + 19 % Umsatzsteuer | **10,890,99** |
| 13 | | | | | **Brutto gesamt** | **68.211,99** |
| 14 | | | | | | |

### Excel-Formelansicht

| | A | B | C | D | E | F |
|---|---|---|---|---|---|---|
| 1 | | | | | | |
| 2 | **Position** | **Artikel-Nr.** | **Bezeichnung** | **Anzahl** | **Einzelpreis in EUR** | **Gesamtpreis in EUR** |
| 3 | 1 | 300 499 99 | Kaschmirpullover | 55 | 169 | =(D3*E3) |
| 4 | 2 | 139 356 09 | Rollkragenpullover | 110 | 99 | =(D4*E4) |
| 5 | 3 | 193 476 09 | Strickjacken | 150 | 179 | =(D5*E5) |
| 6 | 4 | 220 257 90 | Baumwollshirts | 50 | 55 | =(D6*E6) |
| 7 | 5 | 123 997 99 | Seidenshirts | 250 | 59 | =(D7*E7) |
| 8 | | | | | Summe | =SUMME(F3:F7) |
| 9 | | | | | -10 % Rabatt | =F8*0,1 |
| 10 | | | + Verpackungs- und Versandkosten netto | | | 0 |
| 11 | | | | | Nettobetrag | =F8-F9 |
| 12 | | | | | +19 % Umsatzsteuer | =F11*0,19 |
| 13 | | | | | **Brutto gesamt** | **=F11+F12** |
| 14 | | | | | | |

## Beispiel: Rechnung mit eingebetteter Excel-Tabelle

Rechnungsformular erstellen

Brief muster GmbH

Briefmuster GmbH – Postfach 10 20 30 – 70180 Stuttgart
Kaufhaus
Peeker & Coppenburg GmbH
Herrn Maximilian Müller
Königstraße 246
70184 Stutgart

| | |
|---|---|
| Ihre Kunden-Nr.: | 294-499-XYZ |
| Ihre Bestellung vom: | 20..-08-30 |
| Lieferdatum: | 20..-09-10 |
| Name: | Karin Lang |
| Telefon: | +49 711 123-49 |
| Telefax: | +49 711 123-50 |
| E-Mail: | karin.lang@briefmuster-gmbh.com |
| Datum: | 20..-09-10 |

**Rechnung- Nr. 20..-9-1384-B-R**

Sehr geehrter Herr Müller,

wir haben Ihren schriftlichen Auftrag ausgeführt und berechnen Ihnen folgende Positionen:

| Position | Artikel-Nr. | Bezeichnung | Anzahl | Einzelpreis in EUR | Gesamtpreis in EUR |
|---|---|---|---|---|---|
| 1 | 300 499 99 | Kaschmirpullover | 50,00 | 169,00 | 8.450,00 |
| 2 | 139 356 09 | Rollkragenpullover | 110,00 | 99,00 | 10.890,00 |
| 3 | 193 476 09 | Strickjacken | 150,00 | 179,00 | 26.850,00 |
| 4 | 220 257 90 | Baumwollshirts | 50,00 | 55,00 | 2.750,00 |
| 5 | 123 997 99 | Seidenshirts | 250,00 | 59,00 | 14.750,00 |
| | | | | Summe | 63.690,00 |
| | | | | - 10 % Rabatt | 6.369,00 |
| | | | | + Verpackungs- und Versandkosten netto | 0,00 |
| | | | | Nettobetrag | 57.321,00 |
| | | | | + 19 % Umsatzsteuer | 10.890,99 |
| | | | | **Brutto gesamt** | **68.211,99** |

**Zahlungsbedingungen:** Zahlbar innerhalb von 14 Tagen mit 2 % Skonto oder von 30 Tagen ohne Abzug.

Freundliche Grüße

Karin Lang

Pflicht- und Geschäftsangaben

## 2.1.2 Texte in Tabellenform

In jedem Textverarbeitungsprogramm gibt es eine Tabellenfunktion, mit der Sie in einem Dokument ein rahmenloses Grundgerüst zur exakten Ausrichtung von Textelementen erzeugen können. In diesem Raster lassen sich Texte, Bilder und grafische Elemente beliebig ergänzen, ohne Gefahr zu laufen, dass sich das gesamte Layout des Dokuments verschiebt. Leere Tabellenzeilen und -zellen können als passgenaue Abstandshalter zwischen den einzelnen Bereichen eingesetzt werden.

### Regeln nach DIN 5008

Texttabellen eignen sich zur Darstellung von Aufstellungen, Listen, Übersichten, Gegenüberstellungen und Vergleichen.

Das Layout der Tabelle sollte an die Rahmenbedingungen, z. B. das Corporate Design des Unternehmens, angepasst sein und konsequent eingehalten werden.

Schriftart und -grad wählen Sie passend zum Inhalt und der Textmenge. Eine Schriftgröße von 8 Punkt sollte nicht unterschritten werden.

Texte innerhalb von Feldern sollten linksbündig ausgerichtet sein. Zur Verbesserung der Darstellung haben Sie folgende Möglichkeiten:

- Abstände definieren (z. B. Zeilenabstände, Einzüge)
- grafische Elemente einfügen (z. B. Linien)
- farbliche Unterlegungen vornehmen (z. B. Hintergrundschattierungen)
- Abbildungen einfügen
- Zeichenformatierungen einsetzen (z. B. Schriftgröße, Fettschrift, Kursivschrift, Schriftfarbe)
- Texte innerhalb eines Feldes durch Aufzählungs- oder Nummerierungselemente gliedern

Die Texte sollten in jeder Spalte so angeordnet werden, dass alle ersten Zeilen in den Spalten oben links im Feld beginnen.

Einzelne Wörter oder kurze Inhalte sowie gleichstellige Zahlenkolonnen können Sie horizontal und/oder vertikal zentrieren. Zahlenkolonnen mit unterschiedlich langen Zahlen sind rechtsbündig auszurichten.

Bei der Anpassung der Spaltenbreite und der Zeilenhöhe ist darauf zu achten, dass die Darstellung als Ganzes ein harmonisches Layout ergibt.

Bei einer Texttabelle ist eine Überschrift nicht zwingend erforderlich. Die Spaltenbezeichnungen können linksbündig, horizontal/vertikal oder als Sturzzeile angeordnet werden. Zeitangaben sollten Sie chronologisch anordnen.

| CHECKLISTE – TEXTTABELLE | | |
|---|---|---|
| **Das sollten Sie bei der Gestaltung von Texttabellen zusätzlich zu den Regeln der Zahlentabellen beachten:** | | |
| **1.** | Ist das Layout der Tabelle an das Corporate Design des Unternehmens angepasst? | ☐ |
| **2.** | Wurde eine serifenlose Schriftart über 8 Punkt verwendet? | ☐ |
| **3.** | Sind die Texte in der Tabelle linksbündig ausgerichtet? | ☐ |
| **4.** | Sind unterschiedlich lange Zahlen in einer Spalte rechtsbündig ausgerichtet? | ☐ |
| **5.** | Wurden geeignete Möglichkeiten der Formatierung zur Verbesserung der Darstellung der Tabelle ausgewählt? | ☐ |
| **6.** | Beginnt jede erste Zeile einer Spalte in der oberen linken Ecke des Feldes? | ☐ |
| **7.** | Sind gleichstellige Zahlenkolonnen horizontal und vertikal zentriert? | ☐ |
| **8.** | Ergibt der Gesamteindruck der Tabelle ein harmonisches Ganzes – oder müssen die Spaltenbreiten und Zeilenhöhen noch angepasst werden? | ☐ |
| **9.** | Ist eine Tabellenüberschrift erforderlich? | ☐ |
| **10.** | Sind die Spaltenüberschriften treffend gewählt und passend formatiert (linksbündig, horizontal/vertikal oder als Sturzzeile)? | ☐ |
| **11.** | Sind Zeitangaben chronologisch angeordnet? | ☐ |

**Beispiel: Texttabelle – Gegenüberstellung**

**Anordnung der Arbeitsplätze im Zweierbüro**

| Anordnung | Beschreibung | Vorteile | Nachteile |
|---|---|---|---|
| **Blockbildung** | Die Schreibtische stoßen aneinander und die Nutzer sitzen sich gegenüber. | • spontane Kommunikation<br>• schnelle Dokumentenübergabe<br>• kein Einblick auf den Bildschirm des Gegenübers | • akustische und visuelle Störungen<br>• individuelle Beleuchtung häufig schwierig |
| **wandorientierte Anordnung** | Die Schreibtische stehen direkt an der Wand. Die Nutzer sitzen »Rücken an Rücken«. | • gute Konzentration<br>• Wand eignet sich als Organisationsfläche<br>• individuelle Beleuchtung | • Blick auf den Bildschirm des anderen Nutzers leicht möglich<br>• Blick auf die Wand<br>• keine spontane Kommunikation |

**Cloud-Computing**

| Art | Abkürzung | Erläuterung |
|---|---|---|
| **Software as a service** | SaaS | Die angeschlossenen Unternehmen nutzen die serverbasierte Software eines bestimmten Anbieters. |
| **Infrastructure as a service** | IaaS | Die Unternehmen rufen nur Speicherkapazität oder Rechenleistung bei einem Anbieter ab. |
| **Platform as a service** | PaaS | Die Unternehmen haben ihre eigenen Programme, nutzen aber eine externe, sichere Plattform. |

## Beispiel: Texttabelle – Teilnehmerliste

Automatische Nummerierung rechtsbündig ausgerichtet, damit die Zahlen stellenmäßig richtig untereinanderstehen.

Die inneren horizontalen Rahmenlinien sind durch die Hintergrundschattierungen (jede 2. Zeile) ersetzt.

Brief muster GmbH

**Seminar**

Moderne Geschäftskorrespondenz

**Stuttgart, 25. Juni 20..**

**Teilnehmerliste**

| Nr. | Nachname | Vorname | Kontaktdaten | Bemerkungen |
|---|---|---|---|---|
| 1. | Adam | Petra | Telefon: +49 171 1234-567<br>E-Mail: petra.adam@ghs-bw.de | |
| 2. | Becker-Koch | Susanne | Telefon: +49 171 1234-567<br>E-Mail: becker-koch@sommer-bw.de | |
| 3. | Constatina | Sabrina | Telefon: +49 171 1234-567<br>E-Mail: sabrina.costatina@lbv-ba.de | |
| 4. | Deniz | Selin | Telefon: +49 171 1234-567<br>E-Mail: selin.deniz@kramer-ag.de | |
| 5. | Ecker | Markus | Telefon: +49 171 1234-567<br>E-Mail: markus.ecker@wohlfart-kg.de | |
| 6. | Friedrich | Regina | Telefon: +49 171 1234-567<br>E-Mail: regina.friedrich@sonntag-bw.de | |
| 7. | Gassmann | Pierre | Telefon: +49 171 1234-567<br>E-Mail: gassmann.pierre@ghs-bw.de | |
| 8. | Hilbert-Schön | Constanze | Telefon: +49 171 1234-567<br>E-Mail: hilbert-schoen@sommer.de | |
| 9. | Immeldorfer | Frank | Telefon: +49 171 1234-567<br>E-Mail: frank.immeldorfer@ghs-bw.de | |
| 10. | Jenner-Steg | Karin | Telefon: +49 171 1234-567<br>E-Mail: jenner-steg@kramer-ag.de | |
| usw. | | | | |

(Die Namen und Telefonnummern sind frei erfunden)

## Beispiel: Unterschriftenliste

Brief muster GmbH

**Seminar**

Moderne Geschäftskorrespondenz

Stuttgart, 25. Juni 20..

**Unterschriftenliste**

| Nr. | Nachname | Vorname | Unterschrift |
|---|---|---|---|
| 1. | | | |
| 2. | | | |
| 3. | | | |
| 4. | | | |
| 5. | | | |
| 6. | | | |
| 7. | | | |
| 8. | | | |
| 9. | | | |
| 10. | | | |
| 11. | | | |
| 12. | | | |
| 13. | | | |

20..-06-25

Brief muster GmbH

| Nr. | Nachname | Vorname | Unterschrift |
|---|---|---|---|
| 14. | | | |
| 15. | | | |
| 16. | | | |
| 17. | | | |
| 18. | | | |
| 19. | | | |
| 20. | | | |
| 21. | | | |
| 22. | | | |
| 23. | | | |
| 24. | | | |
| 25. | | | |
| 26. | | | |
| 27. | | | |
| 28. | | | |
| 29. | | | |
| 30. | | | |
| 31. | | | |
| 32. | | | |

20..-06-25 Seite 2

## Beispiel: Tagungsprogramm

Brief muster GmbH

**Tagungsprogramm**

**Digital zusammenarbeiten**

**Berlin, 19. Januar 20..**

| | |
|---|---|
| **09:30 Uhr** | Anreise, Registrierung der Teilnehmer/-innen |
| **10:00 Uhr** | **Begrüßung**<br>Dr. Susanne Weingart, Digital-Workplace GmbH, Frankfurt |
| **10:15 Uhr** | **Der digitale Arbeitsplatz**<br>Dr. Petra Metzger, Metzger-Consulting, Berlin |
| **11:30 Uhr** | Kaffeepause |
| **11:45 Uhr** | **Gemeinsam und gleichzeitig an Dokumenten arbeiten**<br>Maximilian Müller, Digital-Workplace GmbH, Frankfurt |
| **13:00 Uhr** | Mittagessen |
| **14:15 Uhr** | **Virtuelle Teammeetings einrichten**<br>Samuel Peters, Metzger-Consulting, Berlin |
| **16:00 Uhr** | Kaffeepause |
| **16:30 Uhr** | **Ihr digitales Aufgabenmanagement**<br>Sandra Weber, Digital-Workplace GmbH, Frankfurt |
| **17:30 Uhr** | **Digitales Projektmanagement**<br>Erik Kohl, Metzger-Consulting, Berlin |
| **18:30 Uhr** | Ende der Veranstaltung |

Navigieren Sie zum Tagungsort!

Darstellung im Textverarbeitungsprogramm:

| | |
|---|---|
| **09:30 Uhr** | Anreise, Registrierung der Teilnehmer/-innen |
| **10:00 Uhr** | **Begrüßung**<br>Dr. Susanne Weingart, Digital-Workplace GmbH, Frankfurt |
| **10:15 Uhr** | **Der digitale Arbeitsplatz**<br>Dr. Petra Metzger, Metzger-Consulting, Berlin |
| **11:30 Uhr** | Kaffeepause |
| **11:45 Uhr** | **Gemeinsam und gleichzeitig an Dokumenten arbeiten**<br>Maximilian Müller, Digital-Workplace GmbH, Frankfurt |
| **13:00 Uhr** | Mittagessen |
| **14:15 Uhr** | **Virtuelle Teammeetings einrichten**<br>Samuel Peters, Metzger-Consulting, Berlin |
| **16:00 Uhr** | Kaffeepause |
| **16:30 Uhr** | **Ihr digitales Aufgabenmanagement**<br>Sandra Weber, Digital-Workplace GmbH, Frankfurt |
| **17:30 Uhr** | **Digitales Projektmanagement**<br>Erik Kohl, Metzger-Consulting, Berlin |
| **18:30 Uhr** | Ende der Veranstaltung |

## 2.2 Formulare und Checklisten

In Büroprozessen erleichtern Formulare und Checklisten den Informationsfluss und gewährleisten eine einfache und schnelle Bearbeitung von gleichartigen und wiederkehrenden Vorgängen. Sie optimieren die Kommunikationsprozesse innerhalb des Unternehmens und mit Kunden. Formulare und Checklisten können analog in Papierform oder digital als Dokument (mit oder ohne interaktive Elemente) gestaltet sein. Die Leitwörter bzw. Fragen sollten sich dem Nutzer / der Nutzerin schnell erschließen.

### 2.2.1 Formulare

Formulare vereinfachen den Austausch von Informationen. Die Reihenfolge der Angaben sollte den internen Abläufen des Betriebes entsprechen und dem Nutzer ein schnelles Ausfüllen ermöglichen. Die gewonnenen Informationen liefern dem Unternehmen wichtige Daten, die der Bearbeitung und Analyse dienen oder die Grundlage einer Entscheidung bilden.

Die in einem Unternehmen eingesetzten Formulare sollten den Namen des Urhebers sowie eine aussagekräftige Überschrift enthalten. Das Corporate Design des Unternehmens sollte durchgängig angewendet werden.

Im Bürobereich können Formulare in Anwendungen wie z.B. Textverarbeitungs- und Tabellenkalkulationsprogrammen oder mit PDF-Werkzeugen erstellt werden. Welches Tool eingesetzt wird, ist davon abhängig, welche Funktionen (Formularfelder mit nicht rechnenden, rechnenden und/oder logischen Funktionen) zur Nutzung und Weiterverarbeitung benötigt werden.

Nach DIN 5008 unterscheidet man nach der Verwendung zwischen On- und Offline-Formularen:

- Offline-Formulare werden ausgedruckt und von Hand ausgefüllt. Bei größeren Schreibfeldern sollen waagerechte Hilfslinien das Ausfüllen erleichtern.

- Online-Formulare werden in einem elektronischen System erstellt, am Bildschirm ausgefüllt und mit einer entsprechenden Software be- und verarbeitet.

Für die Gestaltung von Formularen sollten Sie das Format A4 (210 mm x 297 mm) verwenden. Gliedern Sie die Inhalte des Formulars übersichtlich und gruppieren Sie die Formularfelder durch Farbe und grafische Elemente (z. B. Rahmenlinien).

Der Aufbau eines Formulars richtet sich nach dem Arbeitsprozess und dem Zweck. Die Gestaltung **muss vollständig, ablaufgerecht, schreibgerecht, verständlich und behandlungsgerecht** sein.

Um den Nutzern das Ausfüllen zu erleichtern, sollten Sie in Offline-Formularen bei größeren Schreibstellen waagerechte Hilfslinien einfügen.

**Beispiel: Teil eines Offline-Formulars »Schreibfeld mit Hilfslinien«**

| Nachricht: |
|---|
| ..................................................................... |
| ..................................................................... |
| ..................................................................... |
| ..................................................................... |

## Beispiel: Online-Formular »Kurzmitteilung«

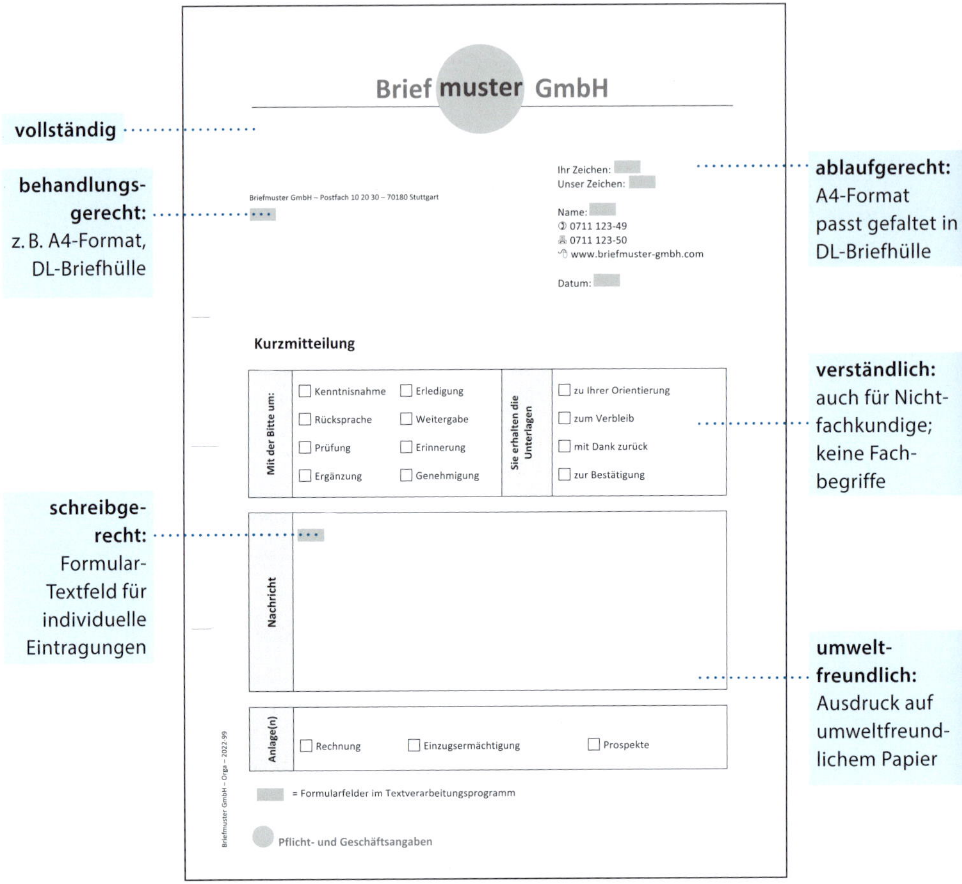


Die Schreibfelder sind nach dem Grundsatz »**Leittext über Schreibtext**« oder »**Leittext links vor Schreibtext**« zu gestalten. Sie müssen ausreichend lang und hoch sein. Der Leittext ist in einem angemessenen Abstand zur Rahmenlinie zu positionieren. Fachbegriffe und Abkürzungen, die nicht allgemein verständlich sind, sollten vermieden oder erläutert werden.

Ausfüllanweisungen und Bearbeitungsvermerke sollten während des Beschriftens gut erkennbar sein. In Online-Formularen können »Einblendfunktionen« genutzt werden. Die Kontrollkästchen in Auswahlantworten stehen in einem angemessenen Abstand vor dem Text. Beim Ausfüllen werden die zutreffenden Antworten durch ein Kreuz, Häkchen o. Ä. markiert.

Interne Organisationshinweise in Form von Text, Barcode oder QR-Code können im unteren linken Randbereich positioniert werden.

### Beispiel: Leittext *über* Schreibtext

| Nachname: | Vorname: |
|---|---|
| Straße und Hausnummer: | PLZ und Ort: |

### Beispiel: Leittext *neben* Schreibtext

| Nachname: | |
|---|---|
| Vorname: | |
| Straße und Hausnummer: | |
| PLZ und Ort: | |

In Online-Formularen werden neben den Textformularfeldern und Kontrollkästchen auch Dropdown-Menüs eingesetzt.

| | |
|---|---|
| | **Textformularfeld:** Es kann jeder beliebiger Text eingetragen werden, der aus Zeichen und Zahlen besteht. |
| ☐ ☒ | **Kontrollkästchen:** Die zutreffenden Angaben können durch Ankreuzen ausgewählt werden. |
| ● ⊙ | **Optionsfeld:** Die zutreffende Angabe wird mit Mausklick aktiviert. |
| Abitur<br>Realschulabschluss<br>Abschluss der Berufsfachschule<br>Abschluss des Berufskollegs<br>Hauptschulabschluss | **Dropdown-Menü:** In einer Liste befinden sich mehrere Auswahlelemente, aus denen ein zutreffender Eintrag ausgewählt werden kann. |

| CHECKLISTE – FORMULARGESTALTUNG | | |
|---|---|---|
| **Das sollte bei der Gestaltung von Formularen beachtet werden:** | | |
| **1.** | Ist das A4-Format eingestellt? | ☐ |
| **2.** | Wird die Schriftgröße von 8 Punkt nicht unterschritten? | ☐ |
| **3.** | Wird eine serifenlose Schriftart verwendet? | ☐ |
| **4.** | Soll das Formular von Hand oder direkt am PC ausgefüllt werden? Werden bei größeren Schreibfeldern, die händisch ausgefüllt werden, Hilfslinien verwendet? | ☐ |
| **5.** | Welche Formularfelder (z. B. Textformularfeld, Kontrollkästchen, Optionsfelder oder Dropdown-Menü) sind für die Abfrage geeignet? | ☐ |
| **6.** | Sind die Leittexte verständlich formuliert und richtig (über oder neben dem Schreibtext) positioniert? | ☐ |
| **7.** | Sind die Schreibfelder ausreichend groß? | ☐ |
| **8.** | Sind die Inhalte ablaufgerecht angeordnet und durch Rahmenlinien, Farben oder Hintergrundschattierungen gruppiert? | ☐ |
| **9.** | Ist der Leittext in einem angemessenen Abstand zur Rahmenlinie positioniert? | ☐ |
| **10.** | Sind Ausfüllanweisungen oder Bearbeitungsvermerke notwendig? | ☐ |
| **11.** | Ist der Gesamteindruck harmonisch (Einteilung, Abstände, Farbe, Schriftart und Schriftgröße, grafische Elemente)? | ☐ |

## Beispiel: Beitrittserklärung

Brief **muster** GmbH

### Beitrittserklärung zum Betriebssport

| Persönliche Daten | Vor- und Zuname | Geburtsdatum |
|---|---|---|
| | Abteilung | Beitritt ab |

Sturzzeilen

| Sportarten | Ich möchte folgende Sportart ausüben: | | |
|---|---|---|---|
| | ☐ Volleyball | ☐ Basketball | ☐ Handball |
| | ☐ Fußball | ☐ Rückengymnastik | ☐ Squash |
| | ☐ Yoga | ☐ Pilates | ☐ Tai-Chi |

**Vorkenntnisse:**

☐ keine ☐ gute ☐ sehr gute

**Gesundheitliche Beeinträchtigungen:**

☐ Nein ☐ Ja Welche?

| Datum | Unterschrift |
|---|---|
| | |

F70829/20..

## Beispiel: Webbasiertes Online-Formular

| **An ...** | discover@erden.com |
|---|---|
| **Cc ...** | |
| **Bcc ...** | BM_kundenverteiler |
| **Betreff:** | Besuchen Sie uns auf der Digital-Tex in Frankfurt |

Liebe Kundinnen, liebe Kunden,

vom 15. bis 19. September treffen sich auf der Digital-Tex in Frankfurt wieder internationale Expertinnen und Experten für innovative Textilien aus ganz Europa. Ein guter Grund für Sie, dabei zu sein und sich über die Neuheiten zu informieren. Wir laden Sie dazu ganz herzlich ein.

An unserem Messestand zeigen wir Ihnen unter dem Motto **„Discover the Future of Clothing"** intelligente Kleidung von einigen Herstellern, die wir neu in unser Programm aufgenommen haben. Sie können erleben, wie Bekleidungstextilien und Technik intelligent vereint werden.

Über den folgenden Link können Sie sich zu einer persönlichen Beratung anmelden:

**Link zum Online-Formular, siehe nächste Seite**

https://digital-tex.de/discover-the-future/

Mit Ihrer Anmeldung erhalten Sie automatisch einen Code für Ihre persönliche Eintrittskarte. Nutzen Sie die Gelegenheit!

Wir freuen uns auf Ihren Besuch.

Es grüßt Sie freundlich

Briefmuster GmbH

Ann-Britt Smith

E-Mail: ann-britt-smith@briefmuster-gmbh.com
Internet: briefmuster-gmbh.com
Telefon: 0711 123-984
Telefax: 0711 123-985

Postanschrift: Postfach 10 34 19, 70048 Stuttgart
Hausanschrift: Heilbronner Straße 123, 70184 Stuttgart
Gesellschafter: Dr. Kim Bennert, Dr. Samuel Sturm
Handelsregister HRB 79299 beim Amtsgericht Stuttgart

| Anhang: | 20..-08-25-Messeplan.pdf |
|---|---|

## Webbasiertes PDF-Formular mit intelligenten Feldern

**Brief muster GmbH**

Liebe Kundinnen, liebe Kunden,

herzlich willkommen auf unserer Digital-Tex-Messeseite. Bitte reservieren Sie Ihren persönlichen Beratungstermin:

**Leittext** neben Schreibtext

| | |
|---|---|
| **Kundennummer:** | |
| **Unternehmen:** | |
| **Ansprechpartner/-in:** | |
| **E-Mail:** | |

**Formularfelder für den Schreibtext**

**webbasiertes PDF-Formular mit intelligenten Feldern**
Die eingetragenen Daten fließen automatisch in eine Übersicht (z. B. Tabelle).

**Ich/wir komme(n) am:**

| | | |
|---|---|---|
| ○ | Dienstag, 14. September 20.. | 10:00 – 19:00 Uhr |
| ○ | Mittwoch, 15. September 20.. | 10:00 – 19:00 Uhr |
| ○ | Donnerstag, 16. September 20.. | 10:00 – 19:00 Uhr |

**Optionsfelder**

| | | | |
|---|---|---|---|
| um | Uhr | mit | Personen |

Die Verarbeitung Ihrer Daten erfolgt entsprechend unserer Datenschutzerklärung.

| | |
|---|---|
| ○ | Ja, ich habe die Datenschutzinformationen gelesen und bin einverstanden. |

| | | |
|---|---|---|
| **Sicherheitscode:** | F 7 Y T | |

**Anmeldung absenden**

**Fragebögen mit unterschiedlichen Fragetypen sind besondere Formulare.**

**Offene oder geschlossene Fragen:** Bei einer offen gestellten Frage kann der Nutzer frei antworten. Dieser Fragetyp ist geeignet, wenn z. B. Meinungen, Einstellungen interessieren, im Gegensatz zur geschlossenen Frage, bei der Nutzer und Nutzerinnen lediglich mit »Ja« und »Nein« antworten können. Die Auswertung solcher Fragen ist sehr einfach.

**Beispiel: Offene Fragestellung**

| Was könnte aus Ihrer Sicht verbessert werden? |
|---|

**Beispiel: Geschlossene Fragestellung mit zwei Antwortmöglichkeiten**

| Würden Sie die Veranstaltung wieder besuchen? | |
|---|---|
| ☐ Ja | ☐ Nein |

**Beispiele:**
Mehrere Antworten, bei denen persönliche Einstellungen gemessen werden:

| Mit dem Seminarangebot bin ich zufrieden. | |
|---|---|
| ☐ stimme voll zu | ☐ stimme eher nicht zu |
| ☐ stimme teilweise zu | ☐ stimme gar nicht zu |

| THEMEN | INTERESSE AN DEM THEMA ALLGEMEIN<br>+ | | | | | | | – |
|---|---|---|---|---|---|---|---|---|
| Achtsame Kommunikation | ☐ | ☐ | ☐ | ☐ | ☐ | ☐ | ☐ | ☐ |
| Konfliktmanagement | ☐ | ☐ | ☐ | ☐ | ☐ | ☐ | ☐ | ☐ |
| Selbstmanagement | ☐ | ☐ | ☐ | ☐ | ☐ | ☐ | ☐ | ☐ |
| Projektmanagement | ☐ | ☐ | ☐ | ☐ | ☐ | ☐ | ☐ | ☐ |
| Dokumentenmanagement | ☐ | ☐ | ☐ | ☐ | ☐ | ☐ | ☐ | ☐ |

## Beispiel: Fragebogen

**Brief muster GmbH**

### Bewertung von Teambesprechungen

1. **Wie hat Ihnen die Behandlung der Themen gefallen?**

☐ sehr gut ☐ gut ☐ weniger gut ☐ schlecht

2. **Sind Ihnen regelmäßige Teambesprechungen wichtig?**

☐ ja ☐ nein

3. **Was hat Ihnen die Teilnahme gebracht?**

..........................................................................................

..........................................................................................

4. **Regelmäßige Teambesprechungen sind wichtig.**

☐ stimme voll zu ☐ stimme teilweise zu

☐ stimme eher nicht zu ☐ stimme gar nicht zu

5. **Wie beurteilen Sie das Verhalten in Teambesprechungen?**

| **Verhalten** | **+** | | | | | | | **–** |
|---|---|---|---|---|---|---|---|---|
| Wir gehen respektvoll miteinander um. | ☐ | ☐ | ☐ | ☐ | ☐ | ☐ | ☐ | ☐ |
| Wir sind bereit, Kompromisse einzugehen. | ☐ | ☐ | ☐ | ☐ | ☐ | ☐ | ☐ | ☐ |
| Wir wissen, was der/die Einzelne im Team leistet. | ☐ | ☐ | ☐ | ☐ | ☐ | ☐ | ☐ | ☐ |
| Wir haben alle die gemeinsamen Ziele im Blick. | ☐ | ☐ | ☐ | ☐ | ☐ | ☐ | ☐ | ☐ |
| Wir ziehen alle gemeinsam an einem Strang. | ☐ | ☐ | ☐ | ☐ | ☐ | ☐ | ☐ | ☐ |

☺ Vielen Dank!

### 2.2.2 Checklisten

Checklisten eignen sich für wiederkehrende, komplexe Aufgaben und ermöglichen ein systematisches Vorgehen bei der Erledigung von Arbeitsaufträgen. Sie enthalten wichtige Aspekte einer Aufgabe und vermitteln schnell einen Überblick über das, was zu tun ist.

Checklisten sind Informationsquellen und sollten kontinuierlich evaluiert werden. Ist beispielsweise ein Projekt oder eine Veranstaltung abgeschlossen, müssen die eingesetzten Checklisten geprüft werden. Im Dateiablagesystem einer Organisation ist der Ablageort für Checklisten klar zu bestimmen und an alle Beteiligten zu kommunizieren. Um Fehler zu vermeiden, muss eine doppelte oder Mehrfach-Ablage verhindert werden.

Für die Gestaltung von Checklisten gelten die o. g. Regeln nach DIN 5008 für Formulare. Die Reihenfolge des dokumentierten Arbeitsablaufs steht im Vordergrund. Es empfiehlt sich, bestimmte Phasen/Abschnitte hervorzuheben und die Arbeitsschritte zu nummerieren. Zweckmäßig ist der Einsatz von Kontrollkästchen zum Abhaken.

## Beispiel: Checkliste zur Vorbereitung eines Gesprächs

**Brief muster GmbH**

### Gespräche vorbereiten

| | **Gesprächsvorbereitung** | |
|---|---|---|
| **1.** | **Sind die Gesprächsziele festgelegt?**<br>• Methode: SMART-Formel<br>• Zielhierarchie festlegen | ☐ |
| **2.** | **Ist für einen positiven Gesprächsrahmen gesorgt?**<br>• Gesprächsort<br>• Gesprächszeitpunkt und -dauer<br>• Gesprächsunterlagen | ☐ |

| | **Eröffnungsphase** | |
|---|---|---|
| **3.** | **Achten Sie auf eine freundliche Kontaktaufnahme:**<br>• freundliche Begrüßung<br>• positive Sprache und Haltung | ☐ |
| **4.** | **Stellen Sie gleich zu Beginn des Gesprächs eine positive Gesprächsatmosphäre her:**<br>• Sprechen Sie den Gesprächspartner mit Namen an und halten Sie Blickkontakt.<br>• Folgen Sie der Körpersprache des Gegenübers. | ☐ |

| | **Kernphase** | |
|---|---|---|
| **5.** | **Hören Sie aktiv zu:**<br>• **verbale Signale:** verbalisieren, paraphrasieren, nachfragen, zusammenfassen, Unklares klären, Bestätigungslaute<br>• **nonverbale Signale:** Blickkontakt halten, nicken, lächeln, Mimik, Gestik, Hinwendung des Körpers | ☐ |
| **6.** | **Argumentieren Sie gut:**<br>• Beachten Sie in Ihrer Argumentation die drei Faktoren **Person, Inhalt, Situation.**<br>• Informieren Sie sich ausreichend über Ihren Gesprächspartner und pflegen Sie einen Kontakt auf Augenhöhe. | ☐ |
| **7.** | **Senden Sie ICH-Botschaften:**<br>• Teilen Sie Ihre Meinung, Empfindungen und Emotionen mit.<br>• Thematisieren Sie Ihre Befindlichkeit. | ☐ |

Verantwortlich: Ralf Räder
Datum: 20..-03-20 1

Brief **muster** GmbH

| | **Ausstiegphase** | |
|---|---|---|
| **8.** | **Fassen Sie die wichtigsten Gesprächsinhalte zusammen:**<br>• Fragen Sie nach, wenn Sie den Eindruck haben, Ihr Gesprächspartner hat etwas nicht richtig verstanden.<br>• Versuchen Sie immer – auch in problematischen Gesprächen – ein positives Ende zu finden. | ☐ |

| | **Gesprächsnachbereitung** | |
|---|---|---|
| **9.** | **Analysieren das zurückliegende Gespräch und fertigen Sie gegebenenfalls ein Protokoll an:**<br>• Bin ich zufrieden mit dem Ergebnis und dem Gesprächsverlauf?<br>• Wie weit liegen Ziel und Ergebnis auseinander?<br>• Wie kann ich meine Gesprächsführung verbessern? | ☐ |

| | **Eigene Notizen** | |
|---|---|---|
| | | ☐ |

Verantwortlich: Ralf Räder
Datum: 20..-03-20

2

# 2.3 Gesprächsinhalte protokollieren und dokumentieren

Die Kommunikation im Büro hat sich durch die digitale Transformation verändert – und damit die Anlässe und die Art des Protokollierens von Gesprächsinhalten. Durch die Einführung von Kommunikations- und Kollaborationsplattformen wurden die Voraussetzungen für den schnellen und schlanken Austausch von Informationen unter den Beschäftigten geschaffen. Es können beispielsweise über ein Chat-Modul Absprachen getroffen werden, deren Verlauf anschließend als Protokoll gespeichert wird. Oder es werden während einer Besprechung Präsentationsfolien mit den Besprechungsergebnissen und den getroffenen Vereinbarungen ergänzt und anschließend an alle verteilt. Dies bedeutet aber nicht, dass das Protokoll in der unternehmensinternen Kommunikation keinen Stellenwert mehr hat. Geändert hat sich lediglich die Art, wie Mitschriften entstehen und wie sie weiterverarbeitet werden.

**Das sollten Sie vor der Dokumentation von Gesprächsinhalten klären:**

- Wie offiziell ist der Charakter meiner Mitschrift oder Dokumentation?
- Gibt es Vorgaben oder Formulare, die im Unternehmen durch Complianceregeln[1] festgelegt sind?
- Für wen ist meine Dokumentation interessant?
- Welches Kommunikationsmittel ist angemessen?
- Wo wird die Dokumentation in der Dateiablage des Unternehmens verortet, damit die Betroffenen ohne langes Suchen darauf zugreifen können?
- Wie ist die Dokumentation zu gestalten? Bei umfangreichen Dokumentationen von Gesprächsinhalten ist die Gestaltung nach DIN 5008 »Längere Texte« zu empfehlen (siehe Kapitel 2.5).

---

[1] **Compliance:** korrektes Verhalten, Einhaltung von Regeln und Richtlinien

### 2.3.1 Vorbereitung von wichtigen Gesprächen

Gesprächsnotizen, Protokolle oder Berichte dokumentieren gute Ideen, wichtige Erfahrungen und Wissen. Wie gut eine Protokollierung und Dokumentation gelingt, hängt sehr stark von einer sorgfältigen Vorbereitung der Zusammenkunft ab.

#### Telefon-, Video- und Audiokonferenzen vorbereiten

Diese Konferenzen sind ein geeignetes Mittel, um sich zum Gedankenaustausch mit externen Mitarbeiter/-innen zu treffen. Finden die Konferenzen in regelmäßigen Abständen statt, kann einer »gefühlten« sozialen Isolation vorgebeugt werden. Auch können Wissenslücken im Hinblick auf die unternehmensbezogenen Abläufe und Prozesse geschlossen werden. Das wirkt sich motivierend auf die Zusammenarbeit aus.

Um zu einer Besprechung, Telefon-, Video- oder Audiokonferenz einzuladen, wird eine Besprechungsanfrage über die eingesetzte Software durchgeführt. Die eingeladenen Personen können unmittelbar antworten und die organisierende Person verschafft sich schnell einen Überblick.

Damit bei der Durchführung alles klappt, ist eine sorgfältige Vorbereitung notwendig. Denn allzu leicht kann es zu Kommunikationsproblemen oder sogar Missverständnissen kommen.

| CHECKLISTE – TELEFON-, VIDEO- UND AUDIOKONFERENZ | | |
|---|---|---|
| **Das sollte bei der Vorbereitung einer Telefon-, Video- oder Audiokonferenz beachtet werden:** | | |
| 1. | **Teilnehmer/-innen festlegen:** Es sollten nur unmittelbar betroffene Teilnehmer/-innen eingeladen werden. Ideal sind Telefon- und Videokonferenzen mit vier bis acht Personen. | ☐ |
| 2. | **Günstiger Termin vereinbaren:** Befinden sich die Teilnehmer/-innen in unterschiedlichen Zeitzonen? | ☐ |
| 3. | **Eine Tagesordnung festlegen:**<br>• Was ist das Ziel der Konferenz?<br>• Wann beginnt die Schaltung?<br>• Wann endet die Konferenz? | ☐ |

| | | |
|---|---|---|
| 4. | **Unterlagen vorbereiten:** Die Unterlagen – möglichst digital – nach den Tagesordnungspunkten zusammenstellen, sortieren und kennzeichnen. | ☐ |
| 5. | **Rechtzeitige Information:** Die Tagesordnung mit gekennzeichneten Unterlagen sowie eine Teilnehmerliste vorbereiten und rechtzeitig an die beteiligten Personen senden. Nutzen Sie eine unternehmensinterne Kollaborationsplattform, können Sie ein Notizbuch anlegen, das für alle Beteiligten freigeschaltet ist. Die im Notizbuch hochgeladenen Dateien sind im Hintergrund mit dem Dateiablagesystem verlinkt, sodass gemeinsam daran gearbeitet werden kann. | ☐ |
| 6. | **Namensschilder und Sitzordnung:** Falls sich die beteiligten Personen nicht kennen, sollten Namensschilder vorbereitet und eine Sitzordnung festgelegt werden. | ☐ |
| 7. | **Störquellen ausschalten:** Eine gute Akustik ist wichtig. Dämmen Sie die Umgebungsgeräusche ein. | ☐ |
| 8. | **Einstellung der Kamera:** Alle Personen sollten von der Kamera erfasst werden und sichtbar bleiben. | ☐ |
| 9. | **Funktionscheck:** Vorab ist sicherzustellen, dass die Verbindungen geschaltet sind. Ein Funktionscheck während der Sitzung ist störend und wirkt unprofessionell. | ☐ |
| 10. | **Moderation:** Wichtige und größere Konferenzen sollten moderiert werden. Die moderierende Person legt fest, wer reden darf und wer als Nächstes spricht. | ☐ |
| 11. | **Gesten:** Ausladende Gesten können am Bildschirm aggressiv wirken. | ☐ |
| 12. | **Antworten:** Achten Sie darauf, dass es etwas länger dauert, bis Fragen bei den Zuhörenden ankommen. | ☐ |
| 13. | **Protokoll:** Das Protokoll sollte so schnell wie möglich an alle beteiligten Personen verteilt werden. Bei Onlinebesprechungen auf einer unternehmensinternen Kollaborationsplattform können Sie ein Notizbuch mit einer Protokollseite ergänzen und dort simultan die Beschlüsse, Aufgaben u. Ä. festhalten. Die Aufgaben mit Erledigungsterminen lassen sich auf einer Plattform direkt den betroffenen Personen zuweisen. | ☐ |

## Beispiel: Konferenzeinladung

Brief **muster** GmbH

| **Einladung zur Konferenz** | |
|---|---|
| ☐ Audiokonferenz | ☐ Videokonferenz |
| An: | |
| Eingeladene Teilnehmer/-innen: | |
| Termin: | Raum: |
| Beginn: | Ende: |
| Moderator/-in: | Protokollführer/-in: |
| Themen und Ziele: | |

**Mit der Bitte**

- ☐ um Kenntnisnahme
- ☐ um telefonische Bestätigung
- ☐ um Bestätigung per Fax
- ☐ um Bestätigung per E-Mail
- ☐ die beigefügten Unterlagen durchzusehen und mitzubringen
- ☐ folgende Unterlagen mitzubringen:

| **Teilnahme bitte bestätigen an:** | | |
|---|---|---|
| Vor- und Zuname: | | |
| Telefon: | Telefax: | E-Mail: |

## Sitzungen und Besprechungen vorbereiten

Sitzungen und Besprechungen sind die häufigsten Zusammenkünfte in einem Unternehmen. Zur sorgfältigen Vorbereitung gehört es, die Gesprächsziele und die gewünschten Ergebnisse vorab zu klären.

| CHECKLISTE – SITZUNGEN UND BESPRECHUNGEN | | |
|---|---|---|
| **Das sollte bei der Vorbereitung einer Sitzung oder Besprechung beachtet werden:** | | |
| **1.** | Ist ein geeigneter Besprechungsraum (Größe, ausreichend Sitzmöglichkeiten) gebucht? | ☐ |
| **2.** | Wurden die Raumausstattungswünsche und evtl. die Bewirtungswünsche an die zuständigen Personen weitergegeben? | ☐ |
| **3.** | Wurde für die Besprechung ein Zeitrahmen von maximal 60 Minuten gesetzt? Sitzungen können etwas länger dauern. | ☐ |
| **4.** | Sind kurze Pausen eingeplant? | ☐ |
| **5.** | Wurde eine Person, die Protokoll führt, bestimmt und in der Tagesordnung genannt? | ☐ |
| **6.** | Sind die Tagesordnungspunkte in Form von Besprechungszielen formuliert? Die Beteiligten erkennen daran sehr schnell, was das Ziel der Besprechung ist. | ☐ |
| **7.** | Sind die Themen in der Tagesordnung in Bereiche gebündelt? | ☐ |
| **8.** | Wurde die Einladung mit der Tagesordnung und evtl. Informationsmaterial rechtzeitig verschickt bzw. eingestellt? | ☐ |
| **9.** | Ist für jeden Tagesordnungspunkt ein zeitlicher Rahmen festgelegt? | ☐ |
| **10.** | Sind die eingeladenen Personen über die Anfangs- und Endzeiten informiert? | ☐ |
| **11.** | Wurde für wichtige Besprechungen eine Sitzungsmappe (Papier oder digital) mit den Unterlagen (nach den Tagesordnungspunkten sortiert) vorbereitet? | ☐ |
| **12.** | Wurden eine Anwesenheitsliste und – falls sich die Personen nicht kennen – Namensschilder vorbereitet? | ☐ |

## 2.3.2 Gesprächsnotiz

Bei Telefonaten, kurzen Gesprächen, Video- oder Audiokonferenzen werden mitunter wichtige Informationen ausgetauscht, die nicht verloren gehen sollen. Das Online-Formular »Gesprächsnotiz« bietet eine schnelle Möglichkeit, die Inhalte schon während des Gesprächs in Stichpunkten zu notieren – vorausgesetzt, Sie nutzen ein Headset, damit Sie beide Hände zum Schreiben frei haben. Nach dem Gespräch formulieren Sie die Fakten und Vereinbarungen aus und legen das Ergebnis im Vorgang des elektronischen Ablagesystems ab. Zur Information erhalten die betroffenen Personen per E-Mail oder Kurznachricht den Link zur Datei.

### Beispiel: Gesprächsnotiz

**Brief muster GmbH**

**Gesprächsnotiz**

| Gespräch | ☐ Telefonat | ☐ persönlicher Kontakt |
|---|---|---|
| | ☐ Videokonferenz | ☐ Audiokonferenz |

| Gesprächspartner/-in | | |
|---|---|---|
| | Vor- und Zuname: | |
| | Unternehmen: | |
| | Telefon: | |
| | E-Mail: | |

| Informationen für Empfänger/-in | | |
|---|---|---|
| | Name: | |
| | Abteilung: | |
| | Bitte um: | ☐ Rückruf ☐ Erledigung ☐ Kenntnisnahme |
| | Nachricht: | |

| Aufgenommen von | | |
|---|---|---|
| | Vor- und Zuname: | |
| | Datum und Uhrzeit des Gesprächs: | |
| | Datum: | |
| | Unterschrift: | |

Briefmuster GmbH – Orga – 2022-59

Briefmuster GmbH

## Gesprächsnotiz

| Gespräch | | |
|---|---|---|
| | ☐ Telefonat | ☐ persönlicher Kontakt |
| | ☒ Videokonferenz | ☐ Audiokonferenz |

| Gesprächspartner/-in | | |
|---|---|---|
| | Vor- und Zuname: | Sara Weber |
| | Unternehmen: | BLAZ Druckerei GmbH |
| | Telefon: | 0721 345-599 |
| | E-Mail: | sara.weber@blaz-druckerei-gmbh.com |

| Informationen für Empfänger/-in | | |
|---|---|---|
| | Name: | Sam Lieberhardt |
| | Abteilung: | Marketing |
| | Bitte um: | ☐ Rückruf ☐ Erledigung ☒ Kenntnisnahme |
| | Nachricht:<br><br>Die Änderungen wurden mit Frau Weber besprochen. Die Kataloge für die Sommerkollektion 20.. erhalten wir am 25. Januar.<br><br>Die Kosten haben sich durch die Sonderwünsche (Format und Illustration) um 2.399,00 EUR erhöht, sodass der neue Brutto-Rechnungsbetrag 8.499,00 EUR beträgt. Die Rechnung erhalten wir nach der Lieferung per E-Mail. | |

| Aufgenommen von | | |
|---|---|---|
| | Vor- und Zuname: | Susanne Müllmeister |
| | Datum und Uhrzeit des Gesprächs: | 3. Januar 20.., 15:30 Uhr |
| | Datum: | 23. Januar 20.. |
| | Unterschrift: | gez. Susanne Müllmeister |

Briefmuster GmbH – Orga – 2022-59

### 2.3.3 Aktennotiz/Aktenvermerk

Das Wort »Aktennotiz« klingt irgendwie altmodisch, doch die Aktennotiz erfüllt nach wie vor eine wichtige Aufgabe in der unternehmensinternen Kommunikation. Man könnte sie auch als eine besondere Form des Kurzprotokolls bezeichnen. Die kurz dargestellten Fakten und Vereinbarungen sollen nicht in Vergessenheit geraten. Traditionell – vor allem in Behörden und Verwaltungen – wird auch der Begriff »Aktenvermerk« verwendet. Er unterscheidet sich von der Aktennotiz dadurch, dass die festgehaltenen Notizen durch Meinungen und Eindrücke ergänzt werden.

Der Hinweis »hausinterne Notiz« oder »vertrauliche Aktennotiz« kennzeichnet bei Bedarf den inoffiziellen Charakter einer Mitteilung. Wenn Aktennotizen/Aktenvermerke als Beweisstücke dienen sollen, müssen sie unterschrieben sein.

Eine Aktennotiz kann auch eine persönliche Erinnerungsstütze sein; abgelegt im zentralen Ablagesystem, ist sie für alle zugänglich. Damit es keine Missverständnisse gibt und der Inhalt von allen Betroffenen gut verstanden wird, sollten Sie eine Aktennotiz in kurzen und klaren Sätzen formulieren.

**Das sollte eine Aktennotiz / ein Aktenvermerk enthalten:**

- Verfasser/-in
- Abteilung
- Datum
- Gesprächspartner/-innen
- Betreff
- Inhalt
- Termine und Zeiten
- Vereinbarungen
- Ort, Datum und Unterschrift
- Verteiler
- Bearbeitungsvermerk

| CHECKLISTE – AKTENNOTIZ/AKTENVERMERK | | |
|---|---|---|
| **Das sollte bei der Vorbereitung einer Sitzung oder Besprechung beachtet werden:** | | |
| **1.** | Steht ein Formular zur Verfügung? | ☐ |
| **2.** | Ist die Aktennotiz/der Aktenvermerk knapp und präzise formuliert? | ☐ |
| **3.** | Verzichten Sie auf Abkürzungen. | ☐ |
| **4.** | Fertigen Sie die Aktennotiz gleich nach dem Gespräch an. | ☐ |
| **5.** | Enthält die Aktennotiz alle wichtigen Punkte: Verfasser/-in, Abteilung, Datum, Gesprächspartner/-in, Inhalt, Termine und Zeiten, Vereinbarungen, Ort, Datum, Unterschrift, Verteiler und evtl. Bearbeitungsvermerke? | ☐ |
| **6.** | Ist die Aktennotiz nach der einheitlichen Dateinamensregelung benannt und im richtigen Ordner im Dateiablagesystem abgelegt (siehe Kapitel 1.1.5 Sicher ablegen und versenden)? | ☐ |
| **7.** | Sind evtl. weitere Betroffene informiert? | ☐ |

## Beispiel: Aktennotiz

Brief muster GmbH

# Aktennotiz

| **Ersteller/-in:** | **Abteilung:** | **Ort und Tag des Ereignisses:** |
|---|---|---|
| Dr. Maximilian Wolter | Geschäftsleitung | Stuttgart, 20..-03-30 |

**Gesprächspartner/-innen:**

Susanne Weber, IT-Abteilung
Walter Neumann, Interne Kommunikation

**Betreff:**

**Einführung des digitalen Dokumenten-Management-Systems ES 2020**

**Inhalt:**

Herr Peter Lang, Mitarbeiter der IT-DIGITEC GmbH, stellt das Dokumenten-Management-System ES 2020 bei der nächsten Betriebsversammlung vor.

In einer Live-Vorführung sollen die Teilnehmenden einen Einblick in die verschiedenen Bereiche eines Dokumenten-Management-Systems bekommen:

Wie werden Ordner angelegt und bearbeitet?
Wie kann man Dokumente verschlagworten?
Wie können Dokumente bearbeitet werden?
Was muss man beim Scannen von Dokumenten beachten?
Wie kann ich Dokumentnotizen anlegen?
Wie kann ich ein Back-up erstellen?
Wie kann ich eine Wiederherstellung ausführen?

**Termin:**

25. April 20..

**Vereinbarung:**

Frau Weber übernimmt die technische Vorbereitung für die Live-Vorführung.
Herr Neumann bereitet die Belegschaft durch ein Rundschreiben auf die Veränderungen in der Dokumentenverwaltung vor.

| **Ort, Datum:** | **Unterschrift:** |
|---|---|
| Stuttgart, 20..-03-30 | *Maximilian Wolter* |
| **Verteiler:** | **Bearbeitungsvermerk:** |
| Dr. Finn Weimann | Eilt |

### 2.3.4 Protokolle

Nach DIN 5008 dient ein Protokoll der Information, Dokumentation, als Arbeitsgrundlage, Beweismittel und Urkunde. Es werden beispielsweise Inhalte wie Anträge und Beschlüsse sowie ggf. zugrunde liegende Fakten, Informationen und Abläufe dokumentiert. Bei bestimmten Zusammenkünften, wie z.B. bei Mitgliederversammlungen und Betriebsratssitzungen, ist ein Protokoll erforderlich.

Innerhalb des Unternehmens sollten die Protokolle nach einer einheitlichen Dokumentvorlage erstellt werden, die nach den unternehmensinternen Layoutvorgaben gestaltet ist. Dies vermittelt einen professionellen Eindruck nach außen, falls das Protokoll auch an externe Partner verteilt wird.

Nicht-Teilnehmende können sich anhand eines Protokolls über die Ergebnisse informieren und den Verhandlungsverlauf nachvollziehen. Teilnehmer haben bei Differenzen oder ungenauer Erinnerung die Möglichkeit, den Verhandlungsverlauf nachzulesen.

Das Protokoll informiert auch über Aufgaben, die sich aus der Besprechung ergeben. So kann später geprüft werden, ob die Anweisungen eingehalten worden sind. Je nach Art des Protokolls sind Beschlüsse und in bestimmten Protokollarten auch alle Äußerungen der Teilnehmer/-innen nachweisbar festgehalten.

Ein Protokoll sollte

- vollständig und unmissverständlich,
- inhaltlich richtig und sprachlich neutral,
- verständlich, übersichtlich und gut gegliedert sein,
- einen der Besprechung angemessenen Umfang haben,
- von den Teilnehmer/-innen an der Besprechung anerkannt werden.

## Protokollarten

Wie ausführlich ein Protokoll sein muss, ist abhängig vom Anlass und der Zielgruppe, für die das Protokoll bestimmt ist. In der Praxis werden überwiegend Kurz- und Ergebnisprotokolle geschrieben. Sie können ohne großen Zeitaufwand erstellt werden und haben ausreichend Beweiskraft. Wort- und Verlaufsprotokolle sind ausführliche Protokolle. Beim Wortprotokoll wird wortwörtlich mitgeschrieben und dokumentiert – was heute nur noch in Ausnahmefällen notwendig ist. Ein Verlaufsprotokoll ist ausführlicher als ein Kurz- und Ergebnisprotokoll, aber wesentlich kürzer als ein Wortprotokoll. Durch seine hohe Beweiskraft wird es bei wichtigen Anlässen erstellt.

| PROTOKOLLART | BESCHREIBUNG | EINSATZ |
|---|---|---|
| **Wortprotokoll** | Das Wortprotokoll ist eine ausführliche Dokumentation. Es hat hohe Beweiskraft und erfordert von dem/der Protokollierenden eine hohe Fachkompetenz. Nicht selten werden deshalb zwei Protokollierende eingesetzt, die abwechselnd schreiben und das Protokoll fertigstellen. | • Landtag<br>• Bundestag<br>• Gerichte |
| **Verlaufsprotokoll** | Im Verlaufsprotokoll wird der Gesprächsverlauf chronologisch dokumentiert. Es hat eine hohe Beweiskraft. Alle Redebeiträge werden mit Namen der Redner/-innen sinngemäß zusammengefasst wiedergegeben. Die Beschlüsse werden ebenfalls protokolliert. Im Nachhinein muss nachvollziehbar sein, welche Aussagen zu den Ergebnissen geführt haben. | • Vorstandssitzungen<br>• Mitgliederversammlungen<br>• Konferenzen |

| | | |
|---|---|---|
| **Kurz-protokoll** | Ein Kurzprotokoll ist kürzer als das Verlaufsprotokoll und ausführlicher als das Ergebnisprotokoll. Es enthält die Namen der wichtigsten Redner/-innen. Die Redebeiträge werden in Stichworten, die Beschlüsse meist wörtlich wiedergegeben. Es soll später nachzulesen sein, wie die Beschlüsse im Wesentlichen zustande gekommen sind. | • Besprechungen<br>• Sitzungen |
| **Ergebnis-protokoll** | Ein Ergebnis sichert ausschließlich die Ergebnisse, Arbeitsaufträge und Terminabsprachen. Es erfordert wenig Zeitaufwand und bildet eine gute Arbeitsgrundlage im Arbeitsalltag. Idealerweise ist ein Ergebnisprotokoll kaum länger als eine A4-Seite. | • Besprechungen aller Art |
| **Gedächtnis-protokoll** | Das Protokoll ist nicht sehr wichtig. Während der Besprechung ist kein offizieller Protokollant anwesend. Alle Teilnehmer/-innen wollen sich voll auf die Besprechung konzentrieren. Es ist keine Beweiskraft erforderlich. | • interne Besprechungen |
| **Chat-protokoll** | Kurze regelmäßige Besprechungen, die per Chat abgehalten werden. Der Chat-Verlauf wird gespeichert und als Protokoll verwendet. | • interne Besprechungen in der Projektarbeit |

## Protokollziele

Es gibt viele Gründe, die für die Protokollierung von Gesprächsinhalten sprechen. Dabei kann die Betrachtungsweise sowohl vom Unternehmen als auch von den Teilnehmer/-innen ausgehen.

| UNTERNEHMEN | TEILNEHMER/-INNEN |
|---|---|
| • Arbeitsaufträge und Kompetenzen sind verbindlich.<br>• Termine und die Einhaltung von Beschlüssen bzw. Vereinbarungen sind verlässlich dokumentiert.<br>• Die Entwicklung z. B. eines Projekts ist nachvollziehbar.<br>• Übergeordnete Stellen oder externe Stellen sind informiert.<br>• Später kann nachgesehen werden, wie Probleme in der Vergangenheit gelöst wurden. | • Gemeinsam entwickelte Ideen bleiben erhalten, was die Ideengeber/-innen zusätzlich motiviert.<br>• Diskussionsbeiträge, Zusammenhänge und Beschlüsse sind auch noch zu einem späteren Zeitpunkt nachvollziehbar.<br>• Nicht anwesende Personen sind informiert.<br>• Sachverhalte sind dokumentiert und dienen als Arbeitsgrundlage. |

**Anforderungen an die protokollführende Person**
Für die Protokollführung sind persönliche Kompetenzen und eine sorgfältige Vorbereitung notwendig:

| PERSÖNLICHE KOMPETENZEN | VORBEREITENDE MASSNAHMEN |
|---|---|
| • gute Aufnahme- und Konzentrationsfähigkeit (z. B. Wichtiges von Unwichtigem trennen, Überblick behalten, Fakten und Meinungen unterscheiden)<br>• geistige Flexibilität<br>• Urteilsvermögen – sich mit eigenen Bewertungen zurückhalten<br>• Beherrschung der deutschen Sprache / einer Fremdsprache<br>• Kenntnis von Fachbegriffen und Abkürzungen | • Tagesordnung/Agenda und Gesprächsthemen kennen<br>• Informationen über den Teilnehmerkreis (Name, Rang, Sitzordnung, Besonderheiten) – falls nicht bekannt – einholen<br>• Vorhandene Unterlagen sichten, damit man während der Protokollführung die Zusammenhänge besser erkennt<br>• Namenskürzel für die teilnehmenden Personen anlegen |

## Protokoll erstellen

| CHECKLISTE – PROTOKOLLFÜHRUNG | | |
|---|---|---|
| **Das sollte bei der Protokollführung beachtet werden:** | | |
| **1.** | **Zeitpunkt:** Seien Sie 5 bis 10 Minuten vor Sitzungsbeginn anwesend. | ☐ |
| **2.** | **Sitzplatz:** Wählen Sie einen Platz, von dem aus Sie die Besprechungsteilnehmer/-innen und die Präsentationsmedien gut sehen. | ☐ |
| **3.** | **Unterlagen:** Öffnen Sie die vorbereitete Vorlage für das Protokoll und evtl. weitere Dokumente. Stellen Sie den Beamer ein. | ☐ |
| **4.** | **Aufnahmetechnik:** Legen Sie sich für Namen, Produkte oder schwierige Fachbegriffe passende Abkürzungen zurecht und verwenden Sie diese konsequent. | ☐ |
| **5.** | **Protokollieren:**<br>• Falls alle Teilnehmer/-innen digital vernetzt sind, bereiten Sie ein digitales Notizbuch vor, das alle Informations- und Entscheidungsdokumente (z. B. Tagesordnung, Teilnehmerliste, Beschlussvorlagen) enthält. Vor Sitzungsbeginn schalten Sie das Notizbuch für alle frei. Während der Besprechung protokollieren Sie direkt im Notizbuch und weisen die festgelegten Aufgaben und Termine direkt im Netz den ausführenden Personen zu.<br>• Gliedern Sie das Protokoll nach der Tagesordnung und innerhalb des Tagesordnungspunkts den Text nach sachlichen Gesichtspunkten und Sinneinheiten.<br>• Das Protokoll ist in der Gegenwart (im Präsens) in einfachen und kurzen Sätzen zu schreiben. Redebeiträge sind im Konjunktiv (indirekt, unbestimmt) oder im Indikativ (direkt, bestimmt) zu verfassen. Die indirekte Rede wird bei Wortbeiträgen eingesetzt.<br>• Erstellen Sie einen Maßnahmenkatalog mit den Verantwortlichen und Terminen.<br>• Falls das Protokoll mit Anlagen ergänzt wird, sollten Sie diese gut beschriften und mit Quellenangaben versehen. | ☐ |

| | | |
|---|---|---|
| 6. | **Fertigstellung:** Erstellen Sie das Protokoll so schnell wie möglich nach der Besprechung. Nutzen Sie eine entsprechende Dokumentvorlage in Ihrem Textverarbeitungsprogramm oder eine vorbereitete Notizbuchseite. | ☐ |
| 7. | **Verteilen:** Alle Teilnehmer/-innen sollten zur gleichen Zeit das Protokoll erhalten – nach Möglichkeit innerhalb von drei Tagen. | ☐ |
| 8. | **Genehmigung:** Bei wichtigen Protokollen ist ein Genehmigungsvermerk notwendig. Beispiel: »Alle Sitzungsteilnehmer/-innen haben das Protokoll erhalten und ohne Änderung genehmigt.« In manchen Fällen ist es zweckmäßig, eine Einspruchsfrist hinzuzufügen. | ☐ |
| 9. | **Angaben:** Sind alle Teilnehmer/-innen genannt? Nennen Sie auch Abwesende namentlich, gegebenenfalls mit dem Vermerk entschuldigt, unentschuldigt oder später gekommen. Sind Besprechungsort, Datum, Zeit und Dauer der Besprechung angegeben? | ☐ |
| 10. | **Unterschrift:** Es sind Ort und Datum und die Unterschriften der/des Vorsitzenden und Protokollführenden anzugeben. Die maschinelle Unterschrift mit dem Zusatz »gezeichnet« (gez. Frank Müller) kann beim Versand per E-Mail verwendet werden. Bei Ergebnisprotokollen reicht es auch, wenn bei der nächsten Besprechung das Protokoll beschlossen wird. Bei wichtigen Protokollen muss in den Akten die Unterschrift im Original vorliegen. | ☐ |
| 11. | **Anlagen:** Die Anlagen (z. B. unterschriebene Teilnehmerliste, Dokumentationen, Erklärungen, Informations- und Entscheidungsvorlagen) sind an die Teilnehmenden mit dem Protokoll zu verschicken. | ☐ |

## Protokollrahmen

Allen Protokollarten gemeinsam ist der informative und übersichtliche Protokollrahmen. Nach DIN 5008 soll der Protokollrahmen folgende Elemente enthalten:

| **Elemente des Protokollrahmens** | |
|---|---|
| **Protokollkopf** | • Name des für die Protokollerstellung verantwortlichen Unternehmens bzw. der verantwortlichen Abteilung<br>• Art des Protokolls<br>• Anlass der Sitzung und/oder Themenstellung<br>• Ort, Gebäude, Raum<br>• Datum, Beginn und Ende der Sitzung (von … bis)<br>• ggf. Datum und Uhrzeit der nächsten Sitzung<br>• namentliche Nennung der An- und Abwesenden oder Verweis auf die Teilnehmerliste – mögliche Vermerke in der Teilnehmerliste: anwesend, nicht anwesend, nur zu bestimmten Tageordnungspunkten anwesend, in Vertretung anwesend<br>• namentliche Nennung der Leitung und Protokollführung<br>• Thema<br>• Tagesordnung |
| **Protokollfuß** | • Datum der Protokollerstellung<br>• Namen und Unterschriften der Leitung (handschriftlich oder zertifiziert, rechtsverbindlich elektronisch)<br>• Namen und Unterschriften der Protokollführung (handschriftlich oder zertifiziert, rechtsverbindlich elektronisch)<br>• ggf. Verteiler (Wer bekommt ein Exemplar des Protokolls? Wer bekommt Ausschnitte in Kopie?), sofern nicht deckungsgleich mit den An- und Abwesenden im Protokollkopf<br>• ggf. Auflistung der angefügten Anlagen |

## Beispiel: Protokollrahmen

Brief **muster** GmbH

**Ergebnisprotokoll**

**der Abteilungsleitungsbesprechung**

| | |
|---|---|
| **Datum:** | 15. Juni 20.. |
| **Zeit:** | 10:30 – 12:30 Uhr |
| **Ort:** | Hauptgebäude II, Zimmer 521 |
| **Anwesende:** | Dr. Katharina Sommerfeld<br>Finn Brenningmeier<br>Markus Schneckenburger<br>Beate Rundel |
| **Abwesende:** | Susanne Weber, entschuldigt |
| **Sitzungsleitung:** | Dr. Katharina Sommerfeld |
| **Protokollantin:** | Tanja Bühler |
| **Themen/Tagesordnung:** | **Jour fixe**<br><br>1. Stand des Projekts „Elektronische Akte“<br>2. Umgang mit Konflikten innerhalb des Unternehmens<br>3. ... |

## Inhalt und Sprache des Protokolls

Von der Protokollart und dem Anlass abhängig werden in einem Protokoll Wortbeiträge, Vereinbarungen und Aufgabenverteilungen sowie chronologisch aufgelistete Ergebnisse wiedergegeben. Wortprotokolle und Verlaufsprotokolle werden meistens als Fließtext erstellt. Auch hier ist eine klare Strukturierung nach Tagesordnungspunkten in Form von gut lesbaren Überschriften, Absätzen und Leerzeilen notwendig.

Kurz-, Ergebnis- und Gedächtnisprotokolle schreiben Sie am besten in Tabellenform. Passen Sie die Gliederung des Hauptteils den Erfordernissen in der Besprechung an: Bereiten Sie die Tabelle (z.B. Maßnahmen, Verantwortliche, Termine) vor, in die Sie die Personen eintragen können, die eine Aufgabe übernehmen. Die Leser des Protokolls können schnell erkennen, worum es in den Tagesordnungspunkten ging und welche Aufgaben erledigt werden müssen.

| TOP-Nr. | Besprechungsinhalte | Wer macht was? | Bis wann? |
|---|---|---|---|
| | | | |

Schreiben Sie das Protokoll stets in der Gegenwart (Präsens); das unterstreicht seine Genauigkeit. Geben Sie nur das wieder, was gesagt worden ist. Es darf keine Unklarheit darüber bestehen, wessen Meinung hier wiedergegeben wird. Daher sollten Sie in diesen Fällen nicht die Wirklichkeitsform (den Indikativ), sondern die Möglichkeitsform wählen. Zu unterscheiden ist zwischen Konjunktiv I (1. Möglichkeitsform) und Konjunktiv II (2. Möglichkeitsform).

| WIRKLICH-KEITSFORM | KONJUNKTIV I (1. MÖGLICHKEITSFORM) | KONJUNKTIV II (2. MÖGLICHKEITSFORM) |
|---|---|---|
| ich schreibe | ich schreibe | ich schriebe |
| er schreibt | er schreibe | er schriebe |
| sie sagen | sie sagen | sie sagten |

Ob in der Besprechung etwas in der Gegenwart oder in der Vergangenheit gesagt wurde – man benutzt zunächst immer die 1. Möglichkeitsform. Nur wenn diese von der Wirklichkeitsform nicht zu unterscheiden ist, weicht man auf die 2. Möglichkeitsform aus. Wenn auch die 2. Möglichkeitsform mit der Wirklichkeitsform identisch ist, dann können Sie sich mit *würde* helfen. Auch wenn Ihnen eine Möglichkeitsform zu altertümlich erscheint, können Sie auf die Umschreibung mit *würde* ausweichen.

### ANWENDUNG VON GEGENWARTSFORM UND MÖGLICHKEITSFORM

| NICHT | SONDERN |
|---|---|
| Frau Gilles sagte, die Mitarbeiter hätten keine Pausen gehabt. | Frau Gilles sagt, die Mitarbeiter hätten keine Pausen gehabt. |
| Herr Schneider sagt, dass der Zustand des Fuhrparks unbeschreiblich ist. Die meisten Mitarbeiter des Fahrdienstes lassen ihre Autos verkommen. | Herr Schneider sagt, der Zustand des Fuhrparks sei unbeschreiblich. Die Mitarbeiter des Fahrdienstes ließen ihre Autos verkommen. |
| Frau Schröder sagt, die Mitarbeiter haben sich bereits mehrfach beschwert. | Frau Schröder sagt, die Mitarbeiter hätten sich bereits mehrfach beschwert. |

## Beispiel: Kurzprotokoll

Brief muster GmbH

### Kurzprotokoll

| | |
|---|---|
| **Anlass:** | Besprechung der Planungsgruppe „Korrespondenz“ |
| **Datum:** | 7. Januar 20.. |
| **Zeit:** | 11:00 – 11:30 Uhr |
| **Ort:** | Kleiner Besprechungsraum, Zimmer 3 |
| **Anwesende:** | Annette Barkowitz<br>Thorsten Schulz<br>Christian Weiß |
| **Verteiler:** | Teilnehmer/-innen<br>Gerrit Sager |
| **Protokoll:** | Christian Weiß |
| **Themen/Tagesordnung:** | **Rationalisierung der Antworten an Stellenbewerber/-innen** |

**Beschluss:**

**Frau Barkowitz** trifft bis zur nächsten Besprechung eine Vorauswahl von Briefen, die sich zur Speicherung eignen.

**Herr Schulz** prüft, ob die Briefe an Bewerber/-innen, die in der engsten Wahl sind, mit Textbausteinen erstellt werden können.

Das nächste Treffen findet am **14. Februar 20..** statt.

Stuttgart, 20..-01-10

gez. Christian Weiß

## Beispiel: Verlaufsprotokoll

**Brief muster GmbH**

### Verlaufsprotokoll

**Besprechung der Planungsgruppe „Korrespondenz“**

| | |
|---|---|
| **Thema:** | Rationalisierung der Antworten an Stellenbewerber/-innen |
| **Datum:** | 7. Januar 20.. |
| **Ort:** | Kleiner Besprechungsraum |
| **Zeit:** | Beginn: 11:00 Uhr Ende: 12:00 Uhr |
| **Teilnehmer/-innen:** | Annette Barkowitz, Thorsten Schulz, Christian Weiß |
| **Tagesordnung:** | TOP 1: Begrüßung und Ziel der Besprechung<br>TOP 2: Überblick über die Korrespondenz mit Bewerber/-innen<br>TOP 3: Ideen zur Rationalisierung der Korrespondenz<br>TOP 4: weiteres Vorgehen |

| **TOP 1** | **Begrüßung und Ziel der Besprechung** |
|---|---|
| Frau Barkowitz | begrüßt die Anwesenden,<br><br>weist darauf hin, dass die ersten Bewerbungen bereit am 23. Februar 20.. einträfen und dass in der Besprechung ein Beschluss zustande kommen müsse. |
| **TOP 2** | **Überblick über die Korrespondenz mit Bewerber/-innen** |
| Herr Weiß | gibt einen Überblick über die Korrespondenz mit Bewerber/-innen bei der letzten Ausschreibung: |

| | |
|---|---|
| Gesamtzahl der Bewerber/-innen: | 342 |
| Weitere Unterlagen wurden angefordert: | 124 |
| Zwischenbescheide: | 342 |
| Absagen: | 302 |
| Einladungen zum Test: | 40 |
| Absagen: | 30 |
| Einladungen zum Vorstellungsgespräch: | 10 |
| Einstellungen: | 4 |
| Absagen: | 6 |

20..-01-07 Besprechungsprotokoll Seite 1 von 2

**Brief muster GmbH**

| TOP 3 | Ideen zur Rationalisierung der Korrespondenz |
|---|---|
| Herr Schulz | stellt fest, dass der größte Teil dieser 856 Briefe – die Zwischenbescheide und die ersten Absagen – standardisiert seien. Zu klären sei, was mit den anderen Brieftexten gemacht werde. |
| Frau Barkowitz | ist der Meinung, man könne auch in der Phase der Vorauswahl Standardtexte versenden. Dies betreffe alle Einladungen zum Test und die anschließenden Absagen. Nur in der Endphase solle individuell formuliert werden. |
| Herr Schulz | fasst zusammen, dass damit weitere 80 individuelle Briefe gespart würden. |
| **TOP 4** | **Beschluss** |
| Frau Barkowitz | trifft bis zur nächsten Besprechung am 15. Januar 20.. eine Vorauswahl von Briefen, die sich zur Speicherung eignen. |
| Herr Schulz | prüft, ob die Briefe an Bewerber, die in der engsten Wahl sind, mit Textbausteinen erstellt werden können. |

| Ort, Datum: | Unterschrift: | Verteiler: |
|---|---|---|
| 20..-01-10 | *Christian Weiß* | Teilnehmer/-innen<br>Gerrit Sager |

20..-01-07 Besprechungsprotokoll — Seite 2 von 2

### 2.3.5 Berichte

Berichte haben eine wichtige Informationsfunktion. Es gibt zahlreiche Anlässe, über die berichtet werden soll. Dies sind z. B. Abschlussberichte nach einem Projekt oder Praktikum, Reiseberichte, Erfahrungsberichte und Geschäftsberichte. Der Bericht fordert die konzentrierte Auseinandersetzung mit seinem Thema: Er soll so knapp wie möglich verfasst sein und dabei doch chronologisch und vollständig informieren und dokumentieren. In vielen Unternehmen gibt es standardisierte Formen des Berichts.

**Bevor Sie einen Bericht schreiben, sollten Sie sich einige Fragen stellen:**

- Wer sind die Empfänger?
- Wie oder was ist ihr Informationsstand?
- Was interessiert sie?
- Welches Ergebnis erwarten sie?
- Worin liegt der Nutzen für die Empfänger?

Umfangreiche Berichte sind übersichtlich zu gliedern. Dazu bietet sich eine Vorlage – ähnlich wie bei Protokollen – in Tabellenform an.

**Bestandteile eines umfangreicheren Berichts sind:**

- Vor- und Nachname
- Titel
- Inhaltsverzeichnis (nur bei längeren Berichten)
- Kommentare und Stellungnahmen
- Ergebnisse und Folgerungen
- Zusammenfassung bzw. Abstract (vor- oder nachgestellt)
- Schlussfolgerungen und Ausblick
- Ort, Datum und Unterschrift(en)
- Verteiler

| CHECKLISTE – BERICHTE VERFASSEN | | |
|---|---|---|
| **Das sollten Sie beim Schreiben eines Berichts beachten:** | | |
| 1. | **Ist der Bericht logisch gegliedert?**<br>Bei längeren Berichten verschafft ein vorgeschaltetes Inhaltsverzeichnis dem Leser einen schnellen Überblick. | ☐ |
| 2. | **Sind alle Teile des Berichts für die Leser interessant und wichtig?**<br>Ist der Bericht an einen oder mehrere Leser gerichtet?<br>Je mehr Personen den Bericht erhalten, umso schwieriger ist es, auf die Interessen der Leser einzugehen. | ☐ |
| 3. | **Ist der Bericht angemessen formuliert?**<br>• Grundsätzlich ist ein Bericht in der Gegenwart (Präsens) zu schreiben, Abschlussberichte in der Vergangenheit.<br>• Umgangssprachliche Formulierungen sind zu vermeiden.<br>• Die Bezüge müssen eindeutig sein.<br>• Kurze, einfache Sätze geben dem Leser einen schnellen Überblick. | ☐ |
| 4. | **Enthält der Bericht ausführliche Beschreibungen, Zitate u. Ä., auf die Sie nicht verzichten wollen?**<br>Berichte sind keine Verlaufsprotokolle. Wenn Sie auf bestimmte Zitate usw. nicht verzichten wollen, fügen Sie diese im Anhang an. | ☐ |
| 5. | **Ist der Bericht dem Anlass entsprechend gegliedert?** | ☐ |

## Beispiel: Bericht

**Brief muster GmbH**

### Besuchsbericht

| Besucher/-in: | Besuchtes Unternehmen: |
|---|---|
| Heinrich Griesebach | FGH KG, Aachen |
| **Besuch am:**<br>20..-02-23 | **Uhrzeit:**<br>10:30 – 13:00 Uhr |
| **Gesprächspartner:**<br>Martin Fischer, Leiter des Einkaufs | **Bemerkungen:**<br>Der Termin kam durch die Vermittlung von Frau Hinze (Bergemann GmbH) zustande. |

**Thema:**

**Wir können einen neuen Kunden gewinnen!**
**Möglichkeiten des Einsatzes unserer Betriebseinheiten Thermo XCY bei der FGH KG**

Das potenzielle Auftragsvolumen der FGH KG umfasst etwas 500 Einheiten pro Jahr. Bislang werden bei FGH die Geräte unseres Mitbewerbers Foxitron verwendet. Laut Herrn Fischer ist die FGH KG aber unzufrieden mit der Lieferzuverlässigkeit von Foxitron.

Herr Fischer führt mich durch die Produktionshalle und gibt mir die Möglichkeit, die Montage zu besichtigen.

Nach meiner Einschätzung ist die Bereitschaft der FGH KG hoch, den Anbieter zu wechseln. Technisch entspricht das Foxitron-Gerät genau unserem Thermo XCY.

Ich schlage vor, drei Mustergeräte zur Verfügung zu stellen.

| Ort, Datum: | Unterschrift: |
|---|---|
| 20..-02-24 | *Heinrich Griesebach* |

# 2.4 Interne Mitteilungen

Die interne Kommunikation, der Austausch von Informationen und die kooperative Bearbeitung von Dokumenten finden überwiegend im Intranet eines Unternehmens statt. Welche Software in den virtuellen Arbeitsbereichen genutzt wird, hängt von den Bedürfnissen der Beschäftigten ab. Es können Fachforen für unterschiedliche Benutzergruppen eingerichtet sein oder Projektgruppen mit eigenen Diskussionsräumen. Über unternehmensinterne Messengerdienste können die Beschäftigten in Echtzeit Nachrichten austauschen und Webkonferenzen einrichten, bei denen mehrere Personen miteinander kommunizieren. Eingerichtete Chaträume sind – nach vorausgegangener Terminabsprache – virtuelle Treffpunkte zum zeitgleichen Austausch.

Der Nutzen ist besonders für große Unternehmen hoch, weil dort direkte Gespräche schwierig zu organisieren sind. Dies kommt vor allem beim Arbeiten an Projekten vor. Ohne entsprechende Tools im Intranet organisieren sich die Teammitglieder klassisch per E-Mail oder Telefon. Dadurch verzögern sich wichtige Abstimmungsprozesse und entscheidungsrelevante Informationen gehen nicht selten im E-Mail-Postfach verloren.

**Intranet mit Kommunikations- und Kollaborationstools**

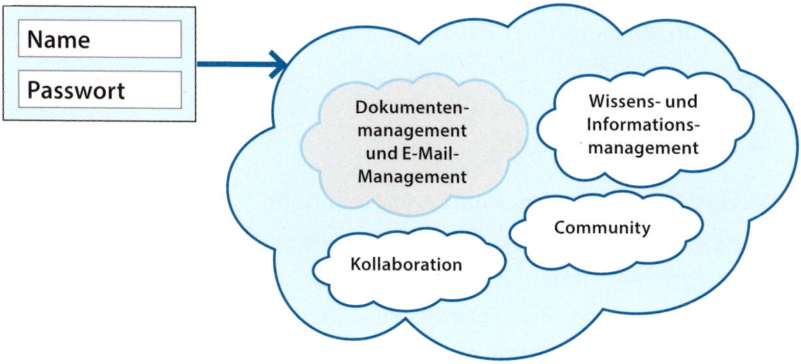

**KLASSISCHE UND DIGITALE MEDIEN DER INTERNEN KOMMUNIKATION**

| KLASSISCHE MEDIEN | DIGITALE MEDIEN |
|---|---|
| • Rundschreiben (nach Verteilerlisten oder Hauspost)<br>• Informationsbriefe der Geschäftsleitung<br>• Mitarbeitergespräche<br>• Mitarbeiterzeitschriften<br>• Newsletter | • E-Mail<br>• Wikis<br>• Blogs<br>• Instant-Messaging<br>• Microblogging<br>• Chats (z. B. Fragechats, Protokollchats, Feedbackchats, Lerngruppenchats)<br>• Videokonferenz |

Gerade bei der digitalen Kommunikation ist auf eine wertschätzende, freundliche und höfliche Formulierung der Texte zu achten, nicht zuletzt auch deshalb, weil die Beiträge im Netz auch noch lange abrufbar sind.

**Das sollten Sie bei der Intranet-Kommunikation beachten:**

- Verzichten Sie auf Inhalte, die verletzend für andere sind.
- Bleiben Sie auch bei Meinungsverschiedenheiten sachlich.
- Beachten Sie die Regeln der deutschen Rechtschreibung.
- Verzichten auf persönliche Nachrichten.
- Formulieren Sie knapp und präzise.
- Konzentrieren Sie sich auf Ihr jeweiliges Thema.

## 2.4.1 Interne E-Mails

Die klassische Variante, interne Mitteilungen zu versenden, ist die E-Mail. Wenn Sie den Inhalt Ihrer Mitteilungen bereits als Datei im Intranet abgelegt haben, ist es zweckmäßig, den Link zu dieser Datei per E-Mail zu versenden. Damit verhindern Sie Datenredundanzen, die gerade bei Aktualisierungen von Dateien zu Problemen führen.

## Die richtige Anrede

Betriebsintern kann die Anrede »Hallo Frau/Herr …« oder »Liebe Frau … / Lieber Herr …« durchaus angebracht sein. Gegenüber höhergestellten Personen sollte aber die Anrede »Sehr geehrte Frau … / Sehr geehrter Herr …« verwendet werden. Modern und neutral ist die Anrede »Guten Tag, Frau … / Guten Tag, Herr …« Sie passt immer und ist besonders geeignet, wenn sich die Kommunikationspartner nicht persönlich kennen.

Im Text der E-Mail oder Kurznachricht dürfen Anredepronomen »du« und »ihr« sowie die entsprechenden Possessivpronomen klein- oder großgeschrieben werden. Wichtig ist, dass Sie durchgängig bei einer Schreibweise bleiben. Die Anrede »Sie« und ihre Beugungsformen wie z. B. »Ihr« und »Ihnen« werden grundsätzlich großgeschrieben.

## Signatur

Bei internen E-Mails können Sie sich in der Signatur auf die Kommunikationsdaten beschränken. Sie speichern in Ihrer E-Mail-Software jeweils einen Textbaustein mit interner und externer Signatur.

**Beispiel: Interne E-Mail-Signatur**

Es grüßt Sie freundlich

Mia Steegmaier

E-Mail: mia.steegmaier@briefmuster-gmbh.com
Internet: briefmuster-gmbh.com
Telefon: 0711 123-984
Telefax: 0711 123-985

### Beispiel: Interne E-Mail

| | |
|---|---|
| **An ...** | andrea.yilmaz@briefmuster-gmbh.com; selina.schmitt@briefmuster-gmbh.com; sam.holt@briefmuster-gmbh.com; karim.winter@briefmuster-gmbh.com |
| **Cc ...** | |
| **Bcc ...** | |
| **Betreff:** | Werbemaßnahmen Produkt XYZ |

Liebe Kolleg*innen,

vielen Dank für die tollen Ideen und eure Bereitschaft, die Werbemaßnahmen für unser neues Produkt schnell auf den Weg zu bringen. Das Protokoll unserer letzten Teamsitzung und weitere Unterlagen findet ihr in unserem Projektordner über folgenden Link:

Projekt-Produkt-XYZ

Es grüßt euch herzlich

Mia Steegmaier

E-Mail: mia.steegmaier@briefmuster-gmbh.com
Internet: www.briefmuster-gmbh.com
Telefon: 0711 123-984
Telefax: 0711 123-985

| | |
|---|---|
| Anhang: | |

## 2.4.2 Kurznachrichten

Datenschutzkonforme Messengerdienste erleichtern die direkte Kommunikation im Team in einem Unternehmen. Sie dämmen die E-Mail-Flut ein und machen das Arbeiten im Workflow und in Projekten effizienter. Messengerdienste, die speziell auf das Unternehmen ausgerichtet sind, sind häufig als Modul in einer Kommunikations- bzw. Kollaborationsplattform integriert. Der Dialog kann als kleines Protokoll z. B. an ein Dokument in der genutzten Software geheftet werden, sodass alle, die den Vorgang bearbeiten, nachlesen können, wie der Stand der Dinge ist. Es können Links zu Dokumenten, die zentral auf der Cloud des Unternehmens liegen, verschickt werden, sodass ein ortsunabhängiges, gleichzeitiges und gemeinsames Arbeiten an den Dokumenten möglich ist.

Wegen des transparenten Austauschs sollten Kurznachrichten mit der gleichen Sorgfalt verfasst werden wie E-Mails und Briefe (siehe 1.1 Digital und korrekt schreiben).

### Beispiel: Kurznachrichtendialog direkt an das Dokument im Dokumentenmanagementsystem geheftet

Im unternehmensinternen Messenger werden im Nachrichtenfenster **Name, Abteilung und Uhrzeit** automatisch angezeigt. Bei dieser informellen Anwendung von Kurznachrichten kann auf die Anrede und den Gruß verzichtet werden.

Im Dokumentenmanagement abgelegte Rechnung:

Brief **muster** GmbH

Briefmuster GmbH – Postfach 10 20 30 – 70180 Stuttgart
Herrn
Konstantin Sommer
Mahnstraße 19
64646 Heppenheim

Ihr Zeichen: so
Ihre Nachricht vom: 20..-10-15
Unser Zeichen: du-br
Unsere Nachricht vom:

Name: Marie Jordan
Telefon: 0711 123-49
Telefax: 0711 123-50
E-Mail: marie.jordan@briefmuster-gmbh-com
Internet: www.briefmuster-gmbh.com

Datum: 20..-12-06

**Rechnung Nr. 109044/20..**

**Ihre Kundennummer:** 498 499
**Ihre Bestellungsnummer:** 949899
**Lieferscheindatum:** 20..-11-30

Wie vereinbart, berechnen wir für Ausführung, Lieferung und Einbau im Monat November 20..:

| Menge | Beschreibung | Preis in EUR |
|---|---|---|
| 1 | Einbaugarderobe Buche furniert, geölt<br>Maße: 219 cm × 163 cm × 50 cm mit drei Schubladen<br>und einer Schiebetür mit Spiegel (Rahmenkonstruktion auf Buche) | 1.890,00 |
| | + 19 % MwSt. | 359,10 |
| | **Rechnungsbetrag** | **2.249,10** |

Bitte überweisen Sie den Rechnungsbetrag bis spätestens 28. Dezember 20.. ohne Abzug.

Wir weisen darauf hin, dass Sie diese Rechnung nach dem Umsatzsteuergesetz, § 14 b, zwei Jahre lang aufbewahren müssen. Die Aufbewahrungsfrist beginnt mit dem Beginn des nächsten Kalenderjahres.

Herzlichen Dank für Ihren Auftrag.

Briefmuster GmbH
Musterstraße 100
70000 Stuttgart

Telefon: +49 30 123-0
Telefax: +49 30 123-10
E-Mail: info@briefmuster-gmbh.com
Internet: www.briefmuster-gmbh.com

Geschäftsführer:
Dr. Marion Weißer
Dr. Max Zimmer

Sitz Stuttgart
USt-IdNr. DE 3994988
Amtsgericht Stuttgart
HRB 71837

Bankverbindung: Baden-Württembergische Bank Stuttgart – IBAN DE54 6002 0030 0848 4994 45 -BIC SOLADEST602

Messenger-Protokoll – sichtbar für alle Berechtigten

**20..-10-16 07:50 Uhr**
**Marie Jordan – Buchhaltung:**
Herr Sommer bittet um einen Zahlungsaufschub von einer Woche. Ist das aus Ihrer Sicht möglich?

**20..-10-16. 08:05 Uhr**
**Frank Müller – Buchhaltung:**
Den Zahlungsaufschub können wir gewähren. Bitte informieren Sie Herrn Sommer.

**20..-10-16 08:15 Uhr**
**Marie Jordan – Buchhaltung:**
Herr Sommer ist informiert. Die Zahlung erfolgt bis spätestens 4. Januar 20..

## 2.4.3 Memos und Notizen

Im analogen Bereich haftet ein kleiner Klebezettel am Bildschirm oder auf dem Schreibtisch mit dem Hinweis »Angebot an Frau Bauer schreiben« oder es hinterlässt jemand eine Nachricht für Sie, beispielsweise »Bitte gleich zu Frau Heimer kommen«.

Im digitalen Dokumentenmanagement können Memos und Notizen in Form von digitalen Kärtchen in den Teambereich der genutzten Kollaborationsplattform gestellt werden. Alle Mitglieder des Teams haben Zugriff und können selbst weitere Beiträge ergänzen. Je nach Einstellung werden die Nutzer/-innen über den Eingang informiert. Auf jeder Karte können neben Texten auch Dokumente, Links, Checklisten und Kommentare hinterlegt werden.

In Dokumentenmanagementsystemen gibt es digitale Haftnotizen, die den Papier-Haftnotizen sehr ähneln. Sie können direkt auf dem Dokument an einer gewünschten Position angebracht werden. Farbe und Größe lassen sich individuell bestimmen. Der Text kann jederzeit durch den Ersteller oder eine andere berechtigte Person ergänzt, verändert oder gelöscht werden.

Formulieren Sie ein Memo oder eine Notiz kurz, prägnant und eindeutig. Achten Sie auf einen hohen Informationsgehalt.

| CHECKLISTE – MEMO UND NOTIZ | | |
|---|---|---|
| **Das sollten Sie bei einem Memo oder einer Notiz beachten:** | | |
| **1.** | Ist klar formuliert, worum es geht und was gemacht werden soll? | ☐ |
| **2.** | Sind die Informationen vollständig und eindeutig? | ☐ |
| **3.** | Befinden sich auf dem Memo / der Notiz das Erstellungsdatum und die Uhrzeit? | ☐ |
| **4.** | Befinden sich auf dem Memo / der Notiz der Name des Erstellers / der Erstellerin? | ☐ |

**Susanne Maier**
2. August 20.. um 12:35 Uhr

**Vorbereitung Infostand in Berlin, 20..-08-02**

**Aufgaben:**

- **Hotelbuchung:** 3 Einzelzimmer
  Sekretariat mit Hotelbuchung beauftragen: Herr Seib
- **Betreuung Infostand:** Frau Schneider, Frau Friedrich, Herr Gehrke
- **Informationsmaterial:** Gleiches Informationsmaterial wie Aktionstag, Bedarf 2000 Sets
  Menge prüfen: Herr Gehrke, ggf. bei GHD nachbestellen

## 2.4.4 Abwesenheitsnotiz

Wer eine E-Mail schickt, erwartet eine schnelle Antwort und nicht selten auch eine schnelle Lösung für sein Problem. Bei einer längeren Abwesenheit sollten Sie Ihre E-Mail-Partner vor und während Ihrer Abwesenheit darüber informieren, damit Sie keine unangenehmen Überraschungen erleben.

Weisen Sie schon im Vorfeld auf die geplante Abwesenheit hin. In Briefen nutzen Sie dazu das werbliche Element »Übrigens:« (siehe Kapitel 1.2.2.9 Werbliche Elemente); in E-Mails setzen Sie die Ankündigung in den Schlusssatz.

**Beispiel: Brief**

**Übrigens:** Vom 1. August 20.. bis einschließlich 22. August 20 .. machen wir Betriebsferien.

**Beispiel: E-Mail**

Wir machen vom 1. August 20.. bis einschließlich 22. August 20.. Betriebsferien. Danach sind wir gern wieder für Sie da.

| CHECKLISTE – ABWESENHEITSNOTIZ | | |
|---|---|---|
| **Das sollten Sie bei einer automatischen Abwesenheitsnotiz beachten:** | | |
| 1. | **Betreff:** Formulieren Sie einen aussagekräftigen Betreff, z. B. »Wir sind am 22. August 20.. wieder für Sie da.« | ☐ |
| 2. | **Anrede:** Verwenden Sie eine moderne und freundliche Anrede, z. B. »Guten Tag, ...« | ☐ |
| 3. | **Dank:** Bedanken Sie sich für die Nachricht. | ☐ |
| 4. | **Abwesenheit:** Versetzen Sie sich in die Lage des Absenders. Er möchte in erster Linie wissen, wann Sie wieder da sind. Schreiben Sie deshalb »Ich bin am 22. August 20.. wieder für Sie da« und nicht »Ich bin vom 1. August bis einschließlich 22. August 20.. im Urlaub«. | ☐ |
| 5. | **Behandlung der eingehenden E-Mail:** Informieren Sie den Absender darüber, wenn die E-Mail nicht gelesen und bearbeitet wird. | ☐ |
| 6. | **Vertretung:** Geben Sie die Kontaktdaten und die Bürozeiten der Person aus dem Unternehmen an, die während Ihrer Abwesenheit kontaktiert werden kann. | ☐ |
| 7. | **E-Mail-Schluss:** Gestalten Sie den E-Mail-Schluss mit einem freundlichen Gruß und den vollständigen Angaben in der Signatur (siehe Kapitel 1.3.8 E-Mail-Abschluss). | ☐ |

## Beispiel: Abwesenheitsnotiz

| | |
|---|---|
| **An ...** | |
| **Cc ...** | |
| **Bcc ...** | |
| **Betreff:** | Ab dem 4. März 20.. bin ich wieder für Sie da! |

Guten Tag,

vielen Dank für Ihre E-Mail. Ich bitte Sie um etwas Geduld, da ich erst ab dem 4. März 20.. wieder im Büro bin.

Ihre E-Mail wird nicht automatisch weitergeleitet. Während meiner Abwesenheit ist meine Kollegin, Silke Kehlmann, gern für Sie da.

Sie erreichen Frau Kehlmann von Montag bis Freitag zwischen 09:00 bis 17:00 Uhr unter der Telefonnummer +49 711 123-912 oder per E-Mail silke.kehlmann@briefmuster-gmbh.com.

Es grüßt Sie freundlich

Briefmuster GmbH

Ernst König

E-Mail: ernst.koenig@briefmuster-gmbh.com
Internet: www.briefmuster-gmbh.com
Telefon: 0711 123-984
Telefax: 0711 123-985

Postanschrift: Postfach 10 34 19, 70048 Stuttgart
Hausanschrift: Heilbronner Straße 123, 70184 Stuttgart
Gesellschafter: Dr. Kim Bennert, Dr. Samuel Sturm
Handelsregister HRB 79299 beim Amtsgericht Stuttgart

| | |
|---|---|
| Anhang: | |

## Beispiel: Abwesenheitsnotiz (englisch)

| **To …** | |
|---|---|
| **Cc …** | |
| **Bcc …** | |
| **Subject:** | Out of Office – Returning March 4th 20.. |

Dear sender,

Thank you for your message. I am currently out of office and will be back by March 4th, 2020.

Your email will not be automatically forwarded. Please contact my colleague, Silke Kehlmann, if you need assistance during my absence.

You can reach Silke Kehlmann from Monday to Friday between 9am and 5pm at +49 711 123-912 or silke.kehlmann@briefmuster-gmbh.com.

Kind Regards,

Briefmuster GmbH

Ernst König

Email: ernst.koenig@briefmuster-gmbh.com
Website: www.briefmuster-gmbh.com
Phone: +49 711 123-984
Fax: +49 711 123-985

Mailing address: Postfach 10 34 19, 70048 Stuttgart
Residential address: Heilbronner Straße 123, 70184 Stuttgart
Partner: Dr. Kim Bennert, Dr. Samuel Sturm
Handelsregister HRB 79299 beim Amtsgericht Stuttgart

| Attachement: | |
|---|---|

### 2.4.5 Rundschreiben

Ein Rundschreiben informiert eine große Empfängergruppe intern (z. B. Abteilungen, ganze Belegschaft) und/oder extern (z. B. Kunden, Lieferanten und Geschäftspartner). Werden regelmäßig Rundschreiben verfasst, sollten sie nummeriert werden, um den Empfängern den Überblick und die Ablage zu erleichtern. Idealerweise sind Standards im Unternehmen für Rundschreiben festgelegt.

Rundschreiben sollten dem Corporate Design des Unternehmens entsprechen und einen festen, immer gleichbleibenden Aufbau haben. Texte sind in Absätze zu gliedern.

Im Kopf des Rundschreibens sollten Verfasser, Ort, Verteiler und Nummer des Rundschreibens stehen. Danach folgt die Anrede. Im Fuß des Rundschreibens steht eine passende Grußformel und die maschinenschriftliche Wiederholung des Namens des Unterzeichners.

Interne Rundschreiben sollten in einem eigenen digitalen Ordner im Intranet des Unternehmens abgelegt werden. Die Adressaten bekommen per E-Mail den Link zum Rundschreiben zugeschickt. Zusätzlich kann es sinnvoll sein, Rundschreiben als repräsentativen Druck an die Belegschaft zu verteilen.

## Beispiel: Rundschreiben intern an die Belegschaft

Brief **muster** GmbH

| Verfasser/-in: | Dr. Kim Bennert | Rundschreiben-Nr.: |
|---|---|---|
| Ort: | Stuttgart | 12 |
| Datum: | 20..-05-01 | |
| Verteiler: | An die ganze Belegschaft | |

### Rundschreiben

Liebe Mitarbeiter*innen,

die ersten Schritte zum neuen Dokumentenmanagementsystem sind gemacht. Jetzt kommt es darauf an, dass Sie sich mit den Funktionen des Programms vertraut machen. Dazu bieten wir Ihnen folgende Webinare jeweils von 11:00 bis 12:00 Uhr an:

| Datum | Titel |
|---|---|
| 20..-05-25 | Ordner anlegen und bearbeiten |
| 20..-05-28 | Dokumente verschlagworten und im Archiv ablegen |
| 20..-06-08 | Dokumente bearbeiten |
| 20..-06-12 | Dokumente scannen |
| 20..-06-15 | Benutzer- und Rechteverwaltung |
| 20..-06-24 | Aufgaben und Termine verwalten |

Bitte melden Sie sich über unser digitales Anmeldetool bis 25. Mai 20.. an:

https://Anmeldung-DMS-Kurse-20..

Sie erhalten nach der Anmeldung einen Link zum Webinar und ein Passwort.

Wir wünschen Ihnen einen guten Einstieg und viel Erfolg.

Es grüßt Sie herzlich

*Kim Bennert*

Dr. Kim Bennert

## 2.5 Längere Texte

Längere Texte in Form von schriftlichen Dokumentationen entstehen heute im Berufsalltag überall. Nicht selten wird im Team am selben Dokument an unterschiedlichen Orten gemeinsam in einer Cloud gearbeitet. Um dabei eine effiziente Zusammenarbeit zu gewährleisten, sollte im Voraus ein einheitliches Layout festgelegt werden. Der Abschnitt »Längere Texte« in der DIN 5008 gibt einen allgemeinen Orientierungsrahmen für die Gestaltung von schriftlichen Dokumentationen wie z.B. Referaten, Projektarbeiten, Berichten, Facharbeiten oder umfangreichen Protokollen.

**Gemeinsam erarbeitete Standards sind für alle Beteiligte von Vorteil:**

- Das Dokument lässt sich schneller weiterverarbeiten und fertigstellen.
- Übersicht und Lesbarkeit werden verbessert.
- Die effiziente Zusammenarbeit mehrerer Personen wird gefördert.

### 2.5.1 Gestaltung von längeren Texten

Normgerechte Dokumentvorlage erstellen

Bei der Erstellung von schriftlichen Dokumentationen sind folgende Arbeitsschritte zweckmäßig:

1. Schritt: Das Layout nach dem Corporate Design (Abk.: CD) der Organisation festlegen oder ein eigenes Layout gestalten.
2. Schritt: Eine Dokumentvorlage nach dem Layout mit folgenden Einstellungen erstellen: Seitenränder, Schriftart, Schriftgröße, Zeilenabstand.
3. Schritt: Formatvorlagen definieren und in der Dokumentvorlage speichern.
4. Schritt: Text ohne Formatierungen erfassen.
5. Schritt: Gliederung durchdenken, Überschriftenhierarchie festlegen und die entsprechenden Formatvorlagen zuweisen.
6. Schritt: Text, Bilder, Diagramme u.Ä. gestalten.

## Dokument- und Formatvorlagen

Eine Dokumentvorlage enthält Einstellungen zu Seitenrändern, Schriftart, Schriftgröße u. Ä. Sie wird wie eine Schablone über Texte gelegt und sichert damit ein einheitliches Aussehen.

Innerhalb einer Dokumentvorlage ist es sinnvoll, für Überschriften, Absätze oder Abschnitte Formatvorlagen zu erstellen. Formatvorlagen fassen mehrere Befehle zu Zeichen- oder Absatzformatierungen zusammen und können mit einem Klick den entsprechenden Textstellen zugewiesen werden.

| | | | | |
|---|---|---|---|---|
| **Dokumentvorlage** | → | **Das einmal gewählte Layout wird konsequent eingehalten.** | → | Die **Dokumentvorlage** sollte für wiederkehrende Formatierungen in der schriftlichen Arbeit spezielle **Formatvorlagen** enthalten. |

Das sollten Sie bei der Gestaltung von Dokument- und Formatvorlagen beachten:

| | |
|---|---|
| **Schriftart und -größe** | Wählen Sie eine geeignete Schriftart, die für den gesamten Text gut lesbar ist. Empfehlenswert ist eine serifenlose Schrift (z. B. Calibri, Arial) in der Schriftgröße 11 oder 12 Punkt. Für Überschriften, Kopf- und Fußzeilen usw. können die festgelegte Standardschriftart und -größe verändert werden. |
| **Zeilenabstand** | Der Zeilenabstand ist ein wesentliches Element, um einen umfangreichen Text lesefreundlich zu gestalten. Deshalb ist ein Zeilenabstand von mindestens 1 ½ Zeilen oder ein anderes einheitliches Maß festzulegen. |

| | |
|---|---|
| **Worttrennung** | Der rechte Randausgleich durch Blocksatz sieht nur dann gut aus, wenn Sie vorher die Worttrennung vorgenommen haben. Ohne Worttrennung würden zwischen den Wörtern unschöne, große Abstände entstehen. |
| **Abstand zwischen Überschriften und Absätzen** | Die einheitlichen Abstände vor und nach den Überschriften und Absätzen tragen zu einer übersichtlichen Struktur des Textes bei. Der Gesamteindruck des Dokuments wird dadurch entscheidend beeinflusst.<br>Zu Beginn des Schreibprozesses sollten Sie die Überschriftenhierarchie festlegen und entsprechende Formatvorlagen für unterschiedliche Überschriftenebenen in der Dokumentvorlage anlegen und speichern. Die Abstände vor und nach den jeweiligen Überschriften sollten in der Formatvorlage gespeichert sein. |
| **Seitenränder** | Der Seitenrand ist nach dem Zweck des Dokuments zu gestalten. Entwürfe und Texte zur Korrektur (z. B. Facharbeiten) benötigen einen angemessenen »Korrekturrand«. Aber auch die Lesefreundlichkeit wird durch einen breiteren Rand verbessert.<br>Wenn die Dokumentation noch weiterverarbeitet werden soll, z. B. durch eine Klebe- und Spiralbindung, dann ist dies bei der Festlegung des Seitenrandes zu berücksichtigen. |

## Beidseitige Beschriftung

Je nach Inhalt und Zweck des Textes kann die Beschriftung ein- oder beidseitig erfolgen. Dass ein Dokument auf der Rückseite beschriftet wird, kommt eher selten vor. Ist der beidseitige Druck doch einmal notwendig, sollte die Beschriftung auf der gleichen Höhe wie auf der Vorderseite beginnen. Für den Ausdruck sind Papiere mit einer hohen Opazität (Lichtundurchlässigkeit) zu empfehlen. Ein Opazitätsgrad von 0 entspricht 100 % Lichtundurchlässigkeit.

## Seitenumbruch

Wird ein Absatz am Seitenende getrennt, sollten am Ende der Seite mindestens drei Zeilen stehen. Auf der neuen Seite sollten mindestens zwei Zeilen des Absatzes aufgeführt sein. Das Gleiche gilt beim Spaltenwechsel.

## Bilder und Texte im Querformat

Oft müssen Bilder oder Texte im Querformat dargestellt werden. Die Inhalte auf Seiten im Querformat sollten nach DIN 5008 gegen den Uhrzeigersinn gedreht werden. Die Kopf- und Fußzeilen dürfen nicht mitgedreht werden.

## Fuß- oder Endnoten

Ein längerer Text kann entweder Fußnoten oder Endnoten enthalten.

Fußnoten sind auf der jeweiligen Seite aufgeführt und auf jeder Seite neu nummeriert. Die Kennzeichnung erfolgt mit hochgestellten Zahlen aus arabischen Ziffern im Text. Am Fuß des Blattes werden nach dem Fußnotenstrich die einzelnen Fußnoten in reduzierter Schriftgröße aufgeführt. Es kann auch ein Sonderzeichen (z. B. Sternchen) verwendet werden, wenn es maximal drei Fußnoten pro Seiten sind. Vor dem Fußnotenhinweis ist mindestens eine Leerzeile frei zu lassen. Der Fußnotenhinweis endet mit einem Punkt. Nur kurze Fußnoten können ohne Punkt geschrieben werden.

**Beispiel: Fußnoten**

---

[1] Die Authentizität muss gewährleistet sein.

[2] DIN 5008:2020-03, Seite 42

Endnoten sind am Ende einer Dokumentation aufgeführt und im Text fortlaufend nummeriert. In der Regel werden sie mit einem hängenden Einzug formatiert.

## Kopf- und Fußzeilen

Kopf- und Fußzeilen müssen sich deutlich von den Überschriften und vom Text abheben. In der Kopfzeile steht in der Regel der Kolumnentitel, der auf den Inhalt des Textes bzw. des jeweiligen Abschnitts Bezug nimmt. Die Seitenzahl wird rechtsbündig ausgerichtet – bei beidseitig beschrifteten Dokumenten steht die Seitenzahl immer außen. Alternativ können die Seitenzahlen in der Fußzeile aufgeführt werden.

Bei wichtigen Texten kann die Seitennummerierung in der Form »Seite x von x« gewählt werden. Die Seiten werden beginnend mit dem Titelblatt gezählt. Auf dem Titelblatt wird aber keine Seitenzahl ausgewiesen.

Bei wissenschaftlichen Arbeiten erscheinen die Seitenzahlen in der Regel erst ab Beginn des Hauptteils, die Anlagen sind gesondert zu nummerieren.

### Beispiel: Kopf- und Fußzeile

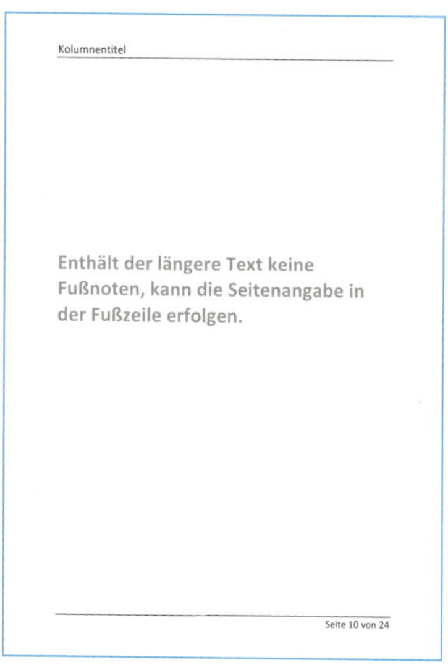


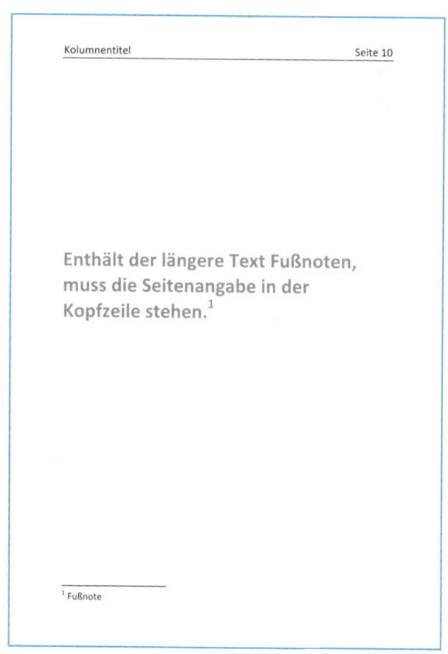

## Titelblatt

Auf dem Titelblatt stehen der vollständige Titel und je nach Zweck weitere Angaben wie z. B. Untertitel, Art der Arbeit, Name der Institution, Name der betreuenden Person und der Name des Verfassers / der Verfasserin, Ort und Datum.

**Beispiele: Titelblatt**

**Vollständiger Titel**

**Untertitel**

**Art der Arbeit**
**Name der Institution**

**Name**
der betreuenden Person

**Name des Verfasser/der Verfasserin**

Ort, 20..-03-01

**Vollständiger Titel**

**Untertitel**

**Art der Arbeit**
**Name der Institution**

**Name**
der betreuenden Person

**Name des Verfasser/der Verfasserin**

Ort, 20..-03-01

## Inhaltsverzeichnis

Nach DIN 5008 sollte ab einer Textlänge von zehn Seiten ein Inhaltsverzeichnis erstellt werden. Das Inhaltsverzeichnis enthält die Abschnittsüberschriften und die Seitangaben.

Die Abschnittsnummern müssen an derselben Fluchtlinie beginnen. Die Abschnittsüberschriften beginnen an einer weiteren Fluchtlinie. Zwischen Abschnittsnummern und Abschnittsüberschriften muss ein Abstand von mindestens zwei Leerzeichen eingehalten werden.

Wegen der besseren Lesbarkeit sind zwischen den Abschnittsüberschriften und den Seitenangaben Füllzeichen (z. B. Punkte) einzufügen. Die Seitenangaben sind rechtsbündig auszurichten.

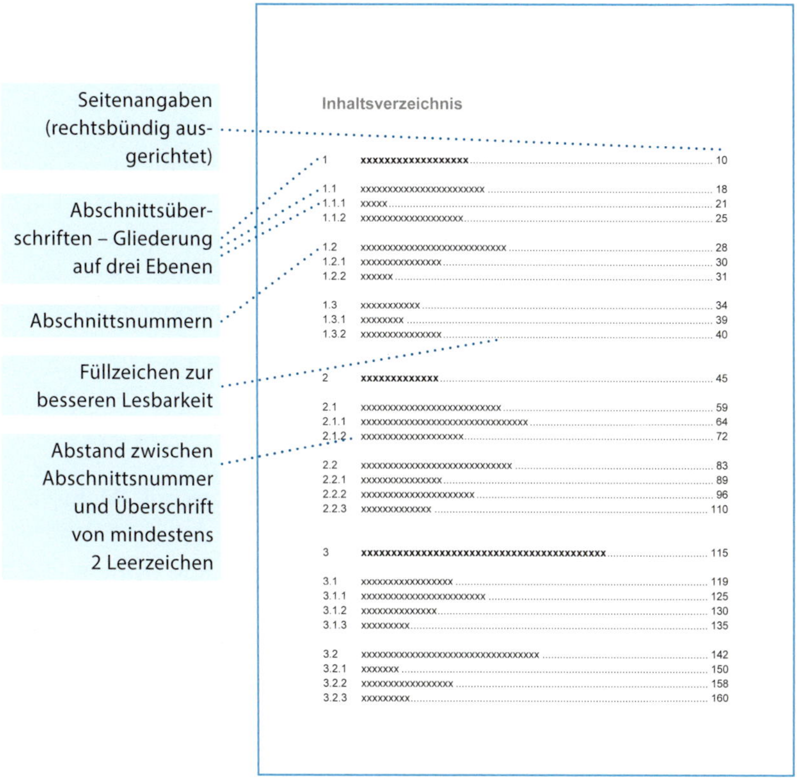


## Querformat

Wenn es die Darstellung erfordert, können Seiten mit Abbildungen, Tabellen oder Texten auch im Querformat – gegen den Uhrzeigersinn – gedreht werden. Kopf- und Fußzeilen dürfen nicht mitgedreht werden.

## Abbildungen

Eine Abbildung sollte immer einen Bezug zum Text haben und normgerecht gestaltet sein. Wird eine Abbildung als Schmuckbild verwendet, sollte sie eine »Brücke zum Text« bilden.

**Das sollten Sie nach DIN 5008 im Umgang mit Abbildungen beachten:**

- Um die Übersichtlichkeit zu gewährleisten, sollten Abbildungen mit einem Mindestabstand von 2 mm zu den angrenzenden Elementen (z. B. Text, Tabelle) positioniert werden.
- Vorsicht beim Herunterladen von Abbildungen aus dem Internet! Die meisten Grafiken sind urheberrechtlich geschützt. Die Quelle kann in der Bildunterschrift oder in einem nummerierten Abbildungsverzeichnis am Ende der Dokumentation angegeben werden.
- Ein Bild oder eine Grafik sollte proportionsgerecht vergrößert oder verkleinert werden.
- In der Regel hat eine Abbildung eine Bildunterschrift. Mehrere Abbildungen in einem längeren Text werden durchgehend nummeriert. Die Bildunterschrift kann durch eine kleinere Schriftgröße (kursiv, zentriert unterhalb des Bildes) hervorgehoben werden. In der Bildunterschrift wird beschrieben, was auf der Abbildung zu sehen ist. Erkennbare Personen sollten von links nach rechts genannt werden. Die Bildunterschrift darf die Aktualität oder den Sinn nicht verfremden.

**Beispiel: Abbildung**

***Abb 1:** Mitglieder des Vorstands: Frank Müller, Konrad Schwenninger, Samuel Kahler*

## Diagramme

Ein Diagramm ist ein eigenständiges Element, das in der Regel aus einer Überschrift, der grafischen Darstellung der Daten und einer erklärenden Legende besteht.

**Das sollten Sie nach DIN 5008 im Umgang mit Diagrammen beachten:**

- Ein Diagramm ist mit einem angemessenen Abstand – mindestens eine Leerzeile – vom vorangehenden und zum nachfolgenden Text anzuordnen.
  Grenzt ein Diagramm an andere Elemente, muss ein Mindestabstand von 2 mm eingehalten werden.
- Für die Darstellung der Werte ist ein geeigneter Diagrammtyp zu verwenden.
- Der Hintergrund eines Diagramms kann mit Gitternetzlinien formatiert werden. Die Lesbarkeit der Beschriftung darf dadurch nicht beeinträchtigt werden.
- Bei der Darstellung der Daten ist eine angemessene Skalierung zu wählen.
- Eine Legende ist notwendig, wenn die im Diagramm verwendeten Symbole und Farben erklärungsbedürftig sind.

**Beispiel: Diagramm**

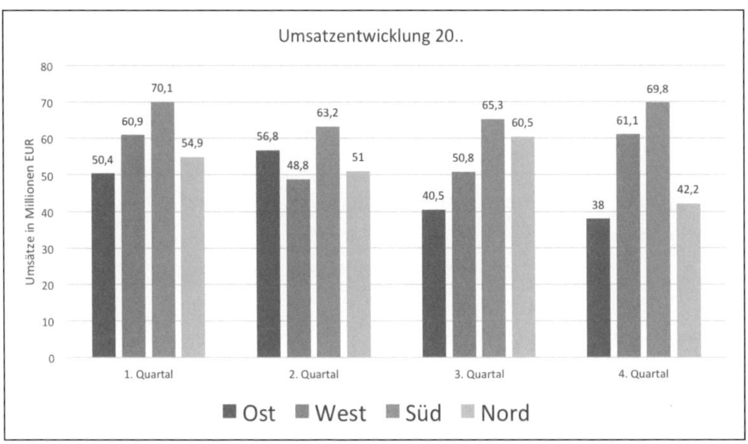

| CHECKLISTE – LÄNGERE TEXTE | | |
|---|---|---|
| **Das sollten Sie bei Gestaltung von längeren Texten beachten:** | | |
| 1. | **Ist eine Dokumentvorlage erstellt?**<br>Die Vorlage sollte folgende Einstellungen enthalten: Layout, Schriftart und -größe, Zeilenabstand, Worttrennung, Formatvorlagen für Überschriften mit Abständen, Seitenränder. | ☐ |
| 2. | **Ist eine beidseitige Beschriftung vorgesehen?**<br>• Textbeginn immer auf gleicher Höhe<br>• Ausdruck auf Papieren mit hoher Lichtundurchlässigkeit | ☐ |
| 3. | **Wurde der Seitenumbruch an den geeigneten Stellen vorgenommen?**<br>• mindestens 3 Zeilen am Ende der Seite<br>• mindestens 2 Zeilen auf der neuen Seite | ☐ |
| 4. | **Sind Bilder und Texte im Querformat richtig dargestellt?**<br>• gegen den Uhrzeigersinn gedreht<br>• Kopf- und Fußzeilen nicht gedreht | ☐ |
| 5. | **Sind die Fußnoten korrekt angegeben?**<br>• vor dem Fußnotenhinweis mindestens 1 Leerzeile frei lassen<br>• Schriftgröße nach dem Fußnotenstrich reduziert<br>• auf jeder Seite neu nummeriert | ☐ |
| 6. | **Enthält die Kopfzeile einen Kolumnentitel und die Seitenzahlen?** | ☐ |
| 7. | **Enthält das Titelblatt den vollständigen Titel, Untertitel, Art der Arbeit, Name der Institution, Name des Verfassers / der Verfasser, Ort und Datum?** | ☐ |
| 8. | **Ist das Inhaltsverzeichnis übersichtlich formatiert?**<br>• Abschnittsgliederung<br>• Abstand zwischen Abschnittsgliedern und -überschriften von mindestens 2 Leerzeichen<br>• Abschnittsüberschriften<br>• Füllzeichen<br>• rechtsbündig ausgerichtete Seitenzahlen | ☐ |

| | | |
|---|---|---|
| **9.** | **Sind die Abbildungen und Diagramme passend und normgerecht formatiert?**<br>• Mindestabstand 2 mm zu den angrenzenden Elementen<br>• proportionsgerecht verkleinert oder vergrößert<br>• Bildunterschriften<br>• bei Diagrammen erklärende Legenden, angemessene Skalierung und passender Hintergrund | ☐ |

## 2.5.2 Aufbau von schriftlichen Arbeiten

Schriftliche Dokumentationen wie Referate, Berichte, Facharbeiten und wissenschaftliche Arbeiten sollten klar strukturiert sein. Es sind in der Regel umfangreiche Dokumente, die eine übersichtliche Gliederung aufweisen.

Zum formalen Aufbau eines umfangreichen Dokuments gehören in der Regel folgende Elemente:

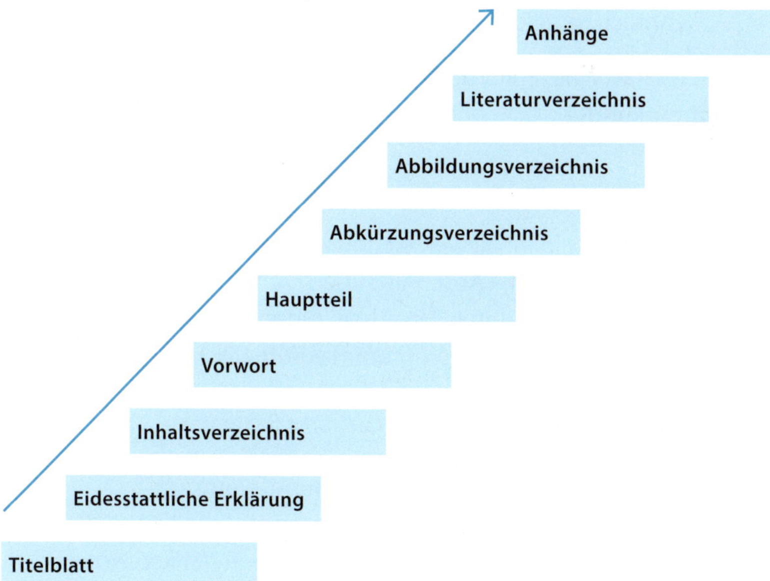

## Titelblatt

Auf dem Titelblatt einer schriftlichen Dokumentation sollten folgende Angaben gemacht werden:

- Art der Arbeit (z.B. Referat, Bachelorarbeit)
- Vollständiger Titel (evtl. mit Untertitel) der schriftlichen Arbeit
- Institution, an der die Arbeit vorgelegt wird
- Name der betreuenden Person
- Name des Verfassers / der Verfasserin, evtl. mit Kommunikationsdaten (z.B. Adresse, Telefon, Telefax, E-Mail)
- Ort und Datum (z.B. Stuttgart, 20..-06-07)

## Eidesstattliche Erklärung

Mit der »Eidesstattlichen Erklärung« wird versichert, dass

- die Arbeit selbstständig und nur mit den angegebenen Hilfsmitteln erstellt wurde,
- alle Seiten, die dem Wortlaut oder dem Sinn nach anderen Werken entnommen wurden, durch Angabe der Quellen kenntlich gemacht sind.

Die »Eidesstattliche Erklärung« wird durch Ort, Datum und Unterschrift beurkundet.

## Inhaltsverzeichnis

Nach DIN 5008 ist ein Inhaltsverzeichnis ab einer Textlänge von 10 Seiten sinnvoll. Es enthält die Abschnittsüberschriften mit Seitenangaben und kann unter bestimmten Voraussetzungen (Formatvorlagen) im genutzten Textverarbeitungsprogramm automatisch erzeugt werden.

## Vorwort

Ein Vorwort hat nur dann seine Berechtigung, wenn

- es sich um eine besonders umfangreiche Arbeit handelt.
- Sie beteiligten und betreuenden Personen danken wollen.
- Sie Angaben zu Ihrer Motivation für das Thema machen möchten.

## Hauptteil

Die Bearbeitung des Themas sollte dramaturgisch aufbauend, durch Einleitung, Hauptteil und Schluss, erfolgen.

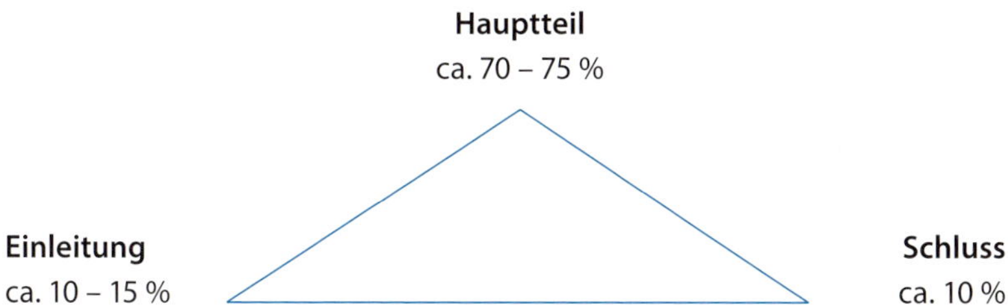


In der **Einleitung** wird der Leser / die Leserin auf das Thema vorbereitet und neugierig gemacht. Dabei kann eine Abgrenzung des Themas oder eine Erläuterung über die Art der Bearbeitung ergänzt werden.

**Im Hauptteil wird das Thema bearbeitet. Dabei ist auf folgende Punkte zu achten:**

- Die Inhalte wurden in einer logischen Reihenfolge bearbeitet.
- Die Argumente sind aufeinander aufbauend und nachvollziehbar.
- Ein roter Faden ist zu erkennen.

Zum **Schluss** sind die Ergebnisse durch eine logische Hinführung begründet und kurz zusammengefasst.

## Abkürzungsverzeichnis

Abkürzungen in schriftlichen Dokumentationen sind an den Stellen, an denen sie zum ersten Mal verwendet werden, in Klammern zu erläutern und im folgenden Text einheitlich zu verwenden. Am Satzanfang sollten Abkürzungen vermieden werden. Enthält der längere Text viele fachspezifische Abkürzungen, sind diese in einem Abkürzungsverzeichnis am Ende der Arbeit aufzuführen.

## Abbildungsverzeichnis

Werden mehr als 10 Abbildungen, Grafiken oder Tabellen in einer schriftlichen Arbeit verwendet, ist ein Abbildungsverzeichnis anzulegen. Dies hat den Vorteil, dass jederzeit innerhalb des Textes auf eine Abbildung, Grafik oder Tabelle verwiesen werden kann. Die Abbildungen werden durchgehend nummeriert und beschriftet. Die meisten Textverarbeitungsprogramme verfügen über entsprechende Funktionen, um Abbildungen zu beschriften, zu nummerieren und automatisch ein Abbildungsverzeichnis zu erstellen.

## Literaturverzeichnis

Literaturangaben zu Büchern, Zeitungen u. Ä., aber auch Angaben zu Internetquellen können auf der jeweiligen Seite, auf der sie genannt werden, als Fußnote angegeben oder als Endnote am Ende der schriftlichen Arbeit in einem Literaturverzeichnis aufgeführt werden. Über die erstellten Endnoten im Text kann im Textverarbeitungsprogramm automatisch das Literaturverzeichnis erstellt werden.

## Anhänge

Anhänge sind nicht zwingend notwendig, können aber den Hauptteil entlasten und zur besseren Übersicht beitragen. Als Anhänge werden z. B. umfangreiche Auswertungen, Tabellen und Illustrationen ausgelagert.

# 2.6 Öffentlichkeitsarbeit

## 2.6.1 Presseinformation

Die Mitteilungen eines Unternehmens – oder einer Einzelperson – an die Presse sind ein Teil der Öffentlichkeitsarbeit. Anlässe können z. B. die Einführung neuer Produkte auf dem Markt, Personalveränderungen, Jubiläen und Jahresabschlüsse sein, aber auch besonderes Engagement, wichtige Besuche oder die Reaktion auf kritische Veröffentlichungen zu Ihrem Unternehmen in den Medien.

Um Ihrem Unternehmen Glaubwürdigkeit zu verleihen, sollte Ihr Text nur wahre Informationen enthalten. Verzichten Sie auch auf Werbesprache und geben Sie die für einen großen Leserkreis berichtenswerten Fakten prägnant wieder.

Wenn Sie in Ihrem Pressetext Meinungen wiedergeben wollen, machen Sie diese als solche kenntlich und ordnen Sie sie der Person oder dem Personenkreis zu, die diese vertritt.

Schätzen Sie die Bedeutung Ihrer Nachricht realistisch ein. Die meisten Nachrichten sind nur für einen sehr begrenzten Personenkreis interessant. Verschicken Sie Mitteilungen von eher lokalem Interesse daher nicht bundesweit – Ihr Unternehmen kommt sonst bei den meisten Redaktionen in den Ruf, weitgehend uninteressante Nachrichten zu versenden.

Verschicken Sie lieber mehrere kurze Pressemitteilungen – notfalls auch an einem Tag – als einen langen Text, der mehrere Themen zugleich behandelt. Faustregel: Eine Nachricht pro Pressemitteilung.

### Tipps für das Verfassen von Presseinformationen:

**Aufbau**

Je professioneller eine Pressemitteilung verfasst ist, desto größer ist die Chance auf eine journalistische Verwertung. Bauen Sie Ihre Pressemitteilung wie einen Zeitungsartikel auf. Viele Redaktionen sind dankbar für druckfertige Artikel, die sie nicht mehr oder nur wenig bearbeiten müssen. Am leichtesten gelingt das, wenn Sie sich an den klassischen sechs Ws orientieren:

- Wer?
- Wo?
- Wann?
- Was?
- Wie?
- Warum?

Beantworten Sie diese Fragen am Anfang Ihrer Meldung, dann weiß der Leser, ob sich das Lesen des Artikels für ihn lohnt oder ob der Inhalt für ihn uninteressant ist.

**Überschrift**

- Geben Sie Ihrer Pressemitteilung eine prägnante, sprechende Überschrift, eventuell noch mit einer Unterzeile.
- Vermeiden Sie reißerische Überschriften, Wortspiele und Gags.
- Wichtig ist die Überschrift v. a., um die Redaktion für Ihr Anliegen zu interessieren: Stellen Sie das allgemeine Interesse an Ihrem Inhalt heraus und formulieren Sie informativ.
- Die Überschrift wird meist von der Redaktion neu verfasst – auch, weil die Länge von der Erscheinungsweise des Artikels abhängig ist: Ein zweispaltiger Artikel verlangt eine kürzere Überschrift als ein dreispaltiger Artikel.

**Begleitschreiben**

- Das Begleitschreiben nennt der Redaktion ihren Ansprechpartner: Geben Sie Adresse, Namen und Telefonnummer an, unter der sie weitere Informationen abrufen kann.
- Wenn nötig, bietet das Begleitschreiben auch Hintergrundinformationen – fassen Sie sich aber auch hier so kurz wie möglich.
- Begleitschreiben stehen auf dem Firmenbogen und sollten persönlich an den zuständigen Redakteur / die Redakteurin adressiert sein. Den Namen entnehmen Sie dem Impressum der Zeitung oder Zeitschrift oder der Website der Zeitung.

**Form**

- Wenn Sie den Text in Papierform übermitteln wollen: Schreiben Sie den Text auf spezielle Briefbogen für Presseinformationen, beschriften Sie sie in der Breite nur zu etwa zwei Dritteln und lassen Sie zwischen den Zeilen größere Abstände (mindestens 1,5-zeilig), damit Platz für mögliche Änderungen vorhanden ist.
- Sinnvoller ist das Verschicken des Pressetextes als E-Mail oder als Textdatei im Anhang zu einer E-Mail, die das Begleitschreiben enthält – das spart Ihnen und den Redaktionen Zeit. Gut ist auch ein Download-Angebot für Journalistinnen und Journalisten auf der firmeneigenen Website – insbesondere für das Angebot von Bildmaterial.
- Ihr Text darf keine Formatierungsanweisungen enthalten, weil diese die Weiterverarbeitung in den Redaktionssystemen behindern. Schreiben Sie also ohne Unterstreichung, Fettschrift oder Ähnliches und verwenden Sie keine ausgefallenen oder gar unterschiedlichen Schriftarten.

**Umfang**

Je knapper und präziser ein Text ist, desto eher wird er unverändert abgedruckt oder desto besser kann er als Vorlage für einen eigenen Artikel der Redaktion dienen. Mehr als 1500 bis 1800 Anschläge (25 bis 30 Zeilen mit 60 Anschlägen) sollte er nur in Ausnahmefällen umfassen. Wenn Sie die Anzahl der Anschläge (inklusive Leerzeichen) Ihres Textes mitteilen, ist für die Redaktion die Positionierung noch einfacher.

**Fotos**

Ein gutes Foto wirkt schneller als ein guter Text: Die Information wird sofort aufgenommen, die Neugierde des Betrachters geweckt und er liest den Text mit größerer Aufmerksamkeit.

- Zum Foto gehört eine informative Bildunterschrift, die die Abbildung möglichst exakt beschreibt. Geben Sie den Namen des Fotografen / der Fotografin an – und stellen Sie sicher, dass Sie Verwertungsrechte für die Bilder haben.

- Üblich ist die Übermittlung des Bildmaterials an die Redaktionen in digitalisierter Form.
- Als Dateiformat empfiehlt sich das JPEG-/JPG-Format.
- Die Auflösung für den Offsetdruck, wie er in Zeitschriften und Magazinen verwendet wird, beträgt meist 300 dpi, (Tages-) Zeitungen arbeiten in der Regel mit 200 dpi. Ein Bild müsste für den Abdruck in einer Tageszeitung für ein gängiges Bildformat von z. B. 10 × 15 cm demnach etwa 800 × 1 200 Pixel groß sein – in einer Zeitschrift könnte diese Bilddatei dann nur als etwa 6,6 × 10 cm großes Bild abgedruckt werden.

## Beispiel: Pressemitteilung

| | |
|---|---|
| **An ...** | presseverteiler.de |
| **Cc ...** | |
| **Bcc ...** | |
| **Betreff:** | Werner-Grau-Preis 20.. geht an Prof. Dr. Peter Müller |

Sehr geehrte Damen und Herren,

der diesjährige Preisträger des Werner-Grau-Preises ist Herr Professor Dr. Peter Müller. Unser Unternehmen, die Watel AG, hat dazu die mitgeschickte Pressemitteilung verfasst.

Sollten Sie weitere Informationen benötigen oder Fragen haben, helfe ich Ihnen gern weiter.

Freundliche Grüße

Watel AG

Dr. Bernd Bungert

Telefon: 07571 55934-881
Telefax: 07571 55934-885
E-Mail: bernd.bungert@watel-ag.de
Internet: www.watel-ag.com

Postanschrift: Postfach 35 12, 72488 Sigmaringen
Hausanschrift/Sitz: Industriestraße 18, 72488 Sigmaringen
Geschäftsführer: Stefan Wengert, Karl-Heinz Roth
Handelsregister HRB 12344 beim Amtsgericht Sigmaringen

*Der Inhalt dieser E-Mail (einschließlich etwaiger beigefügter Dateien) ist vertraulich und nur für den Empfänger bestimmt. Sollten Sie nicht der bestimmungsgemäße Empfänger sein, informieren Sie bitte unverzüglich den Absender und löschen Sie die E-Mail (einschließlich etwaiger beigefügter Dateien) von Ihrem System. Vielen Dank!*

*The contents of this e-mail (including any attachments) are confidential and may be legally privileged. If you are not the intended recipient of this e-mail, please notify the sender immediately and then delete it (including any attachments) from your system. Thank you!*

Stopp! Du rettest einen Baum, wenn Du diese Mail nicht ausdruckst.

| | |
|---|---|
| Anhang: | WGP-Pressemitteilung-20..-11-02 |

## Beispiel: Pressemitteilung

# PRESSEMITTEILUNG

**Werner-Grau-Preis 20.. geht an Prof. Dr. Peter Müller (Universität Essen)**

**Forscher für Arbeiten auf dem Gebiet der Genanalyse geehrt**

---

Sigmaringen, 2. November 20..

Der Werner-Grau-Preis gilt als eine der angesehensten und begehrtesten Ehrungen für Naturwissenschaftler in Deutschland. Nun steht sein diesjähriger Preisträger fest: Kuratorium und Stiftungsrat der Watel Science & Education Foundation haben Herrn Professor Dr. Peter Müller die mit 30.000 Euro dotierte Auszeichnung für die Entwicklung molekularbiologischer Verfahren zuerkannt.

Der 48-jährige Forscher der Universität Essen habe wesentlich zur Beschleunigung der Genanalyse beigetragen, sagte Dr. Norbert Wund, Vorstandsmitglied der Watel AG und Vorstand der Stiftung.

Müller studierte Chemie in Heidelberg, München und Cambridge. Er wurde 2006 bei Professor Hugo Vossen am Laboratorium für Molekularbiologie in Genf promoviert. Danach folgte ein Postdoc-Aufenthalt an der Yale University, wo er erste Arbeiten zur Chromosomen-Kartierung durchführte. Von den USA ging er an die Universität Essen, wo er im Jahr 2015 im Alter von 42 Jahren auf den Lehrstuhl für Biochemie berufen wurde.

Mit dem Werner-Grau-Preis werden Wissenschaftler/-innen geehrt, die wegweisend und innovativ auf dem Gebiet der Biologie gearbeitet haben. Er wird seit dem Jahr 2005 im Andenken an den Preisstifter Prof. Dr. Werner Grau verliehen. Der verstorbene ehemalige Vorstands- und Aufsichtsratsvorsitzende der Watel AG hatte 2003 den Preis, der zu den höchstdotierten Wissenschaftspreisen in Deutschland gehört, aus „Dankbarkeit für ein erfüllendes und erfülltes Forscherleben“ gestiftet. Die feierliche Verleihung durch die Vorstandsvorsitzende der Watel AG, Dr. Sabine Maier, findet am 21. Januar 20.. in München im Rahmen eines Festaktes statt.

**Hinweise an die Redaktionen:**

Bildmaterial kann per Download aus dem Internet unter
http://www.presse.watel.de abgerufen werden.

**Ansprechpartner:**

Dr. Bernd Bungert

Telefon 07571 55934-881

E-Mail: bernd.bungert@watel-ag.de

### 2.6.2 Pressemappe

Eine mehrteilige Pressemappe – digital oder gedruckt – bietet Hintergrundinformationen, die über den Umfang einzelner, auf fest umrissene Themen und Anlässe beschränkter Pressemitteilungen hinausgehen. Sie gibt Journalist/-innen die Möglichkeit, sich einen Überblick über das Unternehmen zu verschaffen. Packen Sie aber nicht zu viel Material in Ihre Pressemappe!

#### Inhalt und Aufbau der Pressemappe

- Der »Backgrounder« bietet auf meist drei bis vier Seiten Hintergrundinformationen zum Unternehmen, z. B. über die Unternehmensgeschichte, über die Branche allgemein, über die Alleinstellungsmerkmale oder über die neuesten Entwicklungen.
- Ein »Factsheet« ist ein Datenblatt, das alle wichtigen Unternehmensdaten übersichtlich auf einer Seite präsentiert. Dazu gehören das Jahr der Firmengründung, der Unternehmenssitz, die Mitarbeiterzahl, die Namen der Mitglieder der Geschäftsführung und eine Auflistung der Tätigkeitsschwerpunkte des Unternehmens.
- Nützlich ist auch ein Interview, z. B. mit den Unternehmensgründern, das die Redaktionen nach Wahl komplett oder als Zitatefundus verwenden können.
- Außerdem kann die Pressemappe Produktblätter, aktuelle Pressemitteilungen, Porträts von Führungskräften und v. a. auch Bildvorlagen enthalten.

Die gedruckte Pressemappe hat gegenüber der digitalen Form Vorteile, z. B. bei Pressekonferenzen, weil die Journalist/-innen die Informationen vor Ort unmittelbar nutzen können.

Die Kosten für eine gedruckte Pressemappe sind recht hoch. Aktualisierungen sind nur über eine Neuauflage von zumindest einzelnen Bestandteilen möglich.

Stellen Sie Ihre Pressemappe auch als Download oder auf CD bereit – das erleichtert es den Redaktionen, Texte und Bilder zu übernehmen.

## Beispiel: Factsheet

# CCC AG

| | |
|---|---|
| **Gründungsjahr:** | 1994 (als Neumann & Partner GbR), seit 2002 Aktiengesellschaft |
| **Anschrift:** | Nicolaus-Otto-Straße 227, 89079 Ulm |
| **Personalien:** | Dirk Meier, Vorstand Operations, Jahrgang 1981<br>Diplom-Kaufmann mit Schwerpunkt Organisation und Personal<br><br>Bernhard Gunkel, Vorstand Technik, Jahrgang 1962<br>Wirtschaftsingenieur mit Schwerpunkt Bauwesen |
| **Services:** | Gebäudewartung und Sicherheitslösungen |
| **Schwerpunkt:** | Die CCC AG betreibt in Ulm eines der modernsten Gebäudewartungsunternehmen in Deutschland. Als Spezialist liegt der Fokus auf Sicherheit und Zuverlässigkeit. Die CCD AG stellt den Kunden eine Rundumbetreuung für mittlere und größere Betriebe bereit. Die Kernkompetenz ist die individuelle Betreuung von Betrieben der Motorenproduktion. |
| **Einsatzgebiet:** | Süddeutschland, Schweiz |
| **Kundenzahl:** | Die CCC AG ist Partner von über 200 Firmenkunden, darunter z. B.:<br>– Deutsche Karosserie AG, Freiburg<br>– Ipo Aero Engines, München<br>– Berta Digital, München<br>– Winora Semiconductor Holding AG, Genf<br>– Kuflang AG, Waldkirch<br>– Kick AG, München<br>– Isocare GmbH, Bad Homburg und Freiburg<br>– Mullinger GmbH, Starnberg<br>– motive service GmbH, Ludwigsburg<br>– EFT, Dortmund |
| **Zielgruppe:** | Industrie |
| **Handelsregistereintrag:** | AG Ulm, HRB 16682 |
| **USt-IdNr.:** | DE 743855291 |
| **Aufsichtsrat:** | Prof. Christa Dernbach<br>Dr. Werner Brölisch<br>Gerd Henninger |
| **Vorstand:** | Dirk Meier<br>Bernhard Gunkel |

Die digitale Pressemappe bietet dagegen erhebliche Vorteile bei der Verarbeitung von Texten und Bildern durch die Redaktionen. Die Inhalte können kostengünstig und schnell aktualisiert werden und Videos und Animationen können das Informationsangebot erweitern.

### 2.6.3 Kurzmeldung

Aber nicht jede Mitteilung an die Presse muss umfangreich sein. Einladungen und knapp formulierte Hinweise können Anlass für eigene Recherchen der Redaktionen sein oder als Hinweis zur Veröffentlichung im Veranstaltungskalender der regionalen Zeitungen dienen.

**Beispiel für eine Kurzmeldung**

Am 28. März 2020 feiert der Inhaber der Kasibold-Werke, Herr Michael Kasibold, seinen 65. Geburtstag. Aus diesem Anlass findet am Samstag, dem 1. April 2020, ab 15 Uhr auf dem Werksgelände ein Tag der offenen Tür statt, zu dem die Bevölkerung herzlich eingeladen ist. Neben der Möglichkeit zur Werksbesichtigung werden Essen und Trinken sowie ein Gewinnspiel geboten. Ab 18 Uhr spielt die Band Akkra bekannte Swingmelodien.

### 2.6.4 Gegendarstellung

Nach dem Presserecht gibt eine Gegendarstellung den von einem Bericht über ihre Person oder Organisation Betroffenen die Möglichkeit, an vergleichbarer Stelle und in vergleichbarer Aufmachung kostenlos Stellung zu den aufgestellten Behauptungen zu nehmen – gegebenenfalls auch auf der Titelseite.

- Die Gegendarstellung darf nur Tatsachenbehauptungen enthalten und sie darf sich ausschließlich auf Tatsachenbehauptungen in dem beanstandeten Text beziehen, nicht auf Vermutungen, Kommentare oder Urteile.

- Eine Gegendarstellung muss als solche gekennzeichnet werden und im Umfang dem beanstandeten Textteil des Originaltextes ungefähr entsprechen.
- Die Gegendarstellung beginnt mit einer Bezugnahme auf den ursprünglichen Bericht.
- Die eigentliche Gegendarstellung wird in der Regel mit den Worten *Hierzu stelle ich fest …* eingeleitet, gefolgt von der Darstellung der Sichtweise des Betroffenen.
- Die Redaktion darf diesen Text nicht verändern. Lediglich im Anschluss an die Gegendarstellung darf sie sich zu der Gegendarstellung äußern.

**Beispiel für eine Gegendarstellung**

Gegendarstellung
In der »Allgemeinen Zeitung« vom 25./26. Juli 20.., S. 8, heißt es in dem Artikel »Die Milch macht's« Ihres Redakteurs Hanno Volz unter anderem über unsere Firma: »Die Firma Humann zielt mit ihrem für Kinder konzipierten Milchmischgetränk ›Frizzi frisch‹ auf das Gesundheitsbewusstsein der Eltern. Mit irreführenden Werbeaktionen suggeriert die Firma, ihr Produkt enthalte überdurchschnittlich viel Milch. Dabei enthält ›Frizzi frisch‹ lediglich den gesetzlich vorgeschriebenen Anteil Milch.«
Hierzu stellen wir fest: »Frizzi frisch« enthält 80 % Milch. Der Gesetzgeber verlangt nur einen Anteil von 70 % Milch in Milchmischgetränken. Damit überschreitet »Frizzi frisch« die vorgeschriebene Menge deutlich.

Carla Humann
Meißen, 29. Juli 20..

# 2.7 Präsentationen

Normgerechte Präsentationen in PowerPoint erstellen

Präsentationen sind in der beruflichen Kommunikation nicht mehr wegzudenken. Die Anlässe sind vielfältig. Es werden beispielsweise Arbeits-, Projekt- oder Forschungsergebnisse vorgestellt, komplexe Sachzusammenhänge erklärt, Lösungsvorschläge unterbreitet oder neue Produkte eingeführt. Die Auswirkungen einer guten oder schlechten Präsentation dürfen dabei nicht unterschätzt werden. Denn nicht selten steht eine Präsentation am Ende eines Arbeitsprozesses, der viel Zeit und Mühen gekostet hat.

## 2.7.1 Vorüberlegungen

Nach der DIN 5008 ist eine Bildschirmpräsentation eine visuelle Unterstützung eines mündlichen Vortrags. Eine vollgeschriebene Folie ist keine visuelle Hilfe für das Publikum, bestenfalls eine Stütze für die Vortragenden, und sie würde auch voraussetzen, dass die Anwesenden gleichzeitig zuhören und lesen können.

**Die folgenden Fragen helfen Ihnen, einen Weg zu einer guten Präsentation zu finden:**

| | |
|---|---|
| **Was ist das Ziel der Präsentation?** | Formulieren Sie das Ziel Ihrer Präsentation möglichst in einem Satz. Die folgenden Fragen helfen Ihnen dabei:<br>• Was ist der Anlass?<br>• Was soll erreicht werden?<br>• Was sollen die Zuhörer/-innen am Ende wissen oder tun?<br>**Beispiele:**<br>• »Ziel meiner Präsentation ist es, die Beschäftigten zu motivieren, ihren Briefstil zu verbessern.«<br>• »Ziel meiner Präsentation ist es, die Assistentinnen für die Erstellung eines Office-Handbuchs zu gewinnen.«<br>• »Ziel meiner Präsentation ist es, mindestens zehn der Zuhörer/-innen für den Ausbildungsberuf ›Kaufleute für Büromanagement‹ zu gewinnen.« |

| | |
|---|---|
| **Welche Grundaussagen sollen die Zuhörer/-innen mitnehmen?** | Ermitteln Sie die wesentlichen Grundaussagen, die Sie den Zuhörer/-innen mitteilen möchten, durch folgende Fragen:<br>• Inwieweit sind die Inhalte für das Publikum relevant?<br>• Ist der Inhalt meiner Präsentation nachvollziehbar?<br>• Sind meine Argumente überzeugend?<br>• Weckt meine Botschaft das Interesse der Zuhörer?<br>• Bietet meine Botschaft etwas Neues?<br>• Kann meine Botschaft Emotionen beim Zuhörer auslösen?<br>**Beispiele:**<br>• Kurz und prägnant formulierte Briefe und E-Mails werden besser verstanden.<br>• Klare Aussagen verhindern Missverständnisse!<br>• Nachrichten ohne Floskeln wirken!<br>• Im Arbeitsalltag ist ein »Office-Handbuch« eine große Hilfe.<br>• Der höhere Arbeitsaufwand zu Beginn amortisiert sich schnell.<br>• Abwesenheiten sind kein Problem mehr.<br>• Der Ausbildungsberuf »Kaufleute für Büromanagement« ist interessant und abwechslungsreich.<br>• Nach der Ausbildung ergeben sich weitere Entwicklungs- und Aufstiegsmöglichkeiten. |
| **Welche Erwartungen hat das Publikum?** | Versetzen Sie sich in die Lage der Zuhörer/-innen. Fragen Sie sich, was Sie anstelle Ihrer Zuhörer/-innen von Ihrem Vortrag erwarten würden. Was würde Sie auf jeden Fall interessieren?<br>**Beispiele:**<br>• Als Teilnehmer/-in wünsche ich mir gut umsetzbare Anregungen zum besseren Briefstil.<br>• Beim Start des Projekts »Office-Handbuch« wünsche ich mir als Teammitglied eine ausführliche Präsentation. Bei den regelmäßigen Treffen erwarte ich nur noch Informationen zum Fortschritt des Projekts.<br>• Ich wünsche mir einen attraktiven Beruf, der meinen Fähigkeiten entspricht und der mir die Möglichkeit bietet, mich weiterzuentwickeln. |

## 2.7.2 Planung

Klären Sie die Rahmenbedingungen wie z. B. Anlass, räumliche Gegebenheiten, Vortragsraum und Zielgruppe. Gehen Sie von Anfang an auf die Bedürfnisse des Publikums ein. Orientieren Sie sich dabei am Ziel und an der Kernbotschaft Ihrer Präsentation sowie den Erwartungen der Zuhörer/-innen.

**Analysieren Sie Ihre Zielgruppe:**
- Wer sind die Zuhörer/-innen (Alter, Persönlichkeit)?
- Warum kommen sie zu Ihrem Vortrag?
- Welchen Nutzen können sie mitnehmen?
- Zu welcher Handlung wollen Sie sie bewegen?
- Welche Erfahrungen bringen sie mit?

**Sammeln Sie Informationen zu Ihrem Thema:**
- Erstellen Sie eine Stoffsammlung allein und im Team. Nutzen Sie dazu Methoden wie z. B. Mindmapping oder Brainstorming.
- Tragen Sie die recherchierten Informationen zu Ihrem Thema zusammen.
- Treffen Sie eine Auswahl unter Berücksichtigung des Präsentationsziels und der Zielgruppe.
- Bringen Sie die Inhalte in eine logische Reihenfolge und achten Sie dabei auf den roten Faden.
- Bereiten Sie das ausgewählte Material möglichst dramaturgisch auf, damit ein Spannungsbogen entsteht.

**Planen Sie den Aufbau Ihrer Präsentation in drei Phasen:**

| | |
|---|---|
| **Einleitung (ca. 15 %)** | • Begrüßung<br>• Vorstellung der/des Vortragenden und Rollenklärung |
| **Hauptteil (ca. 75 %)** | • Informationen logisch aneinanderreihen<br>• Argumente aufeinander aufbauen und nachvollziehbar darstellen<br>• Aussagen begründen und belegen, Gegenargumente entkräften<br>• roten Faden erkennbar werden lassen<br>• Zuhörer/-innen aktiv einbinden<br>• Fazit ziehen |
| **Ausstieg (ca. 10 %)** | • Zusammenfassung der Ergebnisse<br>• Diskussion vorbereiten |

**Überprüfen Sie, ob der Veranstaltungsraum den Anforderungen entspricht:**

- Ist der Raum groß genug?
- Muss eine bestimmte Sitzordnung eingehalten werden?
- Haben alle Zuhörer/-innen eine freie Sicht auf die Projektionsfläche?
- Sind die dargestellten Inhalte klar lesbar und erkennbar?
- Ist die notwendige Technik vorhanden und funktioniert sie?

## 2.7.3 Foliengestaltung

Ein gut gestaltetes Design unterstützt die Kernbotschaft einer Bildschirmpräsentation und vermittelt dem Publikum einen professionellen Eindruck. In Unternehmen sind die Gestaltungsleitlinien im sogenannte Corporate Design – das Teil der Corporate Identity ist – festgeschrieben. Sind keine Vorgaben zu beachten, geben Ihnen die folgenden Gestaltungsregeln eine Orientierung.

**Das sollten Sie bei der Gestaltung von Folien beachten:**

- **Design:** Das für eine Präsentation ausgewählte Design ist konsequent einzuhalten.
- **Schriftart und Schriftgröße:** Die DIN 5008 empfiehlt, nicht mehr als zwei Schriftarten in einer Präsentation zu verwenden. Geeignet sind serifenlose Schriften wie beispielsweise Calibri und Arial.

  Die gewählte Schriftart wird durchgängig verwendet. Sie können jedoch zur Gestaltung verschiedene Varianten der Schrift einsetzen. Sie unterscheiden sich beispielsweise durch die Stärke der Grund- und Haarstriche, die Schriftweite oder den Zeichenabstand. Die Schriftart »Arial« bietet beispielsweise unter »Arial Nova« mehrere Varianten an.

  Für die auf Folien dargestellte Texte sind folgende Abstufungen der Schriftgröße möglich:

| TEXTART | SCHRIFTGRÖSSE IN PUNKT |
|---|---|
| Titel auf einer Titelfolie | 55 bis 60 |
| Kurze Texte | 40 bis 55 |
| Titel auf Inhaltsfolien | 24 bis 32 |
| Untertitel auf Inhaltsfolien | 22 bis 28 |
| Fließ- und Aufzählungstext | 16 bis 20 |

- **Überschriften:** Die Überschriften richten sich nach dem Corporate Design oder folgen – falls keine Unternehmensvorgaben beachtet werden müssen – einem einheitlichen Stil und Layout. Formulieren Sie die Überschriften kurz und prägnant.
- **Fließtext:** Verwenden Sie möglichst wenig Fließtext. Formulieren Sie den Text in kurzen Sätzen.

  Sollten Sie jedoch eine Besprechungspräsentation gestalten, können die Folien mehr Text/Informationen enthalten. Die Inhalte der zu besprechenden Themen werden ganz oder teilweise auf den Präsentationsfolien angezeigt und bilden damit die Besprechungsgrundlage. Die Reihenfolge der Themen richtet sich nach der Tagesordnung.

- **Aufzählungen:** Nach DIN 5008 sind Aufzählungen (mit Aufzählungszeichen oder Nummern) nicht zu »textlastig« zu gestalten. Formulieren Sie Sinnzusammenhänge oder kurze Sätze. Verwenden Sie für die Darstellung von Reihen- und Rangfolgen eine Nummerierung. Achten Sie darauf, dass das Aufzählungszeichen zum Inhalt und zur Schriftart passt.
- **Hervorhebungen:** Zur Hervorhebung von Wörtern und Textteilen ist die Fettschrift geeignet. Verzichten Sie auf Kursivschrift und Unterstreichungen.
- **Folienhintergrund:** Störende grafische Hintergrundelemente wie z. B. Wasserzeichen oder Negativdarstellung (helle Schrift auf dunklem Hintergrund) sollten vermieden werden. Achten Sie grundsätzlich auf helle Hintergrundfarben mit dunklen Schriften; sie sind auch bei ungünstigen Lichtverhältnissen lesbar.
- **Farben:** Farben können Bedeutungsträger sein (z. B. Rot für Blut, Liebe oder Gefahr; Grün für Natur oder Umweltfreundlichkeit; Parteifarben); sie sollten deshalb für Schriften und Hintergründe mit Bedacht eingesetzt werden. Die passende Farbe unterstreicht die Aussage, falscher Farbeinsatz lenkt von der Aussage eher ab.
  Selbst gewählte oder durch das Corporate Design festgelegte Farben bzw. Farbwerte und Farbschemata sollten konsequent beibehalten werden. Inhaltlich verwandte Themen folgen einem einheitlichen Farbschema.
- **Bilder und Grafiken:** Bilder und Grafiken sollten Informationen und Sachverhalte passend zum Thema visualisieren. Sie können beim Betrachter Emotionen auslösen oder Denkanstöße geben. Nach DIN 5008 ist zu berücksichtigen, dass die eingesetzten Bilder und Grafiken die mündlichen Aussagen unterstützen. Es sollten nur hochwertige Fotos mit starker Wirkung verwendet werden. Bilder, die beispielsweise die beabsichtigte Aussage widerspiegeln, werden vom Publikum auf den ersten Blick verstanden. Das Copyright ist zu beachten.

- **Anordnung der dargestellten Elemente:** Nach DIN 5008 soll die Anordnung bzw. Reihenfolge des Textes und der dargestellten Elemente die Wichtigkeit der Information signalisieren. Bei der Anordnung ist auf die Sehgewohnheiten der Betrachter (von links nach rechts und von oben nach unten) zu achten. Wird dies nicht berücksichtigt, werden die Aussagen vom Publikum nicht oder nur eingeschränkt wahrgenommen.
  In vielen Präsentationsprogrammen gibt es Layout-Raster. Dadurch wird festgelegt, in welchem Bereich einer Folie Texte, Grafiken, Bilder u. Ä. stehen. Oft genügen die vorgefertigten Layout-Raster nicht den individuellen Ansprüchen, sie sollten dann angepasst werden.
- **Animationen:** Eine gut gestaltete Bildschirmpräsentation zeichnet sich nicht durch die Verwendung einer Vielzahl an technischen Möglichkeiten aus, sondern durch eine wohldosierte, passende Anwendung.
  Nach DIN 5008 sollten die ausgewählten Effekte die Wirkung der animierten Elemente unterstützen. Auch die Folienübergänge innerhalb einer Präsentation sind zurückhaltend und thematisch passend auszuwählen.
  Bei selbstablaufenden Präsentationen (z. B. auf Messen) ist die Abfolge von Zeit, Animation und Pause gut aufeinander abzustimmen. Die gezeigten Folien müssen selbsterklärend sein.
- **Metadaten:** Metadaten sind Informationen zum Dokument, z. B. Logo, Name, Datum, Foliennummer. Während der Bildschirmpräsentation sollten nur die für den Anlass notwendigen Angaben angezeigt werden. Werden die Folien als Bilder in ein Handout eingefügt, können die Metadaten zur besseren Orientierung sichtbar sein. Auf einer Titelfolie sollten Sie grundsätzlich darauf verzichten.

| CHECKLISTE – GESTALTUNG VON PRÄSENTATIONSFOLIEN | | |
|---|---|---|
| **Das sollten Sie bei der Gestaltung von Präsentationsfolien beachten:** | | |
| **1.** | Passt das ausgewählte Design zum Anlass der Präsentation? | ☐ |
| **2.** | Wurden die Gestaltungsregeln konsequent angewendet? | ☐ |
| **3.** | Sind die ausgewählte Schriftart und die Abstufungen der Schriftgröße gut lesbar und erkennbar? | ☐ |
| **4.** | Sind die Überschriften kurz und prägnant formuliert und in einem einheitlichen Stil und Layout dargestellt? | ☐ |
| **5.** | Sind die Folien nicht zu textlastig? | ☐ |
| **6.** | Wurde auf Kursivschrift und Unterstreichungen verzichtet? | ☐ |
| **7.** | Ist der Hintergrund der Folien harmonisch? | ☐ |
| **8.** | Wurden die Farben, Farbewerte und Farbschemata konsequent eingehalten? | ☐ |
| **9.** | Passen die Bilder und Grafiken zur Aussage und wurde das Copyright beachtet? | ☐ |
| **10.** | Entsprechen die Darstellung und Anordnung der Elemente den Sehgewohnheiten des Publikums? | ☐ |
| **11.** | Unterstützen die ausgewählten Effekte der animierten Elemente die entsprechenden Aussagen? | ☐ |
| **12.** | Wurde auf der Titelfolie auf die Metadaten verzichtet? | ☐ |

**Beispiel: Präsentation**

Diese Präsentation soll die Kommunikation unterstützen und nicht ersetzen:

Gute Briefe
Gute Beziehungen

Brief muster GmbH

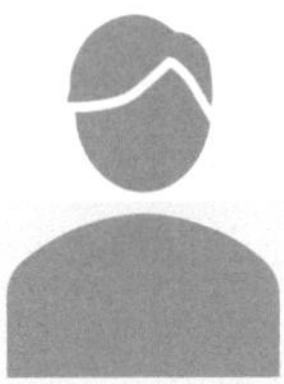

Dr. Frederik Baumgarten
Leiter der Abteilung Information & Kommunikation

Einfachheit
Ordnung

Verständlichkeit durch geeignete sprachliche Mittel

Kürze
Anreize

**Einfachheit**

- Verwenden Sie geläufige, eindeutige, kurze Wörter.
- Verzichten Sie auf Modewörter, unnötige Fremdwörter und Abkürzungen.
- Verwenden Sie, wo immer möglich, Verben statt Substantive.

**Kürze**

- Achten Sie auf eine angemessene Satzlänge.
- Formulieren Sie knapp und präzise.
- Konzentrieren Sie sich auf das Wesentliche.
- Verzichten Sie auf Floskeln.

**Ordnung**

- Gliedern Sie Ihren Brief nach inhaltlichen Kriterien.
- Unterteilen Sie den Text in Absätze, längere Texte in Abschnitte mit Überschriften.
- Gliedern Sie Ihre Sätze übersichtlich.

Anreize

- Sprechen Sie die Empfängerin / den Empfänger an.
- Schreiben Sie im Aktiv.
- Formulieren Sie höflich.
- Achten Sie auf korrekte Rechtschreibung und eine ansprechende äußere Form.

**mögen dürfen würden**

Wir möchten Sie bitten, den Termin einzuhalten.

Bitte halten Sie den Termin ein.

| | |
|---|---|
| **Fremdwörter** | **Bandwurmwörter** |
| **Fachwörter** | **Papierwörter** |
| **Abkürzungen** | **Füllwörter** |

usw.

## 2.7.4 Handout

Nach DIN 5008 enthält ein Handout alle Angaben (z. B. Name des Unternehmens, Name der/des Vortragenden, Ort und Zeit) sowie zusätzliche Informationen (z. B. Tabellen, komplexe Darstellungen) zum Thema. Die abgebildeten Folien werden nummeriert und sind ausreichend erläutert. Achten Sie darauf, dass alle auf der Folie präsentierten Informationen im Handout erkennbar sind. Dies gilt insbesondere für die Schrift und sich überlagernde Elemente. Ein Handout kann um Inhalte ergänzt werden, die in der Präsentation nicht gezeigt werden. Die Gestaltung richtet sich nach den Regeln zu »Längeren Texten« in der DIN 5008.

Im Gegensatz zu den Folien, die in der Präsentation verwendet werden, enthalten die Abbildungen im Handout weiterführende Informationen, Quellenangaben oder Literaturlisten. Die Reihenfolge der Folien und das Layout sollten in den Teilnehmerunterlagen mit der Präsentation übereinstimmen. Machen Sie sich bei der Planung der Präsentation auch Gedanken darüber, wann Sie das Handout verteilen wollen: am Anfang, einzelne Elemente nach Bedarf während der Präsentation oder am Ende.

**Nach dem Anlass lassen sich folgende Arten von Handouts unterscheiden:**

- **Folienhandout:** Das ist die einfachste Form des Handouts. Es enthält lediglich die Abbildungen der in der Präsentation gezeigten Folien in nummerierter Reihenfolge. Außerdem ist ausreichend Platz für Notizen vorgesehen.
- **Besprechungshandout:** Zum Briefing der Besprechungsteilnehmer/-innen beinhaltet das Handout die Präsentationsfolien und weitere ausführliche Informationen, die nach den Tagesordnungspunkten geordnet sind. Es wird vor der Besprechung an die Teilnehmer/-innen verteilt.
- **Dokumentationshandout:** Es ist eine umfangreiche Dokumentation zum präsentierten Thema. Die Präsentationsfolien sind als Bilder in den Text eingebettet oder als Anhang beigefügt. Das Dokumentationshandout ist aufwendig gestaltet

und wird nach der Präsentation an die Anwesenden verteilt oder zum Download zur Verfügung gestellt.

Das Handout sollte ein Titelblatt mit vollständigem Titel, Untertitel und dem Namen des Verfassers / der Verfasserin enthalten. Auf dem Titelblatt erscheinen das Firmenlogo und weitere wesentliche Identifizierungsmerkmale des Unternehmens (z. B. der verwendete Slogan). Auf der Titelseite sollte keine Kopf- und Fußzeile ausgewiesen werden. Die folgenden Seiten sind mit Kopf- und Fußzeilen gestaltet. Das Firmenlogo wird oben links oder oben rechts angeordnet.

### 2.7.5 Präsentieren

Faktoren für eine erfolgreiche Präsentation sind die richtige (An)sprache und die passende Körpersprache. Die verbalen und nonverbalen Signale spielen während der Darbietung zusammen. Ist die Körpersprache mit dem Gesprochenen nicht kongruent, wird dies von den Zuhörer/-innen als irritierend wahrgenommen.

**Die richtige Sprache und Körpersprache für Ihre Präsentation:**

| SPRACHE | KÖRPERSPRACHE |
|---|---|
| • Bilden Sie kurze Sätze.<br>• Verwenden Sie den Konjunktiv nur, wo er nötig ist.<br>• Erklären Sie Fach- und Fremdwörter.<br>• Vermeiden Sie Mode-, Schlag- und Füllwörter.<br>• Achten Sie auf eine deutliche Sprechweise.<br>• Legen Sie Wert auf die richtige Betonung. | • Sprechen Sie möglichst frei.<br>• Nehmen Sie eine offene und freundliche Haltung ein.<br>• Halten Sie Blickkontakt zum Publikum.<br>• Achten Sie auf eine entspannte Mimik.<br>• Unterstreichen Sie Ihre Aussagen durch eine natürliche Gestik. |

## Beispiel: Handout zum Nachlesen der Präsentationsinhalte

Brief muster GmbH

Seminar

Gute Briefe

Gute Beziehungen

**Dr. Frederik Baumgarten**

Briefmuster GmbH
Abteilung Information & Kommunikation
Messestraße 10 – 14
70184 Stuttgart

**Gute Briefe, gute Beziehungen** Brief muster GmbH

**1 Sinnvoll gliedern**

**Bevor Sie zu schreiben beginnen, sollten Sie sich fragen:**

- Warum schreibe ich, was will ich erreichen?
- Wie lautet die Kernaussage meines Schreibens?
- Wer ist der Empfänger des Briefes und in welchem Verhältnis stehe ich zu ihm?
- Was ist für ihn wichtig?
- Wie wird er auf meinen Brief reagieren?

Machen Sie nicht den Fehler, schon beim Textentwurf lange über einen einzelnen Satz zu grübeln, weil Sie auf Anhieb druckreif formulieren wollen. Einfacher dürfte es sein, den Text erst einmal in einem Zug durchzuschreiben. Sie müssen dabei nicht am Anfang beginnen. Fangen Sie ruhig in der Mitte oder mit dem letzten Abschnitt an – wichtig ist, dass Ihre Gedanken in Fluss kommen.

**1.1 Inhaltlich strukturieren**

Die einheitliche Gliederung ist die entscheidende Voraussetzung für die Verständlichkeit eines Textes. Bei der Vorbereitung klären Sie die verschiedenen inhaltlichen Aspekte; unterscheiden Sie zwischen Dingen, die voneinander abhängig sind und erst nach und nach geschildert werden können, und solchen, die gleichberechtigt nebeneinanderstehen könnten, sowie Details, die bei näherer Betrachtung vielleicht sogar verzichtbar sind.

**1.2 In Absätze unterteilen**

Der inneren Gliederung eines Textes sollte eine äußere folgen, zum Beispiel in Form von Absätzen. Absätze erhöhen die Lesbarkeit: Sie bieten optische Orientierung, sie erleichtern den ersten Überblick, und beim nochmaligen Lesen helfen sie, bestimmte Textstellen zu finden. Der Beginn eines neuen Absatzes signalisiert optisch, was dieser unbedingt auch inhaltlich leisten muss: den Einstieg in einen neuen Argumentationsschritt oder Gedanken. Texte von mehr als zwei Seiten Länge sollten Sie darüber hinaus in Abschnitte gliedern, die durch Überschriften eingeleitet werden.

**1.3 Mit Aufzählungen arbeiten**

Weitere Mittel, den Inhalt zu strukturieren, sind die Liste und die Tabelle. Beide können sehr effektive Hilfen sein, einen Text verständlicher zu machen. Die Tabelle bietet sich für Inhalte an, die zu bestimmten Dingen mehrere, stets einer Kategorie zugehörige Details enthalten. Klassisch sind zum Beispiel Waren und ihre Preise, Maße oder Bestellnummern. In Briefen selbst wird man sie eher selten verwenden.

20..-08-08 Seite 2 von 4

Gute Briefe, gute Beziehungen

Brief muster GmbH

**2 Einfach formulieren**

Verständliche Texte sind nicht nur optimal gegliedert, sondern auch optimal formuliert. Das Bedeutet, dass ihr Satzbau weder langweilig einfach noch ermüdend umständlich ist. Ebenso wichtig ist die Wahl des treffenden Vokabulars.

**2.1 Klare Aussagen treffen**

Als Ausdruck höflicher Zurückhaltung wurden lange Zeit Satzaussagen um „mögen“, „würden“ oder „dürfen“ erweitert, zum Beispiel: *Ich möchte mich bei Ihnen herzlich für die Unterstützung bedanken.* Eine solche Formulierung wirkt heute altmodisch, und in vielen Lesern weckt sie die Fragen: „Und warum tun Sie es dann nicht?“ oder „Ja gut – wann?“. Stattdessen gilt es heute als besserer Stil, ohne Umschweife auf den Punkt zu kommen: *Ich danke Ihnen herzlich für die Unterstützung!*

Andererseits können konjunktivische Formulierungen zurückhaltender – und dadurch passender – wirken: *Wir wären Ihnen dankbar, wenn Sie den Termin pünktlich einhalten könnten.* Vielleicht ist bekannt, dass der Empfänger – ein ausnehmend konservativer, aber sehr wichtiger Kunde – nachvollziehbare Gründe haben könnte, um einen etwas späteren Termin zu bitten. Die Formulierung im Indikativ dagegen ist zwar prägnanter, sie kommt vielen Lesern aber schon fast einer Vorladung gleich: *Bitte kommen Sie pünktlich zum vereinbarten Termin.* Welche Formulierung Sie wählen, sollten Sie immer auf die Situation und den individuellen Empfänger oder den Kreis von Empfängern abstimmen.

**Kommen Sie zur Sache!**

| Nicht | Sondern |
|---|---|
| Wir möchten Sie bitten, den Termin einzuhalten. | Bitte halten Sie den Termin ein. |
| Wir würden uns freuen, Sie in unserem Hause begrüßen zu dürfen | Wir freuen uns auf Sie. |
| Wir würden uns freuen, Sie in unseren neuen Ausstellungsräumen begrüßen zu dürfen. | Wir freuen uns auf Ihren Besuch in unseren neuen Ausstellungsräumen. |

Ähnlich wie die Erweiterungen mit „mögen“, „würden“ oder „dürfen“ sorgen auch Vorreiter dafür, dass die eigentliche Aussage im Satz nach hinten verschoben wird. Vorreiter sind Einleitungswendungen im Hauptsatz, die die eigentliche Information in den Nebensatz drängen. Solche Einleitungen können Sie weglassen: Die Hauptsache gehört in den Hauptsatz. Statt: „Wir teilen Ihnen mit, dass sich unsere Lieferbedingungen geändert haben“ schreiben Sie besser nur: „Unsere Lieferbedingungen haben sich geändert.“

20..-08-08 Seite 3 von 4

Gute Briefe, gute Beziehungen

Brief muster GmbH

**Verzichten Sie auf solche Vorreiter:**

| | |
|---|---|
| Sie teilen uns mit, ... | Wir teilen Ihnen mit, ... |
| Sie weisen uns darauf hin, ... | Wir weisen Sie darauf hin, ... |
| Sie setzen uns in Kenntnis, ... | Wir setzen Sie in Kenntnis, ... |
| Sie machen darauf aufmerksam, ... | Wir machen Sie darauf aufmerksam, ... |
| In Beantwortung Ihres Schreibens ... | Wir haben Ihr Schreiben erhalten und ... |

**2.2 Schwer verständliche Wörter vermeiden**

Schwer verständlich sind alle Wörter, die für den Empfänger fremd sind – das können Fremdwörter sein, also Wörter fremden, zum Beispiel lateinischen Ursprungs, Fachwörter oder branchenspezifische Abkürzungen. Sie alle haben ihre Berechtigung, sofern sie präzise sind und ihre Bedeutung allen Beteiligten bekannt ist. Unter Fachkollegen verwendet man sie mit Selbstverständlichkeit. Sobald Sie aber nicht sicher sein können, dass der Empfänger Ihrer Schreiben in etwa den gleichen Wortschatz hat wie Sie, sollten Sie sich bei jedem ungeläufigen Wort fragen: Ist das verständlich?

Vermeiden Sie Bandwurmwörter; sie sind grundsätzlich schwer verständlich. Restmüllvolumenminderung, Mehrzweckküchenmaschine, Geräteunterhaltsnachweis oder Rundfunkfinanzierungsstaatsvertrag – das sind keine Fantasieschöpfungen, sondern **Bandwurmwörter**, die in der Verwaltungssprache tatsächlich verwendet werden. Solche Wortungetüme können aber vermieden werden:

- Setzen Sie möglichst nicht mehr als drei Wortglieder zusammen (z. B. nicht: 1. Restmüll 2. -behälter 3.-volumen 4. -minderung).
- Machen Sie längere Zusammensetzungen durch einen Bindestrich übersichtlicher (z. B. Lebensmittel-Gesetz).

**Papierwörter** sind Wörter, die man zwar schreibt, aber nur selten oder nicht spricht (z. B. „Bezug nehmen“). Sie lassen Texte bürokratisch wirken.

Auch **Füllwörter** blähen einen Text auf, ohne etwas zur Aussage beizutragen. Dazu gehören Wörter wie *dahingehend, an sich, sozusagen, quasi*. Sie werden vor allem in der gesprochenen Sprache verwendet, wo sie dazu dienen, eine Aussage abzutönen: Der Sprechende kann mit ihrer Hilfe einem Gedanken eine Färbung geben, etwas betonen oder auch einem Gefühl Ausdruck verleihen. In geschriebenen Texten wirken solche Wörter meist störend. Sie bekommen, besonders wenn sie gehäuft auftreten, den Charakter von bloßen Füllseln. Zu diesen Wörtern gehören: *aber, auch, bloß, denn, doch, eben, etwa, halt, ja, mal, nicht, nur, schon vielleicht, wohl, eh, eigentlich, einfach, erst, ruhig* und *überhaupt*.

...

20..-08-08 Seite 4 von 4

usw.

# 2.8 Dokumente ablegen

## 2.8.1 Aufbewahrungspflicht

Briefe und E-Mail sind aufbewahrungspflichtig, wenn sie in unmittelbarem Zusammenhang mit einem Handelsgeschäft stehen. Aus betrieblichen Gründen werden Briefe und E-Mails auch als Arbeits- und Beweismittel für eine begrenzte Zeit aufbewahrt.

Die gesetzliche Aufbewahrungspflicht ist nach dem Handelsgesetzbuch (HGB) und dem Steuerrecht (AO und UStG) in folgenden Paragrafen geregelt:

- HGB §§ 238, 239, 257 – 261
- AO §§ 146 und 147
- UStG § 14 b

Die gesetzlichen Aufbewahrungsfristen betragen sechs Jahre für Handelsbriefe und 10 Jahre für Rechnungen und Buchungsbelege, Handelsbücher, Bilanzen und Jahresabschlüsse, Gesellschaftsverträge und Darlehensverträge. Die Aufbewahrungsfrist beginnt mit dem Ende des Kalenderjahres, in dem das Dokument entstanden ist.

### GoBD

**(Grundsätze zur ordnungsgemäßen Führung von Büchern, Aufzeichnungen und Unterlagen in elektronischer Form sowie zum Datenzugriff)**

Die vom Bundesfinanzministerium festgeschriebenen GoBD geben u.a. vor, wie steuerlich relevante digitale Dokumente und E-Mails abzulegen sind.

Elektronische Belege müssen auch elektronisch archiviert werden. E-Mails mit steuerlich relevantem Inhalt müssen während der gesamten gesetzlichen Aufbewahrungszeit elektronisch archiviert werden. Das Ausdrucken und Abheften einer E-Mail genügt nicht. Datenanhänge sind im Original aufzubewahren. Dient die E-Mail nur als Transportmittel für eine elektronische Datei (z. B. Rechnung), muss sie nicht aufbewahrt werden. Es reicht die Archivierung der angehängten Datei im Original.

## 2.8.2 Dateiablage nach DIN 5008

Die Ablage von Dokumenten in einem elektronischen Informationssystem und/oder die papiergebundene Ablage eines Unternehmens sollten gut organisiert sein. Dies gilt vor allem, wenn die Dokumente aufgrund gesetzlicher Vorschriften aufbewahrt werden müssen.

Wichtige Dokumente gehören in einen Referenzordner. Ein Referenzordner enthält alle Dokumente zu einem Vorgang und hat den Anspruch der Vollständigkeit. Besteht ein Vorgang sowohl aus papiergebundenen wie aus digitalen Dokumenten, so ist es sinnvoll, die papiergebundenen Dokumente einzuscannen und den gesamten Vorgang in einem digitalen Ordner abzulegen. Hybridlösungen sollten vermieden werden.

Ein gut organisiertes Dateiablagesystem besteht aus einer übersichtlichen Ordnerstruktur und einem gut durchdachten System zur Dateibenennung sowie Standards. Diese sind einfache Regeln, die eine erreichte Verbesserung sichern.

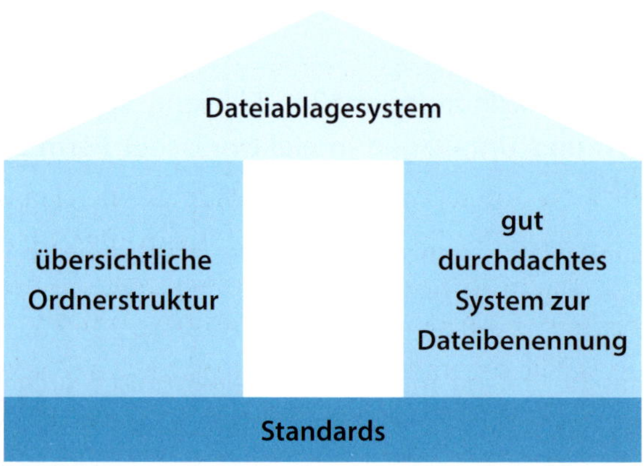

## Übersichtliche Ordnerstruktur

Die erste Säule eines gut funktionierenden Dateiablagesystems ist eine übersichtliche Ordnerstruktur. Diese lässt sich nach dem dekadischen Ordnungssystem übersichtlich gestalten. Auf jeder Ebene befinden sich maximal 10 Ordner. Die Kennziffer der 1. Ebene sind einstellig, der 2. Ebene zweistellig, der 3. Ebene dreistellig und der 4. Ebene vierstellig. Daran ist sofort zu erkennen, auf welcher Ebene sich ein Ordner befindet. Die Kennziffern können mit oder ohne Bindestrich gegliedert werden. Der Bindestrich schafft eine optische Gliederung und kann helfen, die Strukturen besser zu erkennen. Größere Ordnerstrukturen werden nach dem halbdekadischen Ordnungssystem gegliedert. Auf der dritten und vierten Ebene gehen sie über die 10er-Einteilung hinaus.

| | |
|---|---|
| 1. Ebene | 0 bis 9 |
| 2. Ebene | 00 bis 99 |
| 3. Ebene | 000 bis 999 |
| 4. Ebene | 0000 bis 9999 |

Mehr als vier Ebenen sollte eine gut geführte Ordnerstruktur nicht enthalten.

## Eine Ordnerstruktur entwickeln:

1. Erstellen Sie eine Übersicht über alle PC-Ordner.
2. Reduzieren Sie die in der Übersicht aufgelisteten Ordner auf maximal zehn Ordner.
3. Gliedern Sie jeden Ordner auf der Hauptebene in maximal zehn Unterordner. Diese erhalten die Kennziffer 0-0 bis 9-9.
4. Eine mögliche dritte und vierte Ebene gestalten Sie mit den Kennziffern 0-0-0 bis 9-9-9 und 0-0-0-0 bis 9-9-9-9.
5. Legen Sie die gesamte alte Ordnerstruktur in ein neues Verzeichnis mit dem Namen ZArchiv. Das »Z« gewährleistet, dass der Ordner am Ende erscheint. Die Dateien sind – sofern sie noch benötigt werden – sukzessive aus der alten in die neue Struktur zu überführen. Meistens werden nur noch 30 % der Dateien benötigt.

**Beispiel einer Ordnerstruktur:**

| KENN-ZIFFER | BEZEICHNUNG | ERLÄUTERUNG |
|---|---|---|
| **0** | **Familie-Maier** | |
| 0-0 | Peter-Maier | |
| 0-0-0 | Amtliche-Dokumente | z. B. Geburtsurkunde, Personalausweis (Kopie), Reisepass (Kopie) |
| 0-0-1 | Versicherungen | |
| 0-0-1-0 | Krankenversicherung | z. B. Vertrag, Versicherungskarte, Brillenpass |
| 0-0-1-1 | Privathaftpflichtversicherung | |
| 0-0-1-2 | Rechtsschutzversicherung | |
| 0-0-1-3 | Rentenversicherung | |
| 0-0-1-4 | Lebensversicherung | |
| 0-0-2 | Vollmachten-Verfügungen | z. B. Vorsorgevollmacht, Patientenverfügung |
| 0-0-3 | Bildungsabschlüsse | |
| 0-0-3-0 | Schulabschlüsse | z. B. Schulzeugnisse, Abiturzeugnis |
| 0-0-3-1 | Hochschulabschlüsse | z. B. Dipl.-Abschluss, Dissertation, Habilitation |
| 0-0-3-2 | Bafög-Unterlagen | z. B. Bafög-Antrag, Bafög-Bescheid |
| 0-0-4 | Bewerbungen | |
| 0-0-4-0 | Bewerbungsunterlagen | |
| 0-0-4-1 | Unternehmen-1 | |
| 0-0-4-2 | Unternehmen-2 | |
| 0-0-5 | Berufstätigkeiten | |
| 0-0-5-0 | Unternehmen-1 | |
| 0-0-5-1 | Unternehmen-2 | |
| 0-0-6 | Mobilfunkverträge | z. B. Vertragsunterlagen |

| KENN-ZIFFER | BEZEICHNUNG | ERLÄUTERUNG |
|---|---|---|
| 0-0-7 | Auto-YY-PM-000 | |
| 0-0-7-0 | Kfz-Papiere | z. B. Kaufvertrag, Kfz-Schein, Kfz-Brief, Leasing-Vertrag |
| 0-0-7-1 | Kfz-Steuer | z. B. Kfz-Steuerbescheid |
| 0-0-7-2 | Versicherung-Schadensfälle | z. B. Rechtsschutz-versicherungsvertrag, Unfallunterlagen |
| 0-0-7-3 | Wartung | z. B. Reperaturen, TÜV und ASU, Automobilclub |
| 0-1 | Elke-Maier | |
| … | … | |
| … | … | |
| **1** | **Immobilien** | |
| 1-0 | Eigenheim-Ratsweg-5 | |
| 1-0-0 | Haus-und-Grund-Unterlagen | |
| 1-0-0-0 | Finanzierung-Eigenwert | |
| 1-0-0-1 | Grundbuchamt | z. B. Grundbuchauszug |
| 1-0-0-2 | Grundsteuer | |
| 1-0-0-3 | Bauplan-Baugenehmigung | |
| 1-0-0-4 | Haus-und-Grundstückskauf | z. B. Hauskauf-Vertrag, Grundstückkaufvertrag, Lageplan (Katasteramt) |
| 1-0-1 | Versicherungen | |
| 1-0-1-0 | Hausratsversicherung | |
| 1-0-1-1 | Glasversicherung | |
| 1-0-1-2 | Wohngebäude-Versicherung | |
| 1-0-1-3 | Brandversicherung | |
| 1-0-2 | Nebenkosten | |
| 1-0-2-0 | Heizung-Gas-Wasser-Strom | |
| 1-0-2-1 | Müllabfuhr | |

| KENN-ZIFFER | BEZEICHNUNG | ERLÄUTERUNG |
|---|---|---|
| 1-0-2-2 | Straßenreinigung | |
| 1-0-3 | Anschaffungen | |
| | 20.. | |
| 1-0-4 | Handwerkerrechnungen | |
| | 20.. | |
| 1-0-5 | Medien | |
| 1-0-5-0 | Telefonanschluss-Festnetz-Internet | |
| 1-0-5-1 | Rundfunk-Fernsehen | |
| 1-0-5-2 | Tageszeitung-Zeitschriften-Abos | |
| 1-1 | Mietobjekt-Lagerstraße-1 | |
| 1-1-0 | Mietunterlagen | z. B. Mietvertrag, Kaution |
| 1-1-1 | Versicherungen | |
| 1-1-1-0 | Hausratsversicherung | z. B. Vertrag, Liste mit wertvollen Gegenständen |
| 1-1-2 | Nebenkosten | |
| 1-1-2-0 | Heizung-Gas-Wasser-Strom | |
| 1-1-2-1 | Müllabfuhr | |
| 1-1-2-2 | Straßenreinigung | |
| 1-1-3 | Anschaffungen | |
| | 20.. | |
| 1-1-4 | Handwerkerrechnungen | |
| | 20.. | |
| 1-1-5 | Medien | |
| 1-1-5-0 | Telefonanschluss-Festnetz-Internet | |
| 1-1-5-1 | Rundfunk-Fernsehen | |

| KENN-ZIFFER | BEZEICHNUNG | ERLÄUTERUNG |
|---|---|---|
| 1-1-5-2 | Tageszeitung-Zeitschriften-Abos | |
| 1-2 | Vermietungsobjekt-Rhein-weg-5 | |
| 1-2-0 | Mietverwaltung | |
| 1-2-0-0 | Mietvertrag-Kaution | |
| 1-2-0-1 | Eigentümerversammlung | |
| 1-2-1 | Versicherungen | |
| 1-2-1-0 | Hausratsversicherung | z. B. Vertrag, Liste mit wertvollen Gegenständen |
| 1-2-2 | Nebenkosten | |
| 1-2-2-0 | Heizung-Gas-Wasser-Strom | |
| 1-2-2-1 | Müllabfuhr | |
| 1-2-2-2 | Straßenreinigung | |
| 1-2-3 | Anschaffungen | |
| | 20.. | |
| 1-2-4 | Handwerkerrechnungen | |
| | 20.. | |
| 1-2-5 | Instanthaltungsrücklage | |
| 1-2-6 | Medien | |
| 1-2-6-0 | Telefonanschluss-Festnetz-Internet | |
| 1-2-6-1 | Rundfunk-Fernsehen | |
| 1-3 | Bausparen | |
| 1-4 | Haus- und-Grundbesitzer-verein | |
| **2** | **Finanzen** | |
| 2-0 | Einnahmen | z. B. Gehalt, Mieteinnahmen |
| | 20.. | |

| KENN-ZIFFER | BEZEICHNUNG | ERLÄUTERUNG |
|---|---|---|
| 2-1 | Zahlungstermine | |
| 2-2 | Bank | |
| 2-2-0 | Kreditverträge | |
| 2-2-1 | Sparverträge | |
| 2-2-2 | Aktien-Depot-Fonds | |
| 2-2-3 | Einzugsermächtigungen | |
| 2-2-4 | Bankmitteilungen | |
| 2-3 | Finanzamt | |
| 2-3-0 | Persönliche-Daten | |
| 2-3-1 | Steuererklärungen | |
| 2-3-2 | Nichtveranlagung | |
| 2-3-2-0 | Anträge-Bescheide | |
| 2-3-3 | Wohnflächenberechnung | |
| **3** | **Freizeit** | |
| 3-0 | Reisen | z. B. Buchungsunterlagen, Reiserücktrittsversicherung, Fahrkarten, Hotelrechnung |
| | 20.. | |
| 3-1 | Vereine | |
| 3-2 | Ehrenamtliche-Tätigkeiten | |
| 3-3 | Anschaffungen | z. B. Wohnmobilkauf oder -miete |
| | 20.. | |
| **4** | **Private-Korrespondenz** | |
| 4-0 | Vorlagen-Vordrucke-Anschriften | z. B. Briefvorlage |
| 4-1 | Geburtstage | |
| 4-2 | Weihnachten | |
| 4-3 | Beileidsbekundungen | |

Eine ergänzende Papierablage sollte die entsprechenden Aktenzeichen enthalten. Die einzelnen Ordner können durch Registerblätter untergliedert werden:

| 0-0 | 0-1 | 1-0 | 1-1 | 2 |
|---|---|---|---|---|
| Peter **Maier** | Elke **Maier** | **Eigenheim Ratsweg 5** | **Mietobjekt Lagerstr. 8** | **Finanzen** |

## System zur Dateibenennung

Die zweite Säule eines gut funktionierenden Dateiablagesystems ist die Entwicklung einer gut durchdachten Regel zur Dateibenennung.

Die DIN 5008 empfiehlt dazu, bei der Vergabe von Dateinamen vorrangig die alphanumerische Sortierung des genutzten Systems zu berücksichtigen. Sofern regelmäßig Dateien mit Partnern, die andere Systeme nutzen, ausgetauscht werden, ist jedoch ein systemunabhängiger Aufbau ratsam.

Dateinamen setzen sich in der Regel aus zwei oder drei Teilen zusammen: Datum, Bezugsperson und Stichwort zum Inhalt. Es ist zweckmäßig, zwischen den Bestandteilen ein Gliederungszeichen einzufügen.

Das Datum ist in der Reihenfolge Jahr (vierstellig), Monat, Tag zu gliedern. Es können auch weitere Bestandteile, z. B. Dokumentart oder eine laufende Nummer, in den Dateinamen aufgenommen werden.

Leerzeichen, Sonderzeichen und sprachliche Sonderzeichen (z. B. Umlaute, ß, Akzente) sollten in Dateinamen nicht verwendet werden.

**Beispiele:**
2020-05-23-Maier-Bestellung.xxx
2020-01-04_Soenders-Mahnung.xxx
Soenders_2020-01-04_Mahnung.xxx
Angebot-Soenders-2020-04-09

Sind abgelegte Dokumente noch in der Bearbeitung, wird eine Versionierung vorgenommen. Die Zwischenstände sind fortlaufend von 01 bis … zu nummerieren. Die Endversion wird entsprechend gekennzeichnet.

**Beispiele:**
2020-04-30-Tagungsprogramm-v-01.xxx
2020-05-03-Tagungsprogramm-v-02.xxx
2020-05-05-Tagungsprogramm-v-03.xxx
2020-05-06-Tagungsprogramm-end.xxx

## Standards

Standards beschreiben, wie etwas aktuell ohne großen Aufwand getan werden kann. Sie sichern eine erreichte Verbesserung und passen sich kontinuierlich weiteren Verbesserungen an.

**Beispiel:**

**Ablagestandards**

1. Die neue Ablagestruktur ist gültig ab …
2. Regeln für Dateinamen
   - Dateinamen werden nach der Viererformel (Art, Anlass, Adressat, Datum) vergeben:

| Art | Anlass | Adressat | Datum | Dateiendung |
|---|---|---|---|---|
| BR | Beurteilung | Maier | 2020-02-26 | docx |

**Beispiel:**

BR-Beurteilung-Maier-2020-02-26.docx

- Abkürzungen für Dokumentarten

| Art des Dokuments | Abk. | Art des Dokuments | Abk. |
|---|---|---|---|
| Aktennotiz | AkNo | Fortbildung | FB |
| Anlassbeurteilung | ALBur | Pressemitteilung | PM |
| Beurteilung | BE | Probezeit-beurteilung | ProbBur |
| Beurteilung Praktikanten | BurPrak | Protokoll | Prot |
| Brief | BR | Reisekosten | RK |
| Dienstbesprechung | DiBesp | Rundschreiben | RS |

- Besitzt das Dokument keinen Adressaten, wird dieser einfach weggelassen.
- Die Umlaute ä, ö, ü und ß werden aufgelöst.
- Während der Entstehungsphase eines Dokuments werden mehrere Versionen gespeichert. Damit die Zwischenstände sichtbar werden, kann eine Versionsnummer (…v01) vergeben werden. Ist das Dokument endgültig fertig, wird es mit der Endung »-end« gekennzeichnet.

  **Beispiel:**
  BR-Beurteilung-Maier-v-01-2020-02-26.docx
  BR-Beurteilung-Maier-v-02-2020-03-01.docx
  BR-Beurteilung-Maier-end-2020-03-05.docx

3. Eine ergänzende Papierablage in Aktenordnern trägt das entsprechende Aktenzeichen auf dem Ordnerrücken.
4. Jeder hat so wenig wie möglich individuelle Ablage.
5. Die doppelte Ablage von Dateien ist zu vermeiden.
6. Neue Unterverzeichnisse auf der 1. und 2. Ebene werden nur nach Absprache im Team erstellt.
7. Überflüssige Dateien bzw. Datenmüll werden regelmäßig von der Festplatte entfernt.

### 2.8.3 E-Mails richtig ablegen

Viele Nutzer lassen ihre E-Mails in der Mailbox liegen und schaffen somit ein paralleles Ablagesystem, das häufig seine eigene Ablagestruktur im persönlichen Ordner aufweist. Daraus ergeben sich einige Nachteile. Die Ablage in den Vorgangsordnern ist nicht vollständig und es entstehen Suchzeiten. In manchen Unternehmen ist die Speicherkapazität der E-Mail-Konten begrenzt, sodass Daten verloren gehen können.

Deshalb weist die DIN 5008 darauf hin, dass E-Mails mit entsprechendem Referenzcharakter in den entsprechenden Vorgangsordnern zu speichern sind. Wird eine Unternehmenssoftware (z. B.: ERP, ECM) genutzt, müssen die Dokumente eindeutig klassifiziert und indiziert werden.

#### Folgende Tipps helfen Ihnen, Ihre Posteingangsroutine zu verbessern:

Legen Sie in Ihrem »Persönlichen Ordner« folgende drei Unterverzeichnisse an:

- Archivieren
- Beantworten
- Löschen auf Probe

und sortieren Sie die E-Mails bei der Abarbeitung des Posteingangs in die entsprechenden Ordner.

Für E-Mails mit Informationen, die nur kurzfristig gebraucht werden, legen Sie Quartalsverzeichnisse in Ihrem Postfach an:

1-Jan-Febr-Maerz
2-April-Mai-Juni
3-Juli-Aug-Sept
4-Okt-Nov-Dez

Sobald ein neues Quartal beginnt, können Sie die alten E-Mails in diesem Ordner getrost löschen.